高等学校土木类专业应用型本科系列教材

浙江省普通高校"十三五"新形态教材

混凝土
框架结构设计实例

主　编　方　荣　李海涛　卢红霞
副主编　王海波　徐　蔚　潘　倩　孙陶苑正
主　审　马　嵘

中国水利水电出版社
www.waterpub.com.cn

·北京·

内 容 提 要

《混凝土框架结构设计实例》是面向土木工程专业本科毕业设计的主要选题方向——混凝土框架结构设计，开发的学习教材和指导用书。

本教材涵盖钢筋混凝土框架结构设计（手算和电算）的全部内容，遵照《建筑结构可靠性设计统一标准》（GB 50068—2018）等现行国家标准和规范编写，内容包括：了解结构设计基本步骤；结构选型与结构布置；荷载统计与计算简图；一榀框架内力计算；框架内力组合；框架梁、柱、节点截面设计；现浇楼板设计；楼梯结构设计；基础设计；PKPM应用分析及结构施工图绘制。

借助新形态教材卓越的富媒体编排和交互功能，以来自实际的混凝土框架结构项目设计过程为纲，在计算过程中及时补充相关专业知识、讲解设计原理、解析规范条文，相当于将设计人员的设计思维可视化，直击"专业基础不扎实、根本看不懂设计过程，能跟着设计案例进行、但不知道为什么这样做，规范条文信息海量、不知道如何应用"等"三大痛点"。

如果你面对钢筋混凝土框架结构设计一筹莫展，亦或似懂非懂，如果你是初从事结构设计的新手，选择本书一定会给你巨大的加持。本教材同时可用作"建筑结构""PKPM结构计算软件应用"等课程的参考教材。

图书在版编目（CIP）数据

混凝土框架结构设计实例 / 方荣，李海涛，卢红霞
主编. -- 北京：中国水利水电出版社，2021.6
高等学校土木类专业应用型本科系列教材　浙江省普
通高校"十三五"新形态教材
ISBN 978-7-5170-9705-1

Ⅰ. ①混… Ⅱ. ①方… ②李… ③卢… Ⅲ. ①钢筋混
凝土框架－结构设计－高等学校－教学参考资料 Ⅳ.
①TU375.4

中国版本图书馆CIP数据核字(2021)第122258号

书　名	高等学校土木类专业应用型本科系列教材 浙江省普通高校"十三五"新形态教材 **混凝土框架结构设计实例** HUNNINGTU KUANGJIA JIEGOU SHEJI SHILI
作　者	主　编　方　荣　李海涛　卢红霞 副主编　王海波　徐　蔚　潘　倩　孙陶苑正 主　审　马　嵘
出版发行	中国水利水电出版社 （北京市海淀区玉渊潭南路1号D座　100038） 网址：www.waterpub.com.cn E-mail：sales@waterpub.com.cn 电话：（010）68367658（营销中心）
经　售	北京科水图书销售中心（零售） 电话：（010）88383994、63202643、68545874 全国各地新华书店和相关出版物销售网点
排　版	中国水利水电出版社微机排版中心
印　刷	清淞永业（天津）印刷有限公司
规　格	184mm×260mm　16开本　18.75印张　456千字
版　次	2021年6月第1版　2021年6月第1次印刷
印　数	0001—1500册
定　价	**56.00元**

前 言

为什么要编写一本这样的书？

毕业设计是土木工程专业最后一个综合性的实践教学环节，也是最重要的一个环节。通过毕业设计环节，一方面对在大学期间所学的力学、材料、结构、软件、制图等基本原理、知识和技能进行梳理，另一方面要综合运用专业知识和技能，学习到实际工程设计的基本方法和流程，培养基本的工程素养和学术交流、表达能力。

对学生而言，毕业设计以明确的工程任务为驱动，通常有指导教师及时的支持和反馈，这是在校最后一次对专业所学进行查漏补缺和完善提高的机会，是将来独立完成工程设计之前的一次大练兵，是连通理论知识与实际工程的一座桥梁。从编者多年的教学经验及毕业生反馈来看，80％以上的同学认为通过毕业设计，对结构设计的设计步骤和方法、技术文本编写等方面有了较大提高；65％以上同学认为通过毕业设计，对基本概念及熟悉相关规范等方面有了较大提高。做完毕业设计，有学生感叹醍醐灌顶，有学生感叹终于懂了点专业。

其实，学习目标明确、有学习支架、有学习社群、有及时反馈，必然会有强烈的学习获得感，这是完全符合认知规律的。对教师、对专业而言，一定要抓住这一关键的教育时机，引导和帮助学生一步步唤醒或弥补基础理论和技术方法、拓展专业规范和工程经验，最终完成实际工程设计，从而培养学生搜集文献、熟悉规范、分析解决系统问题的工程素养。而对学校而言，或者从高校教学质量的监控与评价来看，毕业设计的质量则能在很大程度上体现学生培养目标的达成度。可以说，毕业设计对包括学校、专业、学生和用人单位在内的所有利益相关者，都有非常关键的影响。

那么，我们的毕业设计到底进行得怎么样呢？很遗憾，在传统的指导模式下，受教师学科背景、工程背景、科研压力等客观条件所限，一部分老师无法做到对学生在解决复杂工程问题时碰到的各种困难及时提供有效支持。在这样的情况下，接近95％的同学借助指导教材完成毕业设计。而现有指导教材受传统纸质教材的线性编排特点所限，均采用了先理论、再实例的串行模式，以保证较好的可读性。却无法体现理论知识在实际案例中的运用和分析，尤其对于专业基础薄弱、对工程规范缺乏了解的同学，计算步骤与计算原理分离，给他们的理解造成了极大的困难：专业基础不扎实，看不懂设计过程；规范条文信息海量，不知道如何应用；只能跟着例题的步骤机械套用，知其然不知其所以然。

总而言之，传统的毕业指导模式和指导教材与学生需求之间存在较大的错位，从而直接影响了毕业设计效果。如果，能有一本将设计步骤与设计原理及规范应用结合的指导教材，无疑将极大地弥补这些不足。

这是一本什么样的书？

本教材仍以掌握工程常见的多层混凝土框架结构设计为主要目标，但在设计编排体系和资源配备上具有以下特点：

1. 基于项目教学法，进行知识体系重建

精心选取来自实际工程的混凝土框架结构设计项目，按项目设计过程分解为结构选型与布置、荷载统计与计算简图、一榀框架内力计算、框架内力组合、框架梁柱及节点截面设计、现浇楼板设计、楼梯结构设计、基础设计、PKPM分析设计与施工图绘制等9个子项目，完整呈现从建筑识图到结构施工图表达的结构设计步骤。手算与电算结合，从而有助于掌握设计基本原理，对电算软件的应用形成更深入的理解。

2. 基于数字资源，提供适时学习支持

本教材的编写，在纸质教材的基础上，发挥数字资源的优势，采取"一线多点"的并发模式，开发新形态教材，以期为学生的毕业设计提供即时无阻断的学习支持。

所谓"一线"，就是从形式上看，本教材呈现的是某混凝土框架结构的完整设计过程，设计主线简明、清晰、完整，符合工程应用实际，同时便于学生模仿，形成自己的设计框架，可读性强。

所谓"多点"，就是针对设计步骤中涉及的大量概念回顾、知识拓展、规范应用、重难点解析、示范操作等内容，开发相应形式的数字教学资源，如"基本概念""扩展阅读""规范直通车""微课视频""操作视频"

等，将设计过程背后的基本概念、设计原理和规范要求呈现出来，实现设计思维可视化。

数字资源用二维码形式植入纸质教材相应内容处，即扫即见，不扫不见，既能保证设计案例在形式上的完整性和连贯性，又可以适应基础各异的学生提供个性化的指导需求。

3. 基于团队共建，实现优质资源输出

本教材由校内外教师团队共同打造，其中三位老师来自设计院，多年承担土木工程专业课的教学及毕业设计指导。大家根据自己擅长的领域进行相应子项目的资源输出，力争将每个子项目的设计原理及重点难点讲清楚。其中，任务1～任务3及5.5、5.6节由方荣编写，任务4、5.10节由潘倩编写，5.1～5.4节由王海波编写，5.7节由孙陶苑正编写，5.8、5.9节由徐蔚编写，任务6由李海涛、卢红霞共同编写。全书由方荣统稿，嘉兴学院马嵘教授进行审定。

4. 配套数字教材，支持多终端在线学习

依托中国水利水电出版社"行水云课"数字平台，建有与纸质教材配套的数字教材，支持电脑、手机、PAD等多终端学习，既方便利用碎片化的时间进行移动学习，同时也便于资源及时更新。

如何使用这本书？

本教材涵盖混凝土框架结构设计（手算和电算）的全部内容，遵照《建筑结构可靠性设计统一标准》（GB 50068—2018）等现行国家标准和规范编写，重点展示工程实例，同时借助植入的数字资源，交代理论背景及规范应用。

数字资源是否需要呈现，由你自己决定。如果你的专业基础扎实，对书中案例的计算步骤理解没有任何困难，完全可以只借鉴、参考文中的设计步骤。如果你对其中的某些概念不清楚、某些原理不理解、某些规范不熟悉，可以通过扫一扫旁边的二维码，迅速从中找到概念解析、示范操作、规范条文和补充资源等。总之，丰俭由人，各取所需。

本教材配套开发的数字资源主要有两大类：①文本资源类，包括"基本概念"55个左右、"扩展阅读"101个左右、"规范直通车"115个左右；②视频资源类，包括"微课视频""操作视频"82个左右。一般每个子项目的开始，会有一个微课视频对项目内容做提要介绍，方便了解子项目开展的整体脉络。在具体的设计步骤之中，则碎片化展开补充了相关概念、拓展、规范等文本资源，以及一些示范操作视频。

无论你之前的专业积累如何，通过这些数字资源提供的即时、有效的学习支持，一定可以帮助你知其然而且知其所以然，将书由薄读到厚，帮你架起连通专业基础知识和规范的桥梁。同时，还能帮你将书由厚读到薄，完成知识迁移，呈现自己的工程设计解决方案。

如果您碰巧要解决一个问题，手头又没有带书。没有关系，打开手机，利用微信或者APP，就可以访问配套的"行水云课"数字教材，方便地进行移动在线学习。

致谢

本教材最终能顺利出版，固然离不开编写团队的共同努力，但也与来自方方面面的帮助和支持密不可分，特别是先后得到了浙江水利水电学院优秀教材建设项目、浙江省普通高校"十三五"新形态教材建设项目的支持！感谢浙江水利水电学院教务处、建筑工程学院及土木工程教研室的领导及同事们，中国水利水电出版社的李金玲和王晓惠编辑，他们为本书的进一步完善提出了很多宝贵的建议！感谢杜明强、张自珍、许敏等同学，帮忙对书稿进行了整理！另外，本书编著的过程中借鉴了很多专家经验，均以参考文献列出，他们对本书而言就是巨人的肩膀！还有其他为本书的出版做出贡献的朋友们，在此一并表示感谢。

虽然我们努力想呈现一本友好的指导教材，但由于精力和水平有限、实际工程复杂，不周全甚至错误的地方在所难免，希望得到您的修改建议和反馈，以让它将来变得更好！

编者

2021年6月于杭州

数字资源清单

序号	资源名称	资源类型	序号	资源名称	资源类型
1	建筑识图	视频	33	基础等级	视频
2	扩展 1.1	拓展资料	34	环境类别	视频
3	图纸目录	视频	35	扩展 2.1	拓展资料
4	概念 1.1	拓展资料	36	规范 2.2	拓展资料
5	概念 1.2	拓展资料	37	规范 2.3	拓展资料
6	概念 1.3	拓展资料	38	重要性系数	视频
7	概念 1.4	拓展资料	39	分项系数	视频
8	图片 1.1	拓展资料	40	组合值系数	视频
9	概念 1.5	拓展资料	41	抗震调整系数	视频
10	概念 1.6	拓展资料	42	扩展 2.2	拓展资料
11	图片 1.2	拓展资料	43	扩展 2.3	拓展资料
12	概念 1.7	拓展资料	44	基本风压 基本雪压	视频
13	扩展 1.2	拓展资料	45	扩展 2.4	拓展资料
14	规范 1.1	拓展资料	46	活荷载标准值	视频
15	扩展 1.3	拓展资料	47	水平地震影响系数	视频
16	扩展 1.4	拓展资料	48	楼(屋)面及墙体做法	视频
17	扩展 1.5	拓展资料	49	概念 3.1	拓展资料
18	扩展 1.6	拓展资料	50	扩展 3.1	拓展资料
19	概念 1.8	拓展资料	51	规范 3.1	拓展资料
20	图片 1.3	拓展资料	52	扩展 3.2	拓展资料
21	图片 1.4	拓展资料	53	扩展 3.3	拓展资料
22	扩展 1.7	拓展资料	54	概念 3.2	拓展资料
23	扩展 1.8	拓展资料	55	图片 3.1	拓展资料
24	工程概况	视频	56	规范 3.2	拓展资料
25	地勘报告	视频	57	钢筋选用	视频
26	规范 2.1	拓展资料	58	规范 3.3	拓展资料
27	安全等级	视频	59	混凝土选用	视频
28	设计年限	视频	60	扩展 3.4	拓展资料
29	设防类别	视频	61	扩展 3.5	拓展资料
30	设防烈度	视频	62	双向板判定	视频
31	场地类别	视频	63	扩展 3.6	拓展资料
32	抗震等级	视频	64	扩展 3.7	拓展资料

序号	资源名称	资源类型	序号	资源名称	资源类型
65	估算轴压力	视频	97	概念 4.6	拓展资料
66	规范 3.4	拓展资料	98	概念 4.7	拓展资料
67	规范 3.5	拓展资料	99	规范 4.3	拓展资料
68	梁计算跨度	视频	100	扩展 4.10	拓展资料
69	扩展 3.8	拓展资料	101	扩展 4.11	拓展资料
70	柱计算高度	视频	102	概念 4.8	拓展资料
71	概念 3.3	拓展资料	103	分布荷载转集中荷载	视频
72	扩展 3.9	拓展资料	104	图片 4.4	拓展资料
73	扩展 3.10	拓展资料	105	规范 4.4	拓展资料
74	扩展 3.11	拓展资料	106	概念 4.9	拓展资料
75	图片 3.2	拓展资料	107	规范 4.5	拓展资料
76	概念 4.1	拓展资料	108	底部剪力法	视频
77	竖向荷载传递	视频	109	规范 4.6	拓展资料
78	图片 4.1	拓展资料	110	扩展 4.12	拓展资料
79	概念 4.2	拓展资料	111	规范 4.7	拓展资料
80	规范 4.1	拓展资料	112	规范 4.8	拓展资料
81	扩展 4.1	拓展资料	113	扩展 4.13	拓展资料
82	找坡层自重	视频	114	规范 4.9	拓展资料
83	扩展 4.2	拓展资料	115	规范 4.10	拓展资料
84	概念 4.3	拓展资料	116	概念 4.10	拓展资料
85	扩展 4.3	拓展资料	117	概念 4.11	拓展资料
86	扩展 4.4	拓展资料	118	概念 4.12	拓展资料
87	扩展 4.5	拓展资料	119	规范 4.11	拓展资料
88	扩展 4.6	拓展资料	120	概念 4.13	拓展资料
89	扩展 4.7	拓展资料	121	规范 4.12	拓展资料
90	概念 4.4	拓展资料	122	扩展 4.14	拓展资料
91	扩展 4.8	拓展资料	123	图片 4.5	拓展资料
92	扩展 4.9	拓展资料	124	图片 4.6	拓展资料
93	图片 4.2	拓展资料	125	扩展 5.1	拓展资料
94	规范 4.2	拓展资料	126	扩展 5.2	拓展资料
95	图片 4.3	拓展资料	127	框架结构侧移计算	视频
96	概念 4.5	拓展资料	128	扩展 5.3	拓展资料

序号	资源名称	资源类型	序号	资源名称	资源类型
129	水平荷载作用下框架内力计算	视频	161	扩展 5.12	拓展资料
130	概念 5.1	拓展资料	162	规范 5.4	拓展资料
131	概念 5.2	拓展资料	163	扩展 5.13	拓展资料
132	扩展 5.4	拓展资料	164	规范 5.5	拓展资料
133	二次线性插值	视频	165	扩展 5.14	拓展资料
134	柱端弯矩方向判断	视频	166	规范 5.6	拓展资料
135	梁端弯矩计算	视频	167	扩展 5.15	拓展资料
136	梁端剪力计算	视频	168	规范 5.7	拓展资料
137	柱轴力计算	视频	169	扩展 5.16	拓展资料
138	竖向荷载作用下的内力计算	视频	170	规范 5.8	拓展资料
139	概念 5.3	拓展资料	171	扩展 5.17	拓展资料
140	概念 5.4	拓展资料	172	规范 5.9	拓展资料
141	概念 5.5	拓展资料	173	扩展 5.18	拓展资料
142	叠加法求跨中弯矩	视频	174	规范 5.10	拓展资料
143	图片 5.1	拓展资料	175	梁受剪最不利内力	视频
144	利用平衡方程求梁端剪力	视频	176	概念 5.7	拓展资料
145	图片 5.2	拓展资料	177	扩展 5.19	拓展资料
146	扩展 5.5	拓展资料	178	扩展 5.20	拓展资料
147	概念 5.6	拓展资料	179	规范 5.11	拓展资料
148	扩展 5.6	拓展资料	180	概念 5.8	拓展资料
149	扩展 5.7	拓展资料	181	强剪弱弯	视频
150	规范 5.1	拓展资料	182	规范 5.12	拓展资料
151	扩展 5.8	拓展资料	183	概念 5.9	拓展资料
152	图片 5.3	拓展资料	184	规范 5.13	拓展资料
153	梁截面设计	视频	185	规范 5.14	拓展资料
154	规范 5.2	拓展资料	186	扩展 5.21	拓展资料
155	梁受弯最不利内力	视频	187	规范 5.15	拓展资料
156	扩展 5.9	拓展资料	188	规范 5.16	拓展资料
157	扩展 5.10	拓展资料	189	规范 5.17	拓展资料
158	规范 5.3	拓展资料	190	概念 5.10	拓展资料
159	有效高度	视频	191	概念 5.11	拓展资料
160	扩展 5.11	拓展资料	192	扩展 5.22	拓展资料

序号	资源名称	资源类型	序号	资源名称	资源类型
193	规范 5.18	拓展资料	225	柱受剪最不利组合内力	视频
194	扩展 5.23	拓展资料	226	规范 5.28	拓展资料
195	扩展 5.24	拓展资料	227	概念 5.18	拓展资料
196	概念 5.12	拓展资料	228	规范 5.29	拓展资料
197	扩展 5.25	拓展资料	229	规范 5.30	拓展资料
198	框架柱截面设计	视频	230	扩展 5.33	拓展资料
199	概念 5.13	拓展资料	231	规范 5.31	拓展资料
200	规范 5.19	拓展资料	232	扩展 5.34	拓展资料
201	概念 5.14	拓展资料	233	柱强剪弱弯剪力设计值增强	视频
202	规范 5.20	拓展资料	234	规范 5.32	拓展资料
203	轴压比验算	视频	235	概念 5.19	拓展资料
204	扩展 5.26	拓展资料	236	规范 5.33	拓展资料
205	柱正截面受压最不利组合内力（基本组合）	视频	237	规范 5.34	拓展资料
			238	规范 5.35	拓展资料
206	扩展 5.27	拓展资料	239	规范 5.36	拓展资料
207	概念 5.15	拓展资料	240	概念 5.20	拓展资料
208	规范 5.21	拓展资料	241	规范 5.37	拓展资料
209	柱挠曲二阶效应判定	视频	242	扩展 5.35	拓展资料
210	概念 5.16	拓展资料	243	节点核心区计算	视频
211	扩展 5.28	拓展资料	244	规范 5.38	拓展资料
212	规范 5.22	拓展资料	245	扩展 5.36	拓展资料
213	规范 5.23	拓展资料	246	规范 5.39	拓展资料
214	扩展 5.29	拓展资料	247	规范 5.40	拓展资料
215	扩展 5.30	拓展资料	248	规范 5.41	拓展资料
216	柱正截面受压最不利组合内力（地震组合）	视频	249	扩展 5.37	拓展资料
			250	节点的构造措施	视频
217	扩展 5.31	拓展资料	251	规范 5.42	拓展资料
218	规范 5.24	拓展资料	252	规范 5.43	拓展资料
219	强柱弱梁柱端弯矩调整	视频	253	规范 5.44	拓展资料
220	规范 5.25	拓展资料	254	扩展 5.38	拓展资料
221	概念 5.17	拓展资料	255	板内力计算方法	视频
222	规范 5.26	拓展资料	256	板计算方法选取	视频
223	扩展 5.32	拓展资料	257	板配筋计算及构造	视频
224	规范 5.27	拓展资料	258	板的支撑	视频

序号	资源名称	资源类型	序号	资源名称	资源类型
259	规范 5.45	拓展资料	293	规范 5.64	拓展资料
260	规范 5.46	拓展资料	294	规范 5.65	拓展资料
261	板的计算跨度	视频	295	扩展 5.44	拓展资料
262	扩展 5.39	拓展资料	296	规范 5.66	拓展资料
263	概念 5.21	拓展资料	297	规范 5.67	拓展资料
264	扩展 5.40	拓展资料	298	规范 5.68	拓展资料
265	扩展 5.41	拓展资料	299	扩展 5.45	拓展资料
266	概念 5.22	拓展资料	300	规范 5.69	拓展资料
267	扩展 5.42	拓展资料	301	规范 5.70	拓展资料
268	规范 5.47	拓展资料	302	扩展 5.46	拓展资料
269	规范 5.48	拓展资料	303	规范 5.71	拓展资料
270	规范 5.49	拓展资料	304	规范 5.72	拓展资料
271	规范 5.50	拓展资料	305	规范 5.73	拓展资料
272	规范 5.51	拓展资料	306	规范 5.74	拓展资料
273	规范 5.52	拓展资料	307	规范 5.75	拓展资料
274	规范 5.53	拓展资料	308	规范 5.76	拓展资料
275	规范 5.54	拓展资料	309	图片 5.7	拓展资料
276	规范 5.55	拓展资料	310	规范 5.77	拓展资料
277	概念 5.23	拓展资料	311	规范 5.78	拓展资料
278	概念 5.24	拓展资料	312	规范 5.79	拓展资料
279	规范 5.56	拓展资料	313	规范 5.80	拓展资料
280	规范 5.57	拓展资料	314	规范 5.81	拓展资料
281	图片 5.4	拓展资料	315	规范 5.82	拓展资料
282	概念 5.25	拓展资料	316	概述	视频
283	规范 5.58	拓展资料	317	建筑识图	视频
284	图片 5.5	拓展资料	318	结构布置1	视频
285	图片 5.6	拓展资料	319	结构布置2	视频
286	规范 5.59	拓展资料	320	建模前准备	视频
287	规范 5.60	拓展资料	321	扩展 6.1	拓展资料
288	独立基础设计	视频	322	网格输入与构件布置	视频
289	规范 5.61	拓展资料	323	本层信息	视频
290	扩展 5.43	拓展资料	324	扩展 6.2	拓展资料
291	规范 5.62	拓展资料	325	荷载输入	视频
292	规范 5.63	拓展资料	326	楼层组装	视频

序号	资源名称	资源类型	序号	资源名称	资源类型
327	概念 6.1	拓展资料	350	规范 6.6	拓展资料
328	规范 6.1	拓展资料	351	板施工图	视频
329	扩展 6.3	拓展资料	352	扩展 6.15	拓展资料
330	前处理参数	视频	353	概念 6.3	拓展资料
331	规范 6.2	拓展资料	354	规范 6.7	拓展资料
332	扩展 6.4	拓展资料	355	基础设计	视频
333	扩展 6.5	拓展资料	356	基础施工图	视频
334	扩展 6.6	拓展资料	357	概念 6.4	拓展资料
335	扩展 6.7	拓展资料	358	概念 6.5	拓展资料
336	SATWE 计算分析与调整	视频	359	规范 6.8	拓展资料
337	规范 6.3	拓展资料	360	规范 6.9	拓展资料
338	概念 6.2	拓展资料	361	规范 6.10	拓展资料
339	扩展 6.8	拓展资料	362	概念 6.6	拓展资料
340	扩展 6.9	拓展资料	363	规范 6.11	拓展资料
341	扩展 6.10	拓展资料	364	楼梯结构剖面图	视频
342	扩展 6.11	拓展资料	365	扩展 6.16	拓展资料
343	扩展 6.12	拓展资料	366	楼梯结构平面图	视频
344	扩展 6.13	拓展资料	367	楼梯计算与标准	视频
345	规范 6.4	拓展资料	368	扩展 6.17	拓展资料
346	柱施工图	视频	369	规范 6.12	拓展资料
347	扩展 6.14	拓展资料	370	整理计算书	视频
348	梁施工图	视频	371	扩展 6.18	拓展资料
349	规范 6.5	拓展资料	372	图纸目录	视频

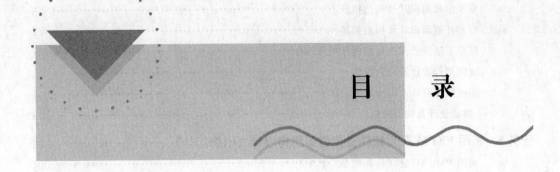

目 录

任务 1
了解混凝土框架结构设计的基本步骤

作为一名结构设计师，在开始进行结构设计之前，首先必须读懂建筑设计师的语言，充分理解建筑设计意图，才能用结构设计的原理实现并完善建筑设计。

1.1 识读建筑图

建筑专业是整个建筑物设计的龙头，也是结构的上行专业。

特别是刚刚从事结构设计的新手，一定要仔细阅读建筑图纸，了解要设计的建筑物的基本情况，比如：拟建物所在的地理位置、建筑功能，房屋总长度、总高度，平面、立面造型特点，楼梯、电梯的设置情况，房间功能、墙面、楼地面做法，等等。

这些都是结构选型与设计必须了解的基本内容。

建筑识图 ▶

扩展 1.1

1.1.1 图纸识读顺序

建筑施工图主要包括：设计说明，平立剖面、墙身节点详图，楼电梯图及门窗等细部详图五个部分。

当然，根据工程规模及特点，上述内容不一定全部都有，也可能还有别的内容（如节能设计）。整套图纸包含哪些内容，可以在图纸目录中了解。

读图顺序一般按照先整体、后局部；先平面，后立面；先主体结构，后局部结构；先读懂简单部分，后读懂复杂部分，解决难点。

以下按常规读图顺序，分别简单介绍建筑图识图的步骤和要点。

图纸目录 ▶

1.1.2 建筑设计说明

建筑设计说明对结构设计非常重要，其中会提到很多建筑做法，涉及许多结构设计中要使用的参数，一定要仔细阅读。这是正确进行结构设计非常重要的一个环节。

从建筑设计说明中需要了解的主要信息一般包括以下几个方面。

（1）项目概况。

1）建筑名称及抗震设防类别：根据建筑功能及重要性程度，建筑工程划分为四个不同的抗震设防类别，从而进行相应的抗震设计并采取抗震措施。

2）建设地点：建设地点需明确到区、县。结构计算中需要明确的抗震设防烈度、基本风压、基本雪压等参数，均与建设地点有关。

3）建筑层数和建筑高度：建筑结构形式的选择，与房屋高度有很大的关系。建

概念 1.1

筑层数和建筑高度还决定设计规范的选用。

概念 1.2

概念 1.3

概念 1.4

图片 1.1

4）设计使用年限：结构的设计、施工和维护，应使结构在规定的设计使用年限内，以规定的可靠度满足规定的各项功能要求。

项目概况中一般还要求注明主要结构类型、抗震设防烈度等信息。

（2）建筑±0.000 的绝对标高。建筑±0.000 是指建筑物室内首层地面标高以零为基点的相对标高，绝对标高是指建筑标高相对于国家黄海标高的高度。结合地质勘察报告，用于确定地基持力层的深度、考虑挖填土方工程量等；根据持力层的埋深，选择合适的基础形式，确定桩顶标高等。

（3）建筑楼地面、屋面做法。根据楼地面、屋面做法，结合立面、剖面图，可以判断楼板、屋面板的结构标高，需要特别注意卫生间、厨房、阳台等部位是否降板，屋面是建筑找坡还是结构找坡（图 1.1.1）。同时，楼地面、屋面的做法直接决定了楼（屋）面恒荷载的计算。

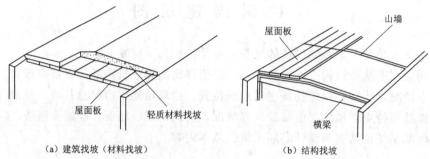

（a）建筑找坡（材料找坡）　　　　　　（b）结构找坡

图 1.1.1　屋面找坡形式

（4）墙体做法及门窗表。根据墙体材料及做法、门窗表，结合平、立、剖面图，可以计算墙体自重（注意扣除大的门窗洞），进一步计算梁上线荷载的大小。

1.1.3　平、立、剖面及墙身节点详图

（1）平面图。建筑平面图反映房屋的平面形状、大小和房间的布置，墙或柱等竖向构件的位置、厚度和材料，门窗的类型、位置和尺寸等情况。建筑平面图一般由低向高逐层阅读。

根据平面图，可确定各层框架柱、框架梁的位置，以及各功能空间的楼、屋面活荷载大小，确定降板区域和开洞区域，结合楼电梯图确定楼面洞口等。建筑的首层平面对于框架结构需注意其首层墙体的位置，对于较高较长的墙体需在其下设置基础梁。注意局部屋面处可能会有设备基础，如果荷载较大需要设梁。

（2）立面图。各立面图主要反映房屋各部位的高度、外貌和装修要求。阅读立面图，需要将平面图中周边构件和立面图相应位置的线条对应上，还需参见墙身节点详图。一条重要原则是：每一条线都有其意义，不能忽略。此时结构专业还要担负起对建筑图纸的校验和确定合理做法的责任。

（3）剖面图及墙身节点详图。建筑剖面图用以表示建筑周边构件和内部构件的结构构造及定位、垂直方向的分层情况、各层楼地面、屋顶的构造及相关尺寸、标高等，可对

结构构件的布置提出限定的建筑要求。比如，对于内廊式旅馆建筑，建筑原则应是走廊内不露梁，此时就可在剖面图中表明建筑意图。为建筑外立面美观和施工方便，建筑物周边梁的定位要和墙体外缘对齐。

墙身节点详图用于详细确定建筑外立面做法，表现出细部品质；对于墙身节点，主要把握出挑长度和构造锚固的问题。

概念 1.5

1.1.4 楼电梯图

楼梯间洞口、楼梯梯柱定位，均在平面图上表达，以方便预留插筋。5·12 汶川地震后对楼梯作为逃生通道的要求提高，因此建议在可能的情况下楼梯间四角用框架柱。

需要建筑专业和电梯厂家确定电梯井道的净空尺寸，有无机房，此部分建筑图应该由电梯厂家确认。电梯井筒一般作为剪力墙布置，但在框架结构中为了不改变结构体系，可用混凝土填充墙加构造柱和圈梁的方式进行（图 1.1.2），方便电梯安装。电梯顶部需吊挂钩，需结构专业得到厂家的最大承载力，事先预埋。

自动扶梯在楼面处的连接需要参考扶梯详图进行结构布置。

概念 1.6

图片 1.2

1.1.5 门窗详图

门窗等详图设计主要检查门窗净空是否足够，特别是层高较矮的住宅，框架梁下的净空是否满足门高。当门窗顶距框架梁底尺寸小于过梁高度的，可以采用梁底下挂板来处理（图 1.1.3）。

图 1.1.2 填充墙中的构造柱与圈梁

概念 1.7

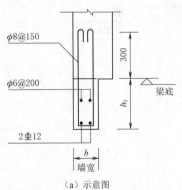

（a）示意图　　　　　　　（b）实物图

图 1.1.3 框架梁下挂板

读懂建筑设计图纸后，结构设计师就需要应用结构设计原理按照规范要求实现结构设计，设计过程中要注意与建筑专业及时沟通，达成一致。

1.2 了解结构设计主要步骤

钢筋混凝土框架结构设计一般包括常用规范及基本资料的收集、结构选型与构件布置、荷载统计、结构分析与截面设计计算，以及绘制结构施工图。

《混凝土结构设计规范》（GB 50010）对混凝土结构设计的内容进行了规定。

对于一般的钢筋混凝土框架结构的设计，具体实施步骤如图 1.2.1 所示。

扩展 1.2

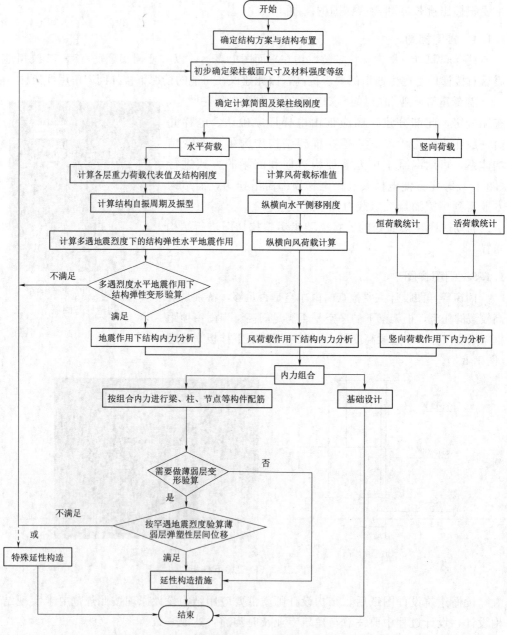

图 1.2.1 钢筋混凝土框架结构设计步骤框图

1.2.1 常用规范

钢筋混凝土框架结构设计需要遵循的规范和标准一般包括：

《工程结构可靠性设计统一标准》（GB 50153）、《建筑结构可靠性设计统一标准》（GB 50068）、《建筑结构荷载规范》（GB 50009）、《混凝土结构设计规范》（GB 50010）、《建筑抗震设计规范》（GB 50011）、《建筑工程抗震设防分类标准》（GB 50223）、《建筑地基基础设计规范》（GB 50007）、《建筑桩基技术规范》（JGJ 94）、《高层建筑混凝土结构技术规程》（JGJ 3）、《混凝土结构施工图平面整体表示方法制图规则和构造详图（16G101—1～3）》、《建筑结构制图标准》（GB/T 50105）、《建筑工程设计文件编制深度规定》（建质函〔2016〕247号）。

规范 1.1

1.2.2　基本资料及信息

（1）收集建筑信息，包括：建筑名称、建设地点、建筑层数及高度、结构类型、设计使用年限、楼地面及屋面做法、墙体做法及门窗表等，主要根据相应阶段的建筑图纸、审批文件等获得。

（2）确定结构基本参数，包括：结构安全等级，地基基础设计等级等。

（3）确定自然条件，包括：基本风压、基本雪压、地面粗糙度、设防烈度、设计地震分组、场地土类别、抗震等级等，可根据建设地点及地质勘察报告，查阅《建筑结构荷载规范》（GB 50009）、《建筑抗震设计规范》（GB 50011）取得。

扩展 1.3

（4）楼（屋）面活荷载：一般民用建筑可查阅《建筑结构荷载规范》（GB 50009），工业厂房需要业主提供文件，指定使用荷载。

（5）地质勘察报告，包括：地形特点、各土层主要参数及物理力学性质指标、地下水水位、基础埋深、地基持力层及地基承载力的建议值、基础形式推荐等。

1.2.3　结构选型与构件布置

1.2.3.1　结构选型

结构选型是一个综合性问题，应根据建筑高度、功能需求、经济条件等，综合选择合理的结构型式。

框架结构是由梁、柱构件通过节点连接形成的骨架结构，其特点是由梁、柱承受竖向和水平荷载，墙体起维护作用，其整体性和抗震性均优于混合结构，且平面布置灵活。但随着层数和高度的增加，构件截面面积和钢筋用量增多，侧向刚度也难以满足设计要求，一般不宜用于过高的建筑。

扩展 1.4

根据《建筑抗震设计规范》（GB 50011—2010）（2016年版）6.1.1条规定，现浇钢筋混凝土框架结构适用的最大高度见表1.2.1。

表 1.2.1　　　　　　　现浇钢筋混凝土框架结构适用的最大高度

结构类型	烈　　度				
	6	7	8（0.2g）	8（0.3g）	9
框架	60m	50m	40m	35m	24m

1.2.3.2　构件布置

构件布置包括确定柱网及主次梁的位置，初步估算梁板柱的截面尺寸，选择材料强度等级等。

（1）平面布置：平面布置宜规则、对称，并应具有良好的整体性；平面长度太长或楼层高度相差太大，要进行分缝或设置后浇带。

（2）竖向布置：建筑的立面和竖向剖面宜规则，结构的侧向刚度宜均匀变化；竖向抗侧力构件的截面尺寸和材料强度宜自下而上逐渐减小，避免抗侧力结构侧向刚度和承载力的突变。

建筑形体及其构件布置不规则时，应按规范要求进行地震作用计算和内力调整，并应对薄弱部位采取有效的抗震构造措施。

1.2.4 结构分析与截面设计计算

实际工程设计中，多借助结构设计软件进行辅助设计。但为强调基础设计理论的掌握，土木工程专业的毕业设计多要求进行手算训练。

本教材将同时介绍按照近似理论方法进行手算设计和利用PKPM系列软件进行辅助设计的基本步骤。

1.2.4.1 按照近似理论方法进行手算设计

主要内容有：

（1）统计荷载，并绘制计算简图。包括竖向及水平荷载标准值的统计、归集与等效，梁柱线刚度的计算等。

（2）计算一榀框架内力。包括竖向永久荷载、可变荷载作用下的内力计算，风荷载、地震荷载等水平荷载作用下的内力计算。

（3）进行框架内力组合。按照荷载效应组合原则进行各种工况的内力组合，确定梁、柱各控制截面的最不利内力值。

（4）设计框架梁、柱截面及节点。根据各控制截面的最不利内力进行梁、柱、节点等截面配筋设计。

（5）设计现浇楼板。包括单向板截面配筋设计，双向板截面配筋设计（图1.2.2）。

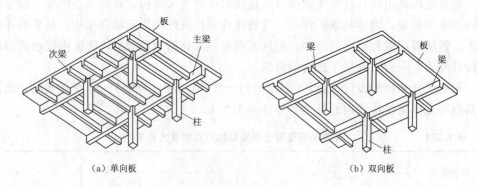

（a）单向板　　　　　　　　　　　　　　　（b）双向板

图1.2.2 现浇楼板

（6）设计楼梯结构。包括：板式楼梯设计、梁式楼梯设计（图1.2.3）。

（7）设计基础。包括：柱下独立基础设计、柱下联合基础设计、桩基础设计。

图片1.4

（a）板式楼梯　　　　　　　　　（b）梁式楼梯

图1.2.3　楼梯结构

1.2.4.2　利用 PKPM 系列结构设计软件进行辅助设计

主要内容有：

（1）利用 PMCAD 建立计算模型。包括建筑模型与荷载输入、平面荷载显示校核、绘制结构平面布置图。

（2）利用 SATWE 进行结构三维分析。包括接 PM 生成 SATWE 数据、SATWE前处理参数定义、SATWE 结构内力分析和配筋计算、<u>分析结果图形和文本显示</u>，以及导出板、梁、柱平法施工图。

扩展1.7

（3）利用 JCCAD 进行基础设计。包括地质模型建立、基础模型建立、基础内力分析与设计、结果查看、配筋设计与施工图绘制等。

（4）利用 Tssd 进行楼梯结构设计。包括绘制楼梯结构剖面图、平面图，楼梯结构计算及平法标注。

（5）电算计算书的编制。包括软件计算书的设置、生成与修改等。

1.2.5　绘制结构施工图

主要内容包括：①结构设计说明；②基础平面布置图及配筋详图；③平法绘制各结构层柱平面布置图及配筋详图；④平法绘制各结构层梁配筋平面图；⑤平法绘制各结构层板配筋平面图；⑥楼梯详图；⑦其他必要的大样图。

扩展1.8

一般建议由 PKPM 系列结构设计软件导出施工图，再用 Tssd 探索者结构软件进行编辑。

任务 2
了解工程概况及设计依据

2.1 工程概况

工程概况▶

项目名称：泰安市××××小学××××教学楼

建设地点：泰安市泰山区

建筑面积：3046.7m²

建筑高度：19.2m（室外地面至屋面）

建筑层数：地上5层，1层为图书阅览室、2~4层为普通教室，5层为档案室

设计使用年限：50年

抗震设防烈度：7度

结构类型：钢筋混凝土框架结构

抗震设防分类：重点设防类（乙类）

耐火等级：二级

2.2 设计依据

2.2.1 地质勘察报告

地勘报告▶

建筑场地地势平坦，场地等效剪切波速 V_{se} 为 288.20~377.53m/s，场地覆盖层厚度 $h \geqslant 5.0$m，场地土类型属中硬场地土，建筑场地类别为Ⅱ类；场区抗震设防烈度为7度，设计基本地震加速度值为 0.1g，设计地震分组为第二组，特征周期为 0.4s。

本工程地基土层分布情况见表2.2.1。

表2.2.1　　　　　　　　　　地基土层分布情况表

地层号	土层名称	地基承载力特征值 f_{ak}/kPa	厚度 /m	压缩模量建议值 E_{s1-2}/MPa	状态
①	杂填土	110	0.99		松散
②	粉质黏土	150	1.47	5.54	可塑
③	全风化花岗片麻岩	300	2.09	30.00	低压缩性
④	强风化花岗片麻岩	500	7.54	50.00	低压缩性
⑤	中风化花岗片麻岩	2000	未穿透		不考虑压缩性

根据各土层埋深、承载力情况，建议将①层杂填土全部挖除，以②层粉质黏土为基础的持力层，地基承载力特征值为 150kPa。

地基基础设计等级为乙级。建议基础形式可采用人工地基，独立基础。

±0.000 相当于黄海高程 138.45m，基底标高 136.95m，地下水位标高 136.00m。

2.2.2 国家标准及图集

(1)《建筑结构可靠性设计统一标准》（GB 50068—2018）。

(2)《建筑结构荷载规范》（GB 50009—2012）。

规范 2.1

(3)《建筑工程抗震设防分类标准》（GB 50223—2008）。

(4)《建筑抗震设计规范》（GB 50011—2010）（2016 年版）。

(5)《混凝土结构设计规范》（GB 50010—2010）（2015 年版）。

安全等级 ▶

(6)《高层建筑混凝土结构技术规程》（JGJ 3—2010）。

(7)《建筑地基基础设计规范》（GB 50007—2011）。

(8)《建筑结构制图标准》（GB/T 50105—2010）。

设计年限 ▶

(9)《混凝土结构施工图平面整体表示方法制图规则和构造详图》（16G101—1～3）。

(10)《建筑工程设计文件编制深度规定（2016 年版）》（建质函〔2016〕247 号）。

设防类别 ▶

2.3 设 计 参 数

2.3.1 结构计算参数

结构计算参数取值依据见表 2.3.1。

设防烈度 ▶

表 2.3.1　　　　　　　　　　结构计算参数取值依据

技 术 指 标		技术条件	取 值 依 据
建筑结构安全等级		一级	《建筑结构可靠性设计统一标准》第 3.2.1 条
设计使用年限		50 年	《建筑结构可靠性设计统一标准》第 3.3.3 条
建筑抗震设防类别		乙类	《建筑工程抗震设防分类标准》第 3.0.2、6.0.8 条
抗震设防烈度		7 度	《建筑抗震设计规范》附录 A.0.10 条，地勘报告
设计基本地震加速度		0.1g	
设计地震分组		第二组	
场地类别		Ⅱ类	《建筑抗震设计规范》第 4.1.6 条，地勘报告
框架抗震等级		二级	《建筑抗震设计规范》第 6.1.2 条
地基基础设计等级		乙级	《建筑地基基础设计规范》第 3.0.1 条，地勘报告
混凝土环境类别	卫生间、阳台	二 a 类	《混凝土结构设计规范》第 3.5.2 条
	地下部分、雨棚	二 b 类	
	其余部分	一类	

场地类别 ▶

抗震等级 ▶

基础等级 ▶

2.3.2 结构重要性系数、荷载分项系数、可变荷载组合值系数取值

本工程结构设计时主要考虑持久设计状况和地震设计状况。

对持久设计状况，应进行承载能力极限状态设计，并按正常使用极限状态进行验

环境类别 ▶

算。对地震设计状况，主要进行承载能力极限状态设计。

（1）承载能力极限状态设计。在持久设计状况下，采用作用的基本组合，按下式计算：

$$\gamma_0 S_d \leqslant R_d$$

$$S_d = \sum_{i=1}^{m} \gamma_{Gi} S_{Gik} + \gamma_{Q1} \gamma_{L1} S_{Q1k} + \sum_{j=2}^{n} \gamma_{Qj} \psi_{cj} \gamma_{Lj} S_{Qjk}$$

扩展 2.1

在地震设计状况下，采用作用的地震组合（仅计算水平地震作用），按下式进行设计：

规范 2.2

$$\gamma_0 S_d \leqslant R_d / \gamma_{RE}$$

$$S_d = \gamma_G S_{GE} + \gamma_E S_{Ek} + \gamma_w \psi_w S_{wk}$$

（2）正常使用极限状态验算。在持久设计状况下，采用作用的准永久组合，对钢筋混凝土受弯构件的挠度及构件的最大裂缝宽度按下式进行验算：

规范 2.3

$$S_d \leqslant C$$

$$S_d = \sum_{i=1}^{m} S_{Gjk} + \sum_{j=1}^{n} \psi_{Qj} S_{Qjk}$$

承载能力极限状态设计各项系数取值见表 2.3.2。

表 2.3.2　　　　　承载能力极限状态设计各项系数取值表

系 数 名 称		系数取值	取 值 依 据
结构重要性系数 γ_0	持久设计状况	1.1	《建筑结构可靠性设计统一标准》第 8.2.8 条
	地震设计状况	1.0	
永久荷载分项系数 γ_{Gi}		1.3	《建筑结构可靠性设计统一标准》第 8.2.9 条
可变荷载分项系数 γ_{Qj}		1.5	
考虑结构设计使用年限的荷载调整系数 γ_{Lj}		1.0	《建筑结构可靠性设计统一标准》第 8.2.10 条
楼面活荷载组合值系数 ψ_c		0.7	《建筑结构荷载规范》第 5.1.1 条
屋面活荷载组合值系数 ψ_c		0.7	《建筑结构荷载规范》第 5.3.1 条
风荷载组合值系数 ψ_w	持久设计状况	0.6	《建筑结构荷载规范》第 8.1.4 条
	地震设计状况	0	《建筑抗震设计规范》第 5.4.1 条
承载力抗震调整系数 γ_{RE}	梁（受弯）	0.75	《建筑抗震设计规范》第 5.4.2 条
	柱轴压比小于 0.15	0.75	
	柱轴压比不小于 0.15	0.8	
	各类构件（受剪）	0.85	
重力荷载代表值分项系数 γ_G		1.2	《建筑抗震设计规范》第 5.4.1 条
水平地震作用分项系数 γ_E		1.3	

重要性系数 ▶

分项系数 ▶

组合值系数 ▶

抗震调整系数 ▶

扩展 2.2

2.3.3 可变荷载取值

（1）基本风压、基本雪压取值见表2.3.3。

表 2.3.3 基本风压、基本雪压取值表

荷载类型	取值	取值依据
基本风压	$0.4kN/m^2$	《建筑结构荷载规范》附录 E.5
基本雪压	$0.35kN/m^2$	
雪荷载准永久系数分区	0.2	

扩展 2.3

基本风压
基本雪压 ▶

（2）楼面、屋面活荷载标准值及其组合值、准永久值系数见表2.3.4。

表 2.3.4 楼面、屋面活荷载标准值及其组合值、准永久值系数表

荷载类型	标准值 /(kN/m^2)	组合值系数 ψ_c	准永久值系数 ψ_q	取值依据
教室	2.5	0.7	0.5	
档案室	5.0	0.9	0.8	
办公室	2.0	0.7	0.4	
阅览室	2.0	0.7	0.5	《建筑结构荷载规范》第5.1.1条，第5.3.1条
卫生间	2.5	0.7	0.5	
走廊、门厅	3.5	0.7	0.3	
楼梯	3.5	0.7	0.3	
屋面（不上人）	0.5	0.7	0.0	

扩展 2.4

活荷载标
准值 ▶

2.3.4 地震作用计算参数

地震作用计算参数见表2.3.5。

表 2.3.5 地震作用计算参数表

地震影响	水平地震影响系数最大值	特征周期	取值依据
多遇地震	$\alpha_{max}=0.12$	$T_g=0.4s$	《建筑抗震设计规范》第5.1.4条
罕遇地震	$\alpha_{max}=0.72$		

水平地震影响
系数 ▶

2.3.5 楼（屋）面及墙体做法

（1）屋面：

现浇钢筋混凝土屋面板

20厚1:2.5水泥砂浆找平层

40厚（最薄处）1:8（重量比）水泥珍珠岩找坡层2%

60厚挤塑聚苯板（燃烧性能B1级）

30厚C20细石混凝土找平层

刷基层处理剂1道

TS-F防水卷材1道

楼（屋）面及
墙体做法 ▶

隔离层（干铺玻纤网格布）1道

25厚1：2.5水泥砂浆抹平亚光，1m×1m分格，缝宽20mm，密封胶嵌缝

（2）现浇水磨石楼面（用于2层以上教室、阅览室等非水湿房间）：

现浇混凝土楼板

刷素水泥浆1道

20厚1：3水泥砂浆找平层

刷素水泥浆1道

30厚1：2水泥彩色石子磨光打蜡

（3）现浇水磨石楼面（用于连廊、露天走廊）：

现浇混凝土楼板

20厚1：3水泥砂浆找坡抹平

20厚玻化微珠保温颗粒

高分子防水涂料1道

30厚1：3干硬性水泥砂浆

30厚1：2水泥彩色石子磨光打蜡

（4）混合砂浆涂料顶棚（用于楼梯间，走廊）：

自重0.21kN/m²

现浇钢筋混凝土板底面清理干净

5厚1：1：4水泥石灰砂浆打底

3厚1：0.5：3水泥石灰砂浆抹平

刮腻子，刷乳胶漆2～3遍

（5）铝合金T型龙骨矿棉装饰吸音吊顶（用于门厅、教室、办公室等）：

自重0.1kN/m²

铝合金配套龙骨

12～15厚600mm×600mm矿棉装饰板

（6）涂料外墙（用于办公室、教室外走廊外墙）：

200厚加气混凝土砌块（钢筋混凝土柱、梁）

9厚1：3水泥砂浆

6厚1：2.5水泥砂浆找平

70厚锚固岩棉板保温层

15厚粘贴型胶粉聚苯颗粒找平层

5厚干粉类聚合物水泥防水砂浆，中间压入1层热镀锌电焊网

喷或滚刷底涂料1遍

喷或滚刷面层涂料2遍

（7）面砖外墙（用于除走廊以外的外墙）：

200厚加气混凝土砌块

刷专用界面剂1道

70厚锚固岩棉板保温层

15 厚粘贴型胶粉聚苯颗粒找平层

5 厚干粉类聚合物水泥防水砂浆，中间压入 1 层热镀锌电焊网

配套专用胶黏剂粘贴

5~7 厚外墙面砖，填缝剂填缝

（8）面砖外墙（用于混凝土梁、混凝土柱或除走廊以外的外墙）：

钢筋混凝土柱、梁

刷专用界面剂 1 道

70 厚锚固岩棉板保温层

墙体固定连接件及竖向龙骨

按石材板高度安装配套不锈钢挂件

20~30 厚石材板，用硅酮密封胶填缝

（9）混合砂浆内墙（用于一般房间）：

200 厚加气混凝土砌块

2 厚配套专用界面砂浆批刮

7 厚 1∶1∶6 水泥石灰砂浆

6 厚 1∶0.5∶3 水泥石灰砂浆找平

任务 3
进行结构选型与结构布置

概念 3.1

本工程建在 7 度设防区，建筑高度 19.2m，采用现浇钢筋混凝土普通框架结构体系，满足现浇钢筋混凝土房屋适用的最大高度要求。

3.1　框架结构布置

框架结构布置应在满足生产工艺和使用功能要求、满足建筑平面功能要求情况下，尽可能采用对抗震有利的布置形式。力求柱网平面简单规则，结构构件布置匀称，并使结构刚度均匀而连续，避免刚度突变。

扩展 3.1

3.1.1　柱网布置

在施工图设计阶段，柱网直接按照建筑施工图布置。最大柱网尺寸为 8.5m×7.7m。

3.1.2　承重体系的确定

规范 3.1

本工程建在地震区，考虑到地震方向的随意性以及地震产生的破坏效应较大，根据《建筑抗震设计规范》（GB 50011—2010）（2016 年版）第 6.1.5 条规定，在纵横双向均布置框架梁（主梁），形成纵横向框架混合承重体系。

纵横向框架混合承重时，楼面竖向荷载由纵向框架和横向框架共同承受，结构具有良好的整体工作性能。此时的框架结构，理应按空间受力体系进行设计。

为方便手算演示，本工程仅取横向框架（9 轴所在框架 KJ‐9）进行，并假定横向框架承受全部的竖向荷载及横向水平作用。

扩展 3.2

3.1.3　次梁布置

根据建筑施工图，在墙下、洞口及需要分割板块的位置布设次梁。

3.1.4　变形缝设置

扩展 3.3

本工程结构长度 52.2m＜55m，无须设置伸缩缝。

结构高度及竖向荷载变化不大，且地基土层分布比较均匀，无须设置沉降缝。

结构体型简单，平立面均比较规则，无须设置防震缝。

综上，本工程各楼层的结构平面布置图如图 3.1.1 所示。

概念 3.2

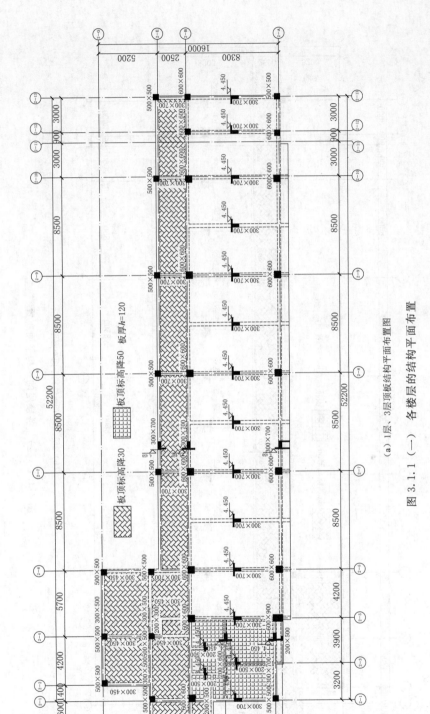

（a）1层、3层顶板结构平面布置图

图 3.1.1 （一） 各楼层的结构平面布置

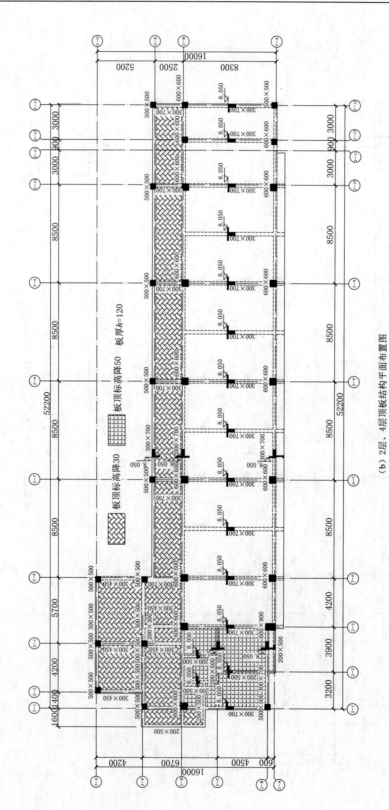

（b）2层、4层顶板结构平面布置图

图 3.1.1 （二）　各楼层的结构平面布置

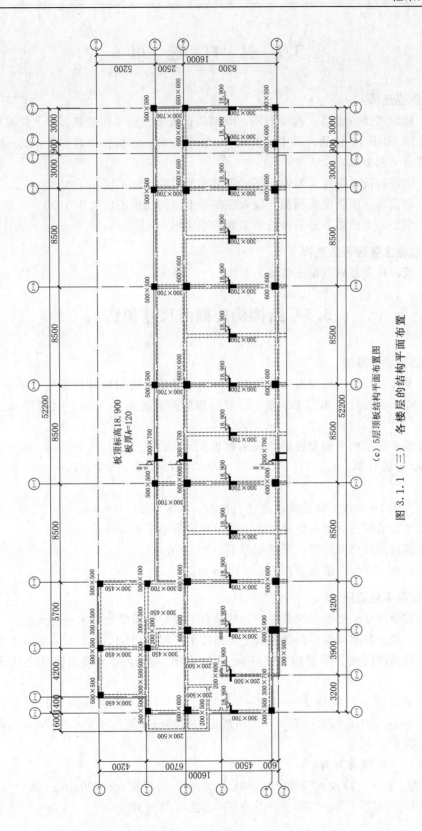

(c) 5层顶板结构平面布置图

图3.1.1（三）　各楼层的结构平面布置

3.2 材 料 选 用

规范 3.2

3.2.1 钢筋选择

梁、柱纵向受力钢筋，选用 HRB400 钢筋；板受力筋及构造筋，梁、柱箍筋及构造筋，选用 HRB400 钢筋。其中，框架梁、框架柱和斜撑构件（含梯段）的纵向受力钢筋应符合下列要求：

（1）钢筋的抗拉强度实测值与屈服强度实测值的比值不应小于 1.25。

（2）钢筋的屈服强度实测值与屈服强度标准值的比值不应大于 1.30。

（3）钢筋最大拉力下的总伸长率实测值不应小于 9%。

钢筋选用▶

3.2.2 混凝土强度等级选择

梁、板、柱及基础混凝土等级为 C30。

规范 3.3

3.3 结构构件截面尺寸预估

3.3.1 现浇板的厚度

混凝土选用▶

楼盖及屋盖均采用现浇混凝土结构。根据《混凝土结构设计规范》（GB 50010—2010）（2015 年版）第 9.1.2 条规定：双向板的跨厚比不大于 40，且最小厚度不小于 80mm。

结合本工程结构平面布置图，大多数板长短边之比 $l_{01}/l_{02}=8300/4250=1.95<2$，则按双向板计算：$h \geqslant l_0/40=4250/40=107(\mathrm{mm})$，其中，$l_0=8500/2=4250$（mm）。

板跨大于 4m，按上述经验取值适当加厚，取板厚 $h=120\mathrm{mm}$。

如第 2.1 节所述，耐火等级二级，最小板厚不小于 80mm。

考虑板内预埋交叉套管，最小板厚不小于 120mm。

综上，取屋面板、楼面板均为 $h=120\mathrm{mm}$。

扩展 3.4

3.3.2 框架梁截面尺寸

梁的截面尺寸主要根据构造要求，并结合工程经验和模数要求进行预估。

双向板判定▶

（1）主梁：参照《高层建筑混凝土结构技术规程》（JGJ 3—2010）中 6.3.1 条规定，主梁截面高度按计算跨度的 1/18～1/10 估算，梁净跨与截面高度之比不宜小于 4。

主梁截面宽度一般取 $b=(1/2～1/3)h$。同时，《建筑抗震设计规范》（GB 50011—2010）（2016 年版）第 6.3.1 条规定，梁的截面宽度不宜小于 200mm，截面高宽比不宜大于 4。

扩展 3.6

以 KJ-9 框架梁为例。

AD 跨：取 $h=l/12=8300/12=691.7(\mathrm{mm})$，实际取 $h=700\mathrm{mm}$；取 $b=(1/3～1/2)h=(1/3～1/2)×700=233～350(\mathrm{mm})$，实际取 $b=300\mathrm{mm}$。

DE 跨：$l = 2.5\text{m}$，保持 A-D-E 连续梁宽度不变，取 $b = 300\text{mm}$，$h = 500\text{mm}$。

其他主梁尺寸可同理确定。

（2）次梁：根据《混凝土结构构造手册》，次梁截面高度按跨度的 1/15～1/12 估算，且主梁比次梁至少高 50mm；次梁截面宽度不宜小于 150mm。

以 8.3m 跨次梁为例，取 $h = \left(\dfrac{1}{15} \sim \dfrac{1}{12} \right)l = \left(\dfrac{1}{15} \sim \dfrac{1}{12} \right) \times 8300 = 553 \sim 692(\text{mm})$，同时考虑到建筑立面造型，实际取 $h = 700\text{mm}$，$b = 300\text{mm}$。

其他次梁尺寸可同理确定。

梁截面尺寸见表 3.3.1。

表 3.3.1	梁 截 面 尺 寸		单位：mm
类别	跨度	b	h
AD 跨	8300	300	700
DE 跨	2500	300	500
纵梁	8500	300	700
次梁	8300	300	700

3.3.3 框架柱截面尺寸

框架柱截面尺寸主要根据柱的轴压比限值确定：$\mu = \dfrac{N}{A_c f_c} \leqslant [\mu_N]$

（1）估算柱的轴压力设计值 N。

根据经验公式估算 N。

$$N = \beta n A G_E$$

扩展 3.7

式中　β——考虑地震作用组合后柱轴压力增大系数，对边柱取 1.3，中柱取 1.25；

　　　n——验算截面以上楼层数；

　　　A——按简支状态计算时柱的负载面积，m^2；

　　　G_E——单位建筑面积上的重力荷载代表值，框架结构近似取 $12 \sim 14\text{kN/m}^2$。

为减少构件类型，简化施工，考虑柱截面沿房屋高度不变，故仅取底层计算。

对底层边柱 A：$N_A = 1.3 \times 5 \times 8.5 \times 8.3/2 \times 14 = 3210(\text{kN})$

对底层中柱 D：$N_D = 1.25 \times 5 \times 8.5 \times (8.3 + 2.5)/2 \times 14 = 4016(\text{kN})$

对底层边柱 E：$N_E = 1.3 \times 5 \times 8.5 \times 2.5/2 \times 14 = 967(\text{kN})$

估算轴压力▶

（2）选柱截面。

根据轴压比限值规定　　$A_c \geqslant \dfrac{N}{[\mu_N] f_c}$

本框架结构抗震等级为二级，查《建筑抗震设计规范》（GB 50011—2010）（2016年版）表 6.3.6，得轴压比限值 $[\mu_N] = 0.75$。

柱混凝土等级 C30，查《混凝土结构设计规范》（GB 50010—2010）（2015 年版）表 4.1.4-1，得混凝土轴心抗压强度设计值 $f_c = 14.3\text{N/mm}^2$。

底层边柱 A：$A_{CA} = \dfrac{N_A}{[\mu_N] f_c} = \dfrac{3210 \times 10^3}{0.75 \times 14.3} \approx 299301(\text{mm}^2)$

对底层中柱 D：$A_{CD}=\dfrac{N_D}{[\mu_N]f_c}=\dfrac{4016\times10^3}{0.75\times14.3}\approx374452(\text{mm}^2)$

底层边柱 E：$A_{CE}=\dfrac{N_E}{[\mu_N]f_c}=\dfrac{967\times10^3}{0.75\times14.3}\approx90163(\text{mm}^2)$

规范 3.4

柱截面取为正方形。根据《建筑抗震设计规范》(GB 50011—2010)(2016 年版)第 6.3.5 条规定，柱截面的宽度和高度，对本工程 5 层二级框架不宜小于 400mm。

则，A 柱、D 柱取 600mm×600mm，E 柱取 500mm×500mm。

其中，对于中柱 D 而言，实际选取柱截面面积 360000mm² ＜ 计算所需 374452mm²，但 $\dfrac{374452-360000}{360000}=4.01\%<5\%$。故暂取 A、D 柱截面均为 600mm×600mm，以减少构件类型，电算后发现不妥之时可适当修改截面尺寸。

3.4　框架计算简图

3.4.1　框架梁柱简化

规范 3.5

(1) 根据《混凝土结构设计规范》(GB 50010—2010)(2015 年版)第 5.2.2 条，对本例现浇钢筋混凝土框架结构，假定框架柱嵌固于基础顶面上，框架梁与框架柱刚接。

计算简图中的杆件以计算轴线表示，柱取截面形心线，梁取截面形心线。

(2) 框架梁的计算跨度 L，等于柱截面形心之间的距离。

由于建筑施工图中定位轴线是按墙体定义的，所以框架梁计算跨度要根据墙体与框架柱的布置进行调整。

梁计算跨度▶

对 AD 跨框架梁，计算跨度 $L=8300-(600/2-200/2)-(600/2-200/2)=7900$(mm)。

对 DE 跨框架梁，计算跨度 $L=2500+(600/2-200/2)+(500/2-200/2)=2850$(mm)。

(3) 框架柱的计算高度 H：底层柱计算高度从基础顶面算至一层楼盖顶面；其余各层取建筑层高，即上下两层楼盖顶面之间的距离。

扩展 3.8

对底层柱：本工程±0.000 相当于黄海高程 138.45m，基底标高 136.95m 相当于 −1.5m，假定采用两阶阶梯形独立基础，基础高度 800m，则基础顶面标高 −0.700m。故底层柱高 $H=4.5+0.7=5.2(\text{m})$。

对其他层柱：柱计算高度 H 取为本层层高，3.6m。

3.4.2　框架梁线刚度

柱计算高度▶

梁的线刚度

$$i_b=\dfrac{E_cI_b}{L}$$

梁混凝土采用 C30，查《混凝土结构设计规范》(GB 50010—2010)(2015 年版)表 4.1.5，混凝土弹性模量 $E_c=3\times10^4\text{N/mm}^2$。

概念 3.3

矩形梁截面惯性矩 $$I_0=\frac{1}{12}bh^3$$

考虑到 KJ-9 为中框架,框架梁两侧均有现浇楼板可作为梁的有效翼缘形成 T 形截面,提高了框架梁的刚度。参照《高层建筑混凝土结构技术规程》(JGJ 3—2010)中 5.2.2 条规定,取梁刚度放大系数为 2.0。即考虑 T 形梁截面惯性矩 $I_b=2I_0$

扩展 3.9

KJ-9 框架梁线刚度计算详见表 3.4.1。

表 3.4.1 KJ-9 框架梁线刚度计算表

类别	混凝土弹性模量 $E_c/(\text{N/mm}^2)$	截面尺寸 $b\times h/$ $(\text{mm}\times\text{mm})$	矩形梁截面惯性矩 $I_0=bh^3/12$ $/\text{mm}^4$	计算跨度 L/mm	T 形梁截面惯性矩 $I_b=2I_0/\text{mm}^4$	梁线刚度 i_b $=E_cI_b/L$ $/(\text{N}\cdot\text{mm})$	相对线刚度
AD 跨梁	3×10^4	300×700	8.58×10^9	7900	1.72×10^{10}	6.53×10^{10}	1.00
DE 跨梁	3×10^4	300×500	3.13×10^9	2850	6.26×10^9	6.59×10^{10}	1.00
悬挑梁	3×10^4	300×700	8.58×10^9	1000	1.72×10^{10}	5.16×10^{11}	7.9

扩展 3.10

3.4.3 框架柱线刚度

柱的线刚度 $$i_c=\frac{E_cI_c}{H}$$

柱混凝土采用 C30,查《混凝土结构设计规范》(GB 50010—2010)(2015 年版)表 4.1.5,混凝土弹性模量 $E_c=3\times10^4\text{N/mm}^2$。

正方形柱截面惯性矩 $$I_c=\frac{1}{12}bh^3$$

则 KJ-9 框架柱线刚度计算详见表 3.4.2。

表 3.4.2 KJ-9 框架柱线刚度计算表

类别	混凝土弹性模量 $E_c/(\text{N/mm}^2)$	截面尺寸 $b\times h$ $/(\text{mm}\times\text{mm})$	截面惯性矩 $I_c=bh^3/12$ $/\text{mm}^4$	计算高度 H/mm	柱线刚度 $i_c=E_cI_c/H$ $/(\text{N}\cdot\text{mm})$	相对线刚度
底层 A柱、D柱	3×10^4	600×600	1.08×10^{10}	5200	6.23×10^{10}	0.95
底层 E柱	3×10^4	500×500	5.21×10^9	5200	3.0×10^{10}	0.46
其他层 A柱、D柱	3×10^4	600×600	1.08×10^{10}	3600	9×10^{10}	1.38
其他层 E柱	3×10^4	500×500	5.21×10^9	3600	4.34×10^{10}	0.66

扩展 3.11

综上,KJ-9 计算简图及框架梁、柱线刚度如图 3.4.1 所示。

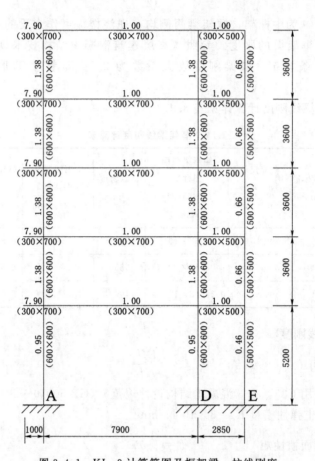

图片3.2

图3.4.1 KJ-9计算简图及框架梁、柱线刚度

任务4

进行荷载统计

本工程框架结构承担的荷载，竖向主要考虑：永久荷载、楼（屋）面活荷载、雪荷载；水平向主要考虑：风荷载、地震作用。

选择9轴所在横向框架KJ-9进行计算。D轴与E轴间的板为单向板，A轴与D轴间的板为双向板，板上竖向荷载传递如图4.0.1所示。

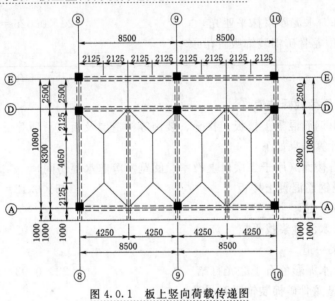

图 4.0.1 板上竖向荷载传递图

概念 4.1

竖向荷载
传递▶

图片 4.1

4.1 永久荷载 标准值

永久荷载包括所有楼（屋）面、梁、柱、墙等结构构件和地面装饰、吊顶、抹灰等建筑构造层自重，其标准值可按结构构件的设计尺寸、构造层的做法以及材料重度标准值计算。

常规建筑材料的重度标准值可按《建筑结构荷载规范》（GB 50009—2010）附录A查取。

楼（屋）面自重通常根据材料厚度乘以重度，计算单位面积重力荷载，为面荷载形式。梁自重根据截面面积再乘以重度，计算沿构件跨度方向的单位长度重力荷载，为线荷载形式。墙自重先根据墙体做法取各层材料厚度乘以重度，计算单位面积重力荷载，后期再根据各道墙体的实际高度并扣除门窗洞口，计算出墙长方向的单位长度重力荷载。柱自重根据截面面积乘以高度再乘以重度，再计算总重力荷载，为集中荷载形式。

概念 4.2

规范 4.1

4.1.1　屋面永久荷载标准值

屋面自重由钢筋混凝土屋面板、板顶找坡、保温、找平、装饰等构造层及板底吊顶等重量组成。根据建筑施工图，计算结果如下：

120 厚现浇钢筋混凝土屋面板 $\qquad$ $25\times0.12=3.00(kN/m^2)$

40 厚（最薄处）1:8（重量比）水泥珍珠岩找坡层 2%

$$15\times[(0.04+5.2\times2\%)+(0.04+16\times2\%)]/2=3.78(kN/m^2)$$

20 厚 1:2.5 水泥砂浆找平层 $\qquad$ $20\times0.02=0.40(kN/m^2)$

60 厚挤塑聚苯板（燃烧性能 B1 级） $\qquad$ $0.5\times0.06=0.03(kN/m^2)$

30 厚 C20 细石混凝土找平层 $\qquad$ $24\times0.03=0.72(kN/m^2)$

刷基层处理剂一道，TS-F 防水卷材一道，隔离层（干铺玻纤网格布）一道

$$0.20kN/m^2$$

25 厚 1:2.5 水泥砂浆抹平亚光 $\qquad$ $20\times0.025=0.50(kN/m^2)$

铝合金 T 型龙骨矿棉装饰吸音吊顶 $\qquad$ $0.10kN/m^2$

合计：$8.73kN/m^2$

4.1.2　楼面永久荷载标准值

楼面自重由钢筋混凝土楼板、找平、装饰等构造层及板底吊顶等重量组成。根据建筑施工图，计算结果如下：

现浇水磨石楼面（用于二层以上教室、阅览室等非水湿房间）

120 厚现浇钢筋混凝土楼板 $\qquad$ $25\times0.12=3.00(kN/m^2)$

刷素水泥浆一道

20 厚 1:3 水泥砂浆找平层 $\qquad$ $20\times0.02=0.40(kN/m^2)$

刷素水泥浆一道

30 厚 1:2 水泥彩色石子磨光打蜡 $\qquad$ $22\times0.03=0.66(kN/m^2)$

铝合金 T 型龙骨矿棉装饰吸音吊顶 $\qquad$ $0.10kN/m^2$

合计：$4.16kN/m^2$

现浇水磨石楼面（用于连廊、露天走廊）

120 厚现浇钢筋混凝土楼板 $\qquad$ $25\times0.12=3.00(kN/m^2)$

20 厚 1:3 水泥砂浆找坡抹平 $\qquad$ $20\times0.02=0.40(kN/m^2)$

20 厚玻化微珠保温颗粒 $\qquad$ $1\times0.02=0.02(kN/m^2)$

高分子防水涂料一道

30 厚 1:3 干硬性水泥砂浆 $\qquad$ $20\times0.03=0.60(kN/m^2)$

30 厚 1:2 水泥彩色石子磨光打蜡 $\qquad$ $22\times0.03=0.66(kN/m^2)$

混合砂浆涂料顶棚 $\qquad$ $0.21kN/m^2$

合计：$4.89kN/m^2$

4.1.3　卫生间永久荷载标准值

卫生间楼面自重由钢筋混凝土楼板、找坡、找平、装饰等构造层及板底吊顶等重

量组成，另外还要考虑蹲位、隔断、水池等折算荷载（一般取 4.0kN/m²）。根据建筑施工图，计算结果如下：

120 厚现浇钢筋混凝土楼板	$25×0.12=3.00$（kN/m²）
0.7 厚聚乙烯丙纶防水卷材 1.3 厚专用黏结料满粘	0.05kN/m²
20 厚 LC7.5 轻骨料混凝土填充层找坡	$15×0.02=0.30$（kN/m²）
20 厚 1∶3 水泥砂浆找坡抹平	$20×0.02=0.40$（kN/m²）
高分子防水涂料一道	
30 厚 1∶3 干硬性水泥砂浆	$20×0.03=0.60$（kN/m²）
8～10 厚 300mm×300mm 防滑地砖	0.55kN/m²
蹲位、隔断、水池等折算荷载	4.00kN/m²
铝合金条形板顶棚	0.07kN/m²

合计：8.97kN/m²

扩展 4.4

4.1.4 梁的自重标准值计算（单位长度的重量）

梁的自重包括钢筋混凝土梁及两侧抹灰或装饰层的重量。以 AD 跨梁为例，计算结果如下：

梁截面积（扣除楼板）：$0.3×(0.7-0.12)=0.174$（m²）

钢筋混凝土梁重：$25×0.174=4.35$（kN/m）

梁两侧抹灰重：$2×(0.7-0.12)×(1.3×0.07+28×0.03+0.15)=1.25$（kN/m）

总自重标准值：$4.35+1.25=5.60$（kN/m）

其余梁计算结果见表 4.1.1。

表 4.1.1　　　　　　　　　　　梁自重标准值计算表

类别	梁截面尺寸		楼板厚度 /m	扣除楼板后梁高度 /m	梁截面积（扣除楼板） /m²	钢筋混凝土梁重 /(kN/m)	梁两侧装饰层重 /(kN/m)	梁重标准值 /(kN/m)
	b/m	h/m						
AD 跨	0.3	0.7	0.12	0.58	0.174	4.35	1.25	5.60
DE 跨	0.3	0.5	0.12	0.38	0.114	2.85	0.82	3.67
悬挑梁	0.3	0.7	0.12	0.58	0.174	4.35	1.25	5.60
纵梁	0.3	0.7	0.12	0.58	0.174	4.35	1.25	5.60
次梁	0.3	0.7	0.12	0.58	0.174	4.35	0.46	4.81

扩展 4.5

4.1.5 墙的自重标准值计算（单位面积的重量）

墙的自重标准值根据墙体做法计算，墙内门、窗洞口待荷载归集时再根据具体尺寸扣除。墙自重标准值计算见表 4.1.2。

4.1.6 柱的自重标准值计算（一根柱的重量）

柱的自重包括钢筋混凝土柱及四面抹灰或装饰层的重量。以底层 A 柱、D 柱为

扩展 4.6

表4.1.2 墙自重标准值计算表

墙体	具 体 做 法	取值/(kN/m²)
涂料外墙（办公室、教室外走廊外墙）	200厚加气混凝土砌块 [5.5×0.2=1.10(kN/m²)] 9厚1∶3水泥砂浆 [20×0.009=0.18(kN/m²)] 6厚1∶2.5水泥砂浆找平 [20×0.006=0.12(kN/m²)] 70厚锚固岩棉板保温层 [1.3×0.07≈0.09(kN/m²)] 15厚粘贴型胶粉聚苯颗粒找平层 [1.0×0.015=0.02(kN/m²)] 5厚干粉类聚合物水泥防水砂浆，中间压入一层热镀锌电焊网 [20×0.005=0.10(kN/m²)] 喷或滚刷底涂料1遍 喷或滚刷面层涂料2遍	1.61
面砖外墙（除走廊以外的外墙）	200厚加气混凝土砌块 [5.5×0.2=1.10(kN/m²)] 刷专用界面剂1道 70厚锚固岩棉板保温层 [1.3×0.07=0.09(kN/m²)] 15厚粘贴型胶粉聚苯颗粒找平层 [1.0×0.015=0.02(kN/m²)] 5厚干粉类聚合物水泥防水砂浆，中间压入一层热镀锌电焊网 [20×0.005=0.10(kN/m²)] 配套专用胶黏剂粘贴 5~7厚外墙面砖，填缝剂填缝 [20×0.006=0.12(kN/m²)]	1.43
混合砂浆内墙（一般房间）	200厚加气混凝土砌块 [5.5×0.2=1.10(kN/m²)] 7厚水泥石灰砂浆 [20×0.007=0.14(kN/m²)] 6厚水泥石灰砂浆找平 [20×0.006=0.12(kN/m²)]	1.36
女儿墙	240砖砌 [18×0.24=4.32(kN/m²)] 两侧20抹灰 [2×20×0.02=0.80(kN/m²)]	5.12

例，计算结果如下：

柱截面积：$0.6×0.6=0.36(m^2)$

柱净高（扣除梁高）：$5.2-0.7=4.5(m)$

钢筋混凝土柱自重：$25×0.36×4.5=40.5(kN)$

柱四面装饰层重：$4×4.5×0.6×(1.3×0.07+28×0.03+0.15)≈11.67(kN)$

总自重标准值：$40.5+11.67=52.17(kN)$

其余柱的自重标准值计算结果见表4.1.3。

扩展4.7

表4.1.3 柱自重标准值计算表

类别	柱截面尺寸		柱截面积/m²	柱高/m	梁高度/m	柱净高（扣除梁高）/m	钢筋混凝土柱重/kN	装饰层重/kN	柱重标准值/kN
	b/m	h/m							
底层A柱、D柱	0.6	0.6	0.36	5.2	0.7	4.5	40.50	11.67	52.17
底层E柱	0.5	0.5	0.25	5.2	0.5	4.7	29.38	10.16	39.54
其他层A柱、D柱	0.6	0.6	0.36	3.6	0.7	2.9	26.10	7.52	33.62
其他层E柱	0.5	0.5	0.25	3.6	0.5	3.1	19.38	6.70	26.08

4.1.7 梁上永久荷载标准值

虽然墙、梁、柱中心线不一致，但在荷载传递归集时，为手算方便，楼板和梁的跨度仍近似取轴线之间的距离。

概念 4.4

(1) 2～5 层 9 轴 AD 跨梁上永久荷载（线荷载）。

梁自重 5.60kN/m

梁上内墙的重量 $1.36 \times (3.6 - 0.7) \approx 3.94 (kN/m)$

两侧楼板传给主梁的永久荷载：

$$梯形荷载的最大值 q = 楼面单位面积的重量 \times 梯形高度 = 4.16 \times 2.125 = 8.84 (kN/m)$$

$$转化为均布荷载 \alpha = \frac{2.125}{8.3} \approx 0.256$$

$$2q_E = 2 \times (1 - 2\alpha^2 + \alpha^3) \times q = 2 \times (1 - 2 \times 0.256^2 + 0.256^3) \times 8.84 \approx 15.66 (kN/m)$$

扩展 4.8

合计：25.20kN/m

(2) 屋面层 9 轴 AD 跨梁上永久荷载统计（线荷载）。

梁自重 5.60kN/m

两侧屋面板传给主梁的永久荷载：

$$梯形荷载的最大值 q = 屋面单位面积的重量 \times 梯形高度 = 8.73 \times 2.125 \approx 18.55 (kN/m)$$

$$转化为均布荷载 \alpha = \frac{2.125}{8.3} \approx 0.256$$

$$2q_E = 2 \times (1 - 2\alpha^2 + \alpha^3) \times q = 2 \times (1 - 2 \times 0.256^2 + 0.256^3) \times 18.55 \approx 32.86 (kN/m)$$

合计：38.46kN/m

(3) 2～5 层和屋面层 9 轴 DE 跨梁上永久荷载统计（线荷载）。

梁自重 3.67kN/m

合计：3.67kN/m

(4) 2～5 层和屋面层 9 轴悬挑梁上永久荷载统计（线荷载）

梁自重 5.60kN/m

合计：5.60kN/m

(5) 2～5 层 9 轴 A 柱由纵向框架梁所传导永久荷载及柱自重统计。

扩展 4.9

柱自重 33.62kN

纵向外墙（走非廊）自重（扣除窗位置墙重，并加上窗重量）

$1.43 \times (4.25 + 4.25) \times 2.9 + 2 \times (-1.43 + 0.4) \times 2.85 \times 1.95 \approx 23.80 (kN)$

纵向框架梁自重 $5.60 \times (4.25 + 4.25) = 47.60 (kN)$

纵向框架梁所传导 1/2 根次梁重和 1 根悬挑梁重 $0.5 \times 5.60 \times 8.3 + 5.60 \times 1.0 = 28.84 (kN)$

纵向框架梁所传导楼板永久荷载（1 块梯形板重 + 2 块三角形板重）

$$\left[\frac{1}{2}\times(8.3+4.05)\times2.125+2\times\frac{1}{2}\times4.25\times2.125\right]\times4.16\approx92.16(kN)$$

纵向框架梁所传导悬挑板永久荷载 $4.16\times8.5\times1=35.36(kN)$

合计：261.38 kN

（6）屋面层9轴A柱由纵向框架梁所传导永久荷载统计。

纵向女儿墙自重 $5.12\times1.2\times(4.25+4.25)\approx52.22(kN)$

纵向框架梁自重 $5.60\times(4.25+4.25)=47.60(kN)$

纵向框架梁所传导1/2根次梁重和1根悬挑梁重 $0.5\times5.60\times8.3+5.60\times1.0=28.84(kN)$

纵向框架梁所传导屋面板永久荷载（1块梯形板重＋2块三角形板重）

$$\left[\frac{1}{2}\times(8.3+4.05)\times2.125+2\times\frac{1}{2}\times4.25\times2.125\right]\times8.73\approx193.40(kN)$$

纵向框架梁所传导悬挑板永久荷载 $4.16\times8.5\times1=35.36(kN)$

合计：357.42kN

（7）2～5层9轴D柱由纵向框架梁所传导永久荷载及柱自重统计。

柱自重 33.62kN

纵向外墙（走廊）自重（扣除门窗位置墙重，并加上门窗重量）

$$1.61\times(4.25+4.25)\times2.9+2\times(-1.61+0.45)\times1.2\times2.4+2$$
$$\times(-1.61+0.4)\times2.1\times1.05\approx27.67(kN)$$

纵向框架梁自重 $5.60\times(4.25+4.25)=47.60(kN)$

纵向框架梁所传导1/2根次梁重 $0.5\times5.60\times8.3=23.24(kN)$

纵向框架梁所传导楼板永久荷载（1块梯形板重＋2块三角形板重＋1/2块单向板重）

$$\left[\frac{1}{2}\times(8.3+4.05)\times2.125+2\times\frac{1}{2}\times4.25\times2.125\right]\times4.16+\frac{1}{2}$$
$$\times8.5\times2.5\times4.89\approx144.11(kN)$$

合计：276.24kN

（8）屋面层9轴D柱由纵向框架梁所传导永久荷载统计。

纵向框架梁自重 $5.60\times(4.25+4.25)=47.60(kN)$

纵向框架梁所传导1/2根次梁重 $0.5\times5.60\times8.3=23.24(kN)$

纵向框架梁所传导屋面板永久荷载（1块梯形板重＋2块三角形板重＋1/2块单向板重）

$$\left[\frac{1}{2}\times(8.3+4.05)\times2.125+2\times\frac{1}{2}\times4.25\times2.125\right]\times8.73+\frac{1}{2}$$
$$\times8.5\times2.5\times8.73\approx286.15(kN)$$

合计：356.99kN

（9）2～5 层 9 轴 E 柱由纵向框架梁所传导永久荷载及柱自重统计。

柱自重 26.08kN

纵向外墙（走非廊）自重（扣除窗位置墙重）

$1.43 \times (4.25+4.25) \times (3.1-1.8) \approx 15.80$ （kN）

纵向框架梁自重 $5.60 \times (4.25+4.25) = 47.60$(kN)

纵向框架梁所传导楼板永久荷载（1/2 块单向板重）$\frac{1}{2} \times 8.5 \times 2.5 \times 4.89 \approx 51.96$(kN)

合计：141.44kN

（10）屋面层 9 轴 E 柱由纵向框架梁所传导永久荷载统计。

纵向女儿墙自重 $1.2 \times (4.25+4.25) \times 5.12 \approx 52.22$(kN)

纵向框架梁自重 $5.60 \times (4.25+4.25) = 47.60$(kN)

纵向框架梁所传导屋面板永久荷载（1/2 块单向板重）$\frac{1}{2} \times 8.5 \times 2.5 \times 8.73 \approx 92.76$(kN)

合计：192.58kN

永久荷载作用下的 KJ-9 框架计算简图如图 4.1.1 所示。

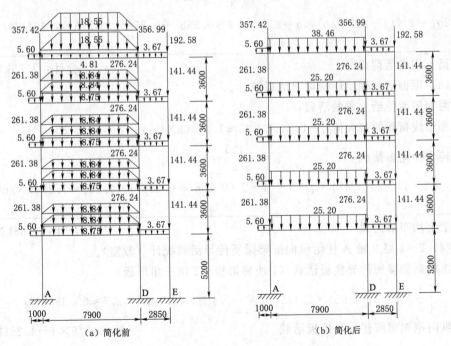

图片 4.2

（a）简化前　　　　　　　　　（b）简化后

图 4.1.1　永久荷载作用下的 KJ-9 框架计算简图

（单位：集中荷载，kN；线荷载，kN/m）

4.2　楼（屋）面活荷载、雪荷载标准值

如2.3.3节所述，不上人屋面活荷载标准值为$0.5kN/m^2$，教室活荷载标准值为$2.5kN/m^2$，阅览室活荷载标准值为$2.0kN/m^2$，卫生间活荷载标准值为$2.5kN/m^2$，走廊活荷载标准值为$3.5kN/m^2$，基本雪压为$0.35kN/m^2$。屋面活荷载标准值大于雪荷载标准值，因此组合时不考虑雪荷载。

规范4.2

（1）2～4层9轴AD跨梁上活载统计（教室）。

两侧楼板传给主梁的活载：

梯形线荷载的最大值 $q=2.5×2.125≈5.313(kN/m)$

转化为均布荷载 $\qquad\qquad α=\dfrac{2.125}{8.3}≈0.256$

$2q_E=2×(1-2α^2+α^3)×q=2×(1-2×0.256^2+0.256^3)×5.313≈9.41(kN/m)$

梁上均布活荷载 　　　　　　　　　　　　　　　　　　　　　　　合计：9.41kN/m

（2）5层9轴AD跨梁上活载统计（阅览室）。

两侧楼板传给主梁的活载：

梯形线荷载的最大值 $q=2.0×2.125=4.25(kN/m)$

转化为均布荷载 $\qquad\qquad α=\dfrac{2.125}{8.3}=0.256$

$2q_E=2×(1-2α^2+α^3)×q=2×(1-2×0.256^2+0.256^3)×4.25≈7.53(kN/m)$

梁上均布活荷载 　　　　　　　　　　　　　　　　　　　　　　　合计：7.53kN/m

（3）屋面层9轴AD跨梁上活载统计。

两侧屋面传给主梁的活载：

梯形线荷载的最大值 $q=0.5×2.125≈1.063(kN/m)$

转化为均布荷载 $\qquad\qquad α=\dfrac{2.125}{8.3}=0.256$

$2q_E=2×(1-2α^2+α^3)×q=2×(1-2×0.256^2+0.256^3)×1.063≈1.88(kN/m)$

梁上均布活荷载 　　　　　　　　　　　　　　　　　　　　　　　合计：1.88kN/m

（4）2～4层9轴A柱由纵向框架梁所传导活载统计（教室）。

纵向框架梁所传导楼板活载（1块梯形板＋2块三角形板）

$$\left[\dfrac{1}{2}×(8.3+4.05)×2.125+2×\dfrac{1}{2}×4.25×2.125\right]×2.5≈55.38(kN)$$

纵向框架梁所传导悬挑板活载 　　　　　　　　　　　$0.5×8.5×1=4.25(kN)$

柱上集中活荷载 　　　　　　　　　　　　　　　　　　　　　　　合计：59.63kN

（5）5层9轴A柱由纵向框架梁所传导活载统计（阅览室）。

纵向框架梁所传导楼板活载（1块梯形板＋2块三角形板）

$$\left[\frac{1}{2}\times(8.3+4.05)\times2.125+2\times\frac{1}{2}\times4.25\times2.125\right]\times2.0\approx44.31(kN)$$

纵向框架梁所传导悬挑板活载　　　　　　　　$0.5\times8.5\times1=4.25(kN)$

柱上集中活荷载　　　　　　　　　　　　　　合计：48.56kN

（6）屋面层9轴A柱由纵向框架梁所传导活载统计。

纵向框架梁所传导屋面活载（1块梯形板＋2块三角形板）

$$\left[\frac{1}{2}\times(8.3+4.05)\times2.125+2\times\frac{1}{2}\times4.25\times2.125\right]\times0.5\approx11.08(kN)$$

纵向框架梁所传导悬挑板活载　　　　　　　　$0.5\times8.5\times1=4.25(kN)$

柱上集中活荷载　　　　　　　　　　　　　　合计：15.33kN

（7）2～4层9轴D柱由纵向框架梁所传导活载统计（教室）。

纵向框架梁所传导楼板活载（1块梯形板＋2块三角形板＋1/2块单向板）

$$\left[\frac{1}{2}\times(8.3+4.05)\times2.125+2\times\frac{1}{2}\times4.25\times2.125\right]\times2.5+\frac{1}{2}$$
$$\times8.5\times2.5\times3.5\approx92.57(kN)$$

柱上集中活荷载　　　　　　　　　　　　　　合计：92.57kN

（8）5层9轴D柱由纵向框架梁所传导活载统计（阅览室）。

纵向框架梁所传导楼板活载（1块梯形板＋2块三角形板＋1/2块单向板）

$$\left[\frac{1}{2}\times(8.3+4.05)\times2.125+2\times\frac{1}{2}\times4.25\times2.125\right]\times2.0+\frac{1}{2}$$
$$\times8.5\times2.5\times3.5\approx81.49(kN)$$

柱上集中活荷载　　　　　　　　　　　　　　合计：81.49kN

（9）屋面层9轴D柱由纵向框架梁所传导活载统计。

纵向框架梁所传导屋面活载（1块梯形板＋2块三角形板＋1/2块单向板）

$$\left[\frac{1}{2}\times(8.3+4.05)\times2.125+2\times\frac{1}{2}\times4.25\times2.125\right]\times0.5+\frac{1}{2}$$
$$\times8.5\times2.5\times0.5\approx16.39(kN)$$

柱上集中活荷载　　　　　　　　　　　　　　合计：16.39kN

（10）2～5层9轴E柱由纵向框架梁所传导活载统计。

纵向框架梁所传导楼板活载（1/2块单向板）　$\frac{1}{2}\times8.5\times2.5\times3.5\approx37.19(kN)$

柱上集中活荷载　　　　　　　　　　　　　　合计：37.19 kN

（11）屋面层9轴E柱由纵向框架梁所传导活载统计。

纵向框架梁所传导屋面活载（1/2块单向板）　$\dfrac{1}{2}\times 8.5\times 2.5\times 0.5\approx 5.31(kN)$

柱上集中活荷载　　　　　　　　　　　　　　　　　　　　　　　合计：5.31kN

活荷载作用下的 KJ-9 框架计算简图如图 4.2.1 所示。

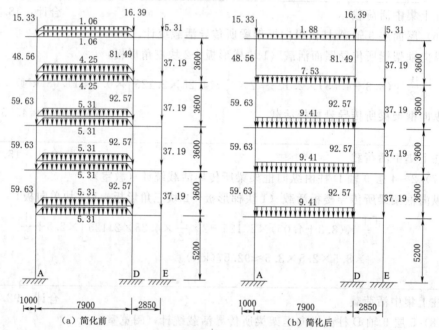

图 4.2.1　活荷载作用下的 KJ-9 框架计算简图

（单位：集中荷载，kN；线荷载，kN/m）

4.3　风荷载标准值

概念 4.5

根据《建筑结构荷载规范》（GB 50009—2012）第 8.1.1 条，计算主要受力结构时，垂直于建筑物表面上的风荷载标准值按下式计算：

$$w_k=\beta_z\mu_s\mu_z w_0$$

式中　w_k——风荷载标准值，kN/m²；

概念 4.6

　　　　β_z——高度 z 处的风振系数；

　　　　μ_s——风荷载体型系数；

　　　　μ_z——风压高度变化系数；

　　　　w_0——基本风压，kN/m²，如 2.3.3 节所述，基本风压为 0.4kN/m²。

需要指出的是，随着风向变化，垂直于建筑物表面的风荷载应分别考虑<u>左风向</u>和<u>右风向</u>。以下风荷载的计算以左风为例，右风作用时与左风作用时计算方法相同。

4.3.1　风振系数 β_z

概念 4.7

本工程<u>房屋高度</u> 19.2m＜30m，根据《建筑结构荷载规范》（GB 50010—2010）

第 8.4.1 条规定，风振系数取 1.0。

4.3.2 风压高度变化系数 μ_z

根据《建筑结构荷载规范》（GB 50010—2010）第 8.2.1 条规定，本工程的地面粗糙度为 C 类。C 类地面风压高度变化系数 μ_z 见表 4.3.1。

规范 4.3

表 4.3.1   C 类地面风压高度变化系数 μ_z

离地面高度 z/m	5	10	15	20	30
μ_z	0.65	0.65	0.65	0.74	0.88

对离地面实际高度处，根据表 4.3.1 中数据按线性插值法进行计算，得出实际高度处风压高度变化系数 μ_z 见表 4.3.2。

扩展 4.10

表 4.3.2   实际高度处风压高度变化系数 μ_z

离地面高度 z/m	4.8	8.4	12.0	15.6	19.2	20.4
μ_z	0.65	0.65	0.65	0.66	0.73	0.75

4.3.3 风荷载体型系数 μ_s

本工程建筑平面为 L 形，根据《高层建筑混凝土结构技术规程》（JGJ 3—2010）第 4.2.3 条，计算主体结构的风荷载效应时，整体体型系数取为 $\mu_s=1.4$。

扩展 4.11

4.3.4 KJ-9 风荷载计算及计算简图

风荷载作用下，KJ-9 的负荷宽度为 KJ-9 与 KJ-8、KJ-10 之间间距各取一半，即：$B=8.5/2+8.5/2=8.5$（m），则沿房屋高度分布的 KJ-9 风荷载标准值 $w_k(z)=\beta_z\mu_s\mu_z w_0 B$，具体计算见表 4.3.3。

概念 4.8

表 4.3.3   沿房屋高度分布的 KJ-9 风荷载标准值

层号	离地面高度 z/m	β_z	μ_s	μ_z	w_0/(kN/m²)	$w_{k(z)}$/(kN/m²)
女儿墙	20.4	1.0	1.4	0.75	0.4	3.57
5	19.2	1.0	1.4	0.73	0.4	3.47
4	15.6	1.0	1.4	0.66	0.4	3.14
3	12.0	1.0	1.4	0.65	0.4	3.09
2	8.4	1.0	1.4	0.65	0.4	3.09
1	4.8	1.0	1.4	0.65	0.4	3.09

为方便内力及侧移计算，按静力等效原理将分布风荷载转化为各层楼面处集中荷载。各集中荷载计算如下：

分布荷载转集中荷载▶

$$F_1=\frac{1}{2}\times 3.09\times(4.8+3.6)\approx 12.98\text{（kN）}$$

$$F_2=\frac{1}{2}\times 3.09\times(3.6+3.6)\approx 11.12\text{（kN）}$$

$$F_3 = \frac{1}{2} \times 3.09 \times (3.6 + 3.6) + \frac{1}{2} \times (3.14$$

$$- 3.09) \times 3.6 \times \frac{1}{3} \approx 11.15(\text{kN})$$

$$F_4 = \frac{1}{2} \times 3.09 \times 3.6 + \frac{1}{2} \times 3.14 \times 3.6 + \frac{1}{2}$$

$$\times (3.47 - 3.14) \times 3.6 \times \frac{1}{3} + \frac{1}{2} \times$$

$$(3.14 - 3.09) \times 3.6 \times \frac{2}{3} \approx$$

$$11.47(\text{kN})$$

$$F_5 = \frac{1}{2} \times 3.14 \times 3.6 + \frac{1}{2} \times (3.47 - 3.14)$$

$$\times 3.6 \times \frac{2}{3} + \frac{1}{2} \times (3.57 + 3.47) \times 1.2$$

$$\approx 10.27(\text{kN})$$

图 4.3.1　风荷载(左风)作用下的 KJ - 9
框架计算简图(单位:kN)

风荷载（左风）作用下 KJ - 9 框架计算简图如图 4.3.1 所示。

4.4　横向水平地震作用

　　根据《建筑抗震设计规范》（GB 50011—2010）（2016 年版）第 5.1.1 条规定，本工程抗震设防烈度为 7 度，地震加速度为 $0.1g$，无须计算竖向地震作用。

　　因本工程为 L 形平面，建筑平面内质量、刚度分布不对称，根据《建筑抗震设计规范》（GB 50011—2010）（2016 年版）第 5.1.1 条规定，需考虑双向水平地震作用下的扭转影响。限于本次手算仅针对一榀框架，暂不考虑扭转影响，KJ - 9 横向框架只承担横向水平地震作用。但在电算设计中，必须进行考虑。

　　横向水平地震作用力的计算，根据《建筑抗震设计规范》（GB 50011—2010）（2016 年版）第 5.1.2 条规定，本项目房屋高度 $19.2\text{m} < 40\text{m}$，框架结构在地震作用下的变形以剪切变形为主，结构的质量和刚度沿高度分布较均匀，故可采用底部剪力法进行简化计算。步骤如下：

　　（1）计算结构的重力荷载代表值 G_{eq}。

　　（2）计算结构基本自振周期 T_1 及相应于结构基本自振周期的水平地震影响系数 α_1。

　　（3）计算作用于底部的结构总水平地震作用标准值 $F_{\text{Ek}} = \alpha_1 G_{\text{eq}}$。

　　（4）确定顶部附加地震作用系数 δ_n。

　　（5）计算作用于各楼层的水平地震作用标准值 $F_i = \dfrac{G_i H_i}{\sum\limits_{j=1}^{n} G_j H_j} F_{\text{EK}}(1 - \delta_n)$，　$\Delta F_n = \delta_n F_{\text{Ek}}$。

由于地震作用的随机性，横向水平地震作用分别考虑地震从建筑物的左边或右边来袭，区分为左震、右震两种不同内力状况。以下计算以左震为例，右震计算方法相同，只是方向相反。

4.4.1 计算重力荷载代表值 G_{eq}

根据《建筑抗震设计规范》（GB 50011—2010）（2016 年版）第 5.1.3 条规定：计算地震作用时，建筑的重力荷载代表值应取结构和构配件自重标准值和各可变荷载组合值之和。各可变荷载的组合值系数，按表 5.1.3 采用：对雪荷载、楼面（除档案室）活荷载，取 0.5；档案室楼面活荷载，取 0.8；屋面活荷载，不计入。即：

规范 4.6

屋面处质点的重力荷载代表值＝结构和构配件自重标准值＋0.5×雪荷载标准值

各楼面处质点的重力荷载代表值＝ 结构和构配件自重标准值＋0.5×楼面（除档案室）活荷载标准值＋0.8×档案室楼面活荷载（如有）标准值

其中，结构和构配件自重取楼面上、下各半层层高范围内（屋面处取顶层的一半）的结构和构配件自重。

需要说明的是，地震作用是对结构的整体作用，应该按照结构整体根据底部剪力法求出各楼层的水平地震作用和楼层剪力，再在各楼层按每根柱的侧移刚度进行分配。本工程在手算时，为方便计算，近似取 KJ-9 框架负荷宽度计算作用在 KJ-9 的横向水平地震作用。由于本工程的结构平面布置呈 L 形，平面凸出部分的横向框架抗侧刚度比 KJ-9 大，如此处理可能会导致 KJ-9 的地震作用比整体考虑略偏大。但计算过程与整体计算完全一样。

扩展 4.12

4.4.1.1 底层重力荷载代表值 G_1

永久荷载：

2 层板自重 $4.16 \times 8.5 \times 1.0 + 4.16 \times 8.5 \times 8.3 + 4.89 \times 8.5 \times 2.5 \approx 432.76 (\text{kN})$

2 层主梁自重 $5.60 \times 8.3 + 3.67 \times 2.5 \approx 55.66 (\text{kN})$

2 层次梁自重 $5.60 \times 8.3 = 46.48 (\text{kN})$

2 层悬挑梁自重 $2 \times 5.60 \times 1.0 = 11.20 (\text{kN})$

2 层纵向框架梁自重 $5.60 \times 8.5 \times 3 = 142.80 (\text{kN})$

1 层框架柱自重的一半 $\frac{1}{2} \times (52.17 \times 2 + 39.54) = 71.94 (\text{kN})$

2 层框架柱自重的一半 $\frac{1}{2} \times (33.62 \times 2 + 26.08) = 46.66 (\text{kN})$

1 层墙重的一半（架空层）0kN

2 层墙重的一半 $\frac{1}{2} \times (1.36 \times 8.3 \times 2.9 + 23.8 + 27.67 + 15.8) \approx 50.00 (\text{kN})$

活荷载：

楼面活荷载 $(2.5 \times 8.5 \times 8.3 + 3.5 \times 8.5 \times 2.5 + 0.5 \times 8.5 \times 1.0) \times 0.5 = 127.50 (\text{kN})$

$$G_1 = 985.00 \text{kN}$$

4.4.1.2 2 层和 3 层重力荷载代表值 G_2 和 G_3（以 G_2 为例）

3 层板自重 $4.16 \times 8.5 \times 1.0 + 4.16 \times 8.5 \times 8.3 + 4.89 \times 8.5 \times 2.5 \approx 432.76 (\text{kN})$

规范 4.7

3 层主梁自重 $5.60 \times 8.3 + 3.67 \times 2.5 \approx 55.66(kN)$

3 层次梁自重 $5.60 \times 8.3 = 46.48(kN)$

3 层悬挑梁自重 $2 \times 5.60 \times 1.0 = 11.20(kN)$

3 层纵向框架梁自重 $5.60 \times 8.5 \times 3 = 142.80(kN)$

2 层框架柱自重的一半 $\frac{1}{2} \times (33.62 \times 2 + 26.08) = 46.66(kN)$

3 层框架柱自重的一半 $\frac{1}{2} \times (33.62 \times 2 + 26.08) = 46.66(kN)$

2 层墙重的一半 $\frac{1}{2} \times (1.36 \times 8.3 \times 2.9 + 23.8 + 27.67 + 15.8) \approx 50.00(kN)$

3 层墙重的一半 $\frac{1}{2} \times (1.36 \times 8.3 \times 2.9 + 23.8 + 27.67 + 15.8) \approx 50.00(kN)$

活荷载：

楼面活荷载 $(2.5 \times 8.5 \times 8.3 + 3.5 \times 8.5 \times 2.5 + 0.5 \times 8.5 \times 1.0) \times 0.5 = 127.50(kN)$

$$G_2 = 1009.72kN$$
$$G_3 = 1009.72kN$$

4.4.1.3　4 层重力荷载代表值 G_4

5 层板自重 $4.16 \times 8.5 \times 1.0 + 4.16 \times 8.5 \times 8.3 + 4.89 \times 8.5 \times 2.5 \approx 432.76(kN)$

5 层主梁自重 $5.60 \times 8.3 + 3.67 \times 2.5 \approx 55.66(kN)$

5 层次梁自重 $5.60 \times 8.3 = 46.48(kN)$

5 层悬挑梁自重 $2 \times 5.60 \times 1.0 = 11.20(kN)$

5 层纵向框架梁自重 $5.60 \times 8.5 \times 3 = 142.80(kN)$

4 层框架柱自重的一半 $\frac{1}{2} \times (33.62 \times 2 + 26.08) = 46.66(kN)$

5 层框架柱自重的一半 $\frac{1}{2} \times (33.62 \times 2 + 26.08) = 46.66(kN)$

4 层墙重的一半 $\frac{1}{2} \times (1.36 \times 8.3 \times 2.9 + 23.8 + 27.67 + 15.8) \approx 50.00(kN)$

5 层墙重的一半 $\frac{1}{2} \times (1.36 \times 8.3 \times 2.9 + 23.8 + 27.67 + 15.8) \approx 50.00(kN)$

活荷载：

楼面活荷载 $(2.0 \times 8.5 \times 8.3 + 3.5 \times 8.5 \times 2.5 + 0.5 \times 8.5 \times 1.0) \times 0.5 \approx 109.86(kN)$

$$G_4 = 992.08kN$$

4.4.1.4　顶层重力荷载代表值 G_5

顶层板自重 $8.73 \times 8.5 \times 10.8 + 8.73 \times 8.5 \times 1.0 \approx 875.62(kN)$

顶层主梁自重 $5.60 \times 8.3 + 3.67 \times 2.5 \approx 55.66(kN)$

顶层次梁自重 $5.60 \times 8.3 = 46.48(kN)$

顶层悬挑梁自重 $2 \times 5.60 \times 1.0 = 11.20(kN)$

顶层纵向框架梁自重 $5.60 \times 8.5 \times 3 = 142.80(kN)$

5 层框架柱自重的一半 $\frac{1}{2} \times (33.62 \times 2 + 26.08) = 46.66(kN)$

5 层墙重的一半 $\frac{1}{2}\times(1.36\times 8.3\times 2.9+23.8+27.67+15.8)\approx 50.00(kN)$

女儿墙重 $2\times 5.12\times 8.5\times 1.2\approx 104.45$ (kN)

活荷载：

屋面雪荷载 $(0.35\times 8.5\times 10.8+0.35\times 8.5\times 1.0)\times 0.5\approx 17.55(kN)$

$$G_5=1350.42kN$$

综上，结构等效总重力荷载 $G_{eq}=0.85\sum G_i=0.85\times 5346.94\approx 4544.90(kN)$。

规范 4.8

4.4.2 计算结构基本自振周期 T_1 及相应于结构基本自振周期的水平地震影响系数 α_1

本框架结构的质量和刚度沿高度分布比较均匀，根据《高层建筑混凝土结构技术规程》(JGJ 3—2010) 附录 C.0.2 条，采用顶点位移法计算结构基本自振周期：

$$T_1=1.7\psi_T\sqrt{u_T}$$

扩展 4.13

式中　u_T——假想的结构顶点水平位移，即假想把集中在各楼层处的重力荷载代表值 G_i 作为该楼层水平荷载，并假定楼板在其自身平面内的刚度无限大，从而计算出的结构顶点弹性水平位移；

ψ_T——考虑非承重墙刚度对结构自振周期影响的折减系数，根据《高层建筑混凝土结构技术规程》(JGJ 3—2010) 第 4.3.17 条，对于本项目的多层框架结构，可取 $\psi_T=0.6$。

规范 4.9

4.4.2.1 计算假想的结构顶点水平位移 u_T

将各楼层重力荷载代表值 G_i 作为该层水平荷载，采用 D 值法计算弹性位移，各楼层层间位移等于层间剪力除以该楼层抗侧刚度。即

$$\Delta u_i=V_{Gi}/\sum D=\sum G_i/\sum D$$

规范 4.10

(1) 计算各楼层的抗侧刚度 $\sum D$。各楼层抗侧刚度为该楼层所有框架柱的抗侧移刚度之和，计算过程见表 4.4.1。

概念 4.10

表 4.4.1　　　　　　　各楼层抗侧刚度 $\sum D$ 计算

层号	柱类型	根数	梁柱线刚度比 $\overline{K}$	柱侧向刚度修正系数 α_c	柱侧移刚度 $D=\alpha_c\dfrac{12i_c}{H^2}$ /(kN/m)	楼层抗侧刚度 $\sum D$ /(kN/m)
2~5 层	边柱 A 柱	1	0.726	0.266	22167	74570
	中柱 D 柱	1	1.457	0.421	35083	
	边柱 E 柱	1	1.517	0.431	17320	
底层	边柱 A 柱	1	1.049	0.508	14266	40509
	中柱 D 柱	1	2.105	0.635	17667	
	边柱 E 柱	1	2.189	0.642	8576	

概念 4.11

注　1. 柱线刚度 i_c 以及梁线刚度 i_b 相关计算见 3.4.2 和 3.4.3。

　　2. 一般层：$\overline{K}=\dfrac{\sum i_b}{2i_c}$；底层：$\overline{K}=\dfrac{\sum i_b}{i_c}$。

　　3. 一般层：$\alpha_c=\dfrac{\overline{K}}{2+\overline{K}}$；底层：$\alpha_c=\dfrac{0.5+\overline{K}}{2+\overline{K}}$。

（2）计算结构的假想顶点水平位移 u_T。首先根据各楼层层间剪力及抗侧刚度，计算各楼层层间位移，向上累加至最顶层，得到结构的顶点水平位移。计算过程见表 4.4.2。

概念 4.12

表 4.4.2　　　　　　　　　　　**假想顶点位移 u_T 计算**

层号	假想水平荷载 G_i /kN	楼层层间剪力 $V_{Gi} = \sum_{k=i}^{n} G_k$ /kN	楼层抗侧刚度 $\sum D$/(kN/m)	楼层层间位移 $(\Delta u)_i = V_{Gi}/\sum D$ /m	楼层水平位移 $u_i = \sum_{k=1}^{i} (\Delta u)_k$ /m
5	985.00	985.00	74570	0.01	0.26
4	1009.72	1994.72	74570	0.03	0.25
3	1009.72	3004.44	74570	0.04	0.22
2	992.08	3996.52	74570	0.05	0.18
1	1350.42	5346.94	40509	0.13	0.13

4.4.2.2　计算结构基本自振周期 T_1

由表 4.4.2 得结构顶点位移 $u_T = 0.26$ m。

因此，结构的自振周期 $T_1 = 1.7\psi_T\sqrt{u_T} = 1.7 \times 0.6 \times \sqrt{0.26} \approx 0.52$ (s)。

4.4.2.3　计算相应于结构基本自振周期的水平地震影响系数 α_1

如 2.2.1 节所述，本工程抗震设防烈度为 7 度，地震加速度为 $0.1g$，设计地震分组为第二组，Ⅱ类场地，查《建筑抗震设计规范》（GB 50011—2010）（2016 版）第 5.1.4 条，得特征周期 $T_g = 0.4$ s，多遇地震下水平地震影响系数最大值 $\alpha_{max} = 0.08$。

规范 4.11

T_1 为 0.52s，大于 T_g，根据《建筑抗震设计规范》（GB 50011—2010）（2016 版）第 5.1.5 条地震影响系数曲线，$\alpha = \left(\dfrac{T_g}{T_1}\right)^{\gamma}\eta_2\alpha_{max} = \left(\dfrac{0.4}{0.52}\right)^{0.9} \times 1.0 \times 0.08 \approx 0.06$。

4.4.3　计算水平地震作用 F_i

结构总水平地震作用标准值 $F_{Ek} = \alpha G_{eq} = 0.06 \times 4544.90 \approx 272.69$ (kN)。

T_1 为 0.52s，小于 $1.4T_g$，因此不需要考虑顶部附加水平地震作用，$\delta_n = 0$，$\Delta F_n = 0$。

KJ-9 框架各层水平地震作用和地震剪力计算过程见表 4.4.3。

概念 4.13

表 4.4.3　　　　　　　　　　**KJ-9 框架各层水平地震作用和地震剪力**

层号	集中于各质点的重力荷载代表值 G_i /kN	各质点的计算高度 H_i /m	G_iH_i /(kN·m)	各层水平地震作用 $F_i = \dfrac{G_iH_i}{\sum_{j=1}^{n} G_jH_j}F_{Ek}$ (kN)	楼层水平地震剪力 $V_{Eki} = \sum_{k=i}^{n} F_k$ /kN
5	985.00	19.6	19306.00	82.60	82.60
4	1009.72	16.0	16155.52	69.12	151.72
3	1009.72	12.4	12520.53	53.57	205.29
2	992.08	8.8	8730.30	37.35	242.64
1	1350.42	5.2	7022.18	30.04	272.68

4.4.4　剪重比验算

根据《建筑抗震设计规范》（GB 50011—2010）（2016 版）5.2.5 条规定，结构任一楼层的水平地震剪力与该楼层以上的重力荷载代表值之比，应满足：

$$\frac{V_{Eki}}{\sum\limits_{j=i}^{n} G_j} > \lambda$$

即

$$V_{Eki} > \lambda \sum\limits_{j=i}^{n} G_j$$

式中　λ——剪力系数，查《建筑抗震设计规范》（GB 50011—2010）（2016 版）表 5.2.5，
　　　　　$T_1 = 0.56s < 3.5s$，7 度（0.1g）相应的楼层最小地震剪力系数 $\lambda = 0.016$。

各层水平地震剪力验算过程见表 4.4.4。

规范 4.12

表 4.4.4　　　　　　　　　　　各层水平地震剪力验算

层号	各层重力荷载代表值 G_i/kN	$\sum\limits_{j=i}^{n} G_j$ /kN	各层水平地震剪力 V_{Eki}/kN	$\lambda \sum\limits_{j=i}^{n} G_j$ /kN
5	985.00	985.00	82.60	15.76
4	1009.72	1994.72	151.72	31.92
3	1009.72	3004.44	205.29	48.07
2	992.08	3996.52	242.64	63.94
1	1350.42	5346.94	272.68	85.55

由表 4.4.4 可知，各层水平地震剪力均满足 $V_i > \lambda \sum\limits_{j=i}^{n} G_j$ 要求。

扩展 4.14

4.4.5　水平地震作用下 KJ-9 框架计算简图

水平地震荷载（左震）作用下的 KJ-9 框架计算简图如图 4.4.1 所示。

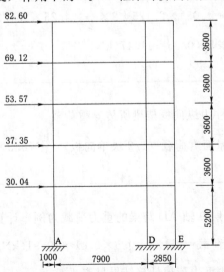

图片 4.5

图 4.4.1　水平地震荷载（左震）作用下的 KJ-9 框架计算简图（单位：kN）

4.5　重力荷载代表值作用

如4.4.1节所述，重力荷载代表值对屋面考虑$G_{eq}=G_k+0.5S_k$；对楼面考虑$G_{eq}=G_k+0.5Q_k$；恒载G_k、活载Q_k分别见图4.1.1、图4.2.1。现将屋面层雪荷载统计如下：

（1）屋面层9轴AD跨梁上雪荷载。

两侧屋面传给主梁的雪荷载：

梯形线荷载的最大值$q=0.35\times2.125\approx0.74(\mathrm{kN/m})$

转化为均布荷载　　　　　　　$\alpha=\dfrac{2.125}{8.3}\approx0.256$

$2q_E=2\times(1-2\alpha^2+\alpha^3)\times q=2\times(1-2\times0.256^2+0.256^3)\times0.74\approx1.31(\mathrm{kN/m})$

梁上均布雪荷载　　　　　　　　　　　　　　　　　　合计：1.31kN/m

（2）屋面层9轴A柱由纵向框架梁所传导雪荷载。

纵向框架梁所传导屋面雪荷载（1块梯形板＋2块三角形板）

$$\left[\frac{1}{2}\times(8.3+4.05)\times2.125+2\times\frac{1}{2}\times4.25\times2.125\right]\times0.35\approx7.75(\mathrm{kN})$$

纵向框架梁所传导悬挑板雪荷载　　　　　　$0.35\times8.5\times1\approx2.98(\mathrm{kN})$

柱上集中雪荷载　　　　　　　　　　　　　　　　　　合计：10.73kN

（3）屋面层9轴D柱由纵向框架梁所传导雪荷载。

纵向框架梁所传导屋面雪荷载（1块梯形板＋2块三角形板＋1/2块单向板）

$$\left[\frac{1}{2}\times(8.3+4.05)\times2.125+2\times\frac{1}{2}\times4.25\times2.125\right]\times0.35+\frac{1}{2}$$
$$\times8.5\times2.5\times0.35\approx11.47(\mathrm{kN})$$

柱上集中雪荷载　　　　　　　　　　　　　　　　　　合计：11.47kN

（4）屋面层9轴E柱由纵向框架梁所传导雪荷载。

纵向框架梁所传导屋面雪荷载（1/2块单向板）$\dfrac{1}{2}\times8.5\times2.5\times0.35\approx3.72(\mathrm{kN})$

柱上集中雪荷载　　　　　　　　　　　　　　　　　　合计：3.72kN

以计算作用在2~4层9轴AD跨梁的重力荷载为例，计算结果如下：

重力荷载＝25.20＋0.5×9.41≈29.91(kN/m)

作用在其余构件上的重力荷载计算结果见表4.5.1。

表 4.5.1　　　　　　　　　重 力 荷 载 计 算 结 果

序号	项　　　目	永久荷载标准值	活荷载标准值（一般层）或雪荷载标准值（屋面层）	重力荷载
1	2～4层9轴AD跨梁	25.20kN/m	9.41kN/m	29.91kN/m
2	5层9轴AD跨梁	25.20kN/m	7.53kN/m	28.97kN/m
3	屋面层9轴AD跨梁	38.46kN/m	1.31kN/m	39.12kN/m
4	2～5层和屋面层9轴DE跨梁	3.67kN/m	0kN/m	3.67kN/m
5	2～5层和屋面层9轴悬挑梁	5.60kN/m	0kN/m	5.60kN/m
6	2～4层9轴A柱由纵向框架梁所传导荷载	261.38kN	59.63kN	291.20kN
7	5层9轴A柱由纵向框架梁所传导荷载	261.38kN	48.56kN	285.66kN
8	屋面层9轴A柱由纵向框架梁所传导荷载	357.42kN	10.73kN	362.79kN
9	2～4层9轴D柱由纵向框架梁所传导荷载	276.24kN	92.57kN	322.53kN
10	5层9轴D柱由纵向框架梁所传导荷载	276.24kN	81.49kN	316.99kN
11	屋面层9轴D柱由纵向框架梁所传导荷载	356.99kN	11.47kN	362.73kN
12	2～5层9轴E柱由纵向框架梁所传导荷载	141.44kN	37.19kN	160.04kN
13	屋面层9轴E柱由纵向框架梁所传导荷载	192.58kN	3.72kN	194.44kN

重力荷载代表值作用下 KJ-9 框架计算简图如图 4.5.1 所示。

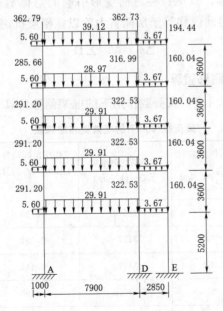

图 4.6

图 4.5.1　重力荷载代表值作用下的 KJ-9 框架计算简图
（单位：集中荷载，kN；线荷载，kN/m）

扩展 5.1

扩展 5.2

任务 5

进行结构设计近似计算
（手算部分）

5.1 水平荷载作用下框架结构的位移计算

根据《高层建筑混凝土结构技术规程》（JGJ 3—2010）3.7.3 条规定，对高度不大于 150m 的钢筋混凝土框架结构，按弹性方法计算的风荷载或多遇地震标准值作用下的楼层层间最大水平位移与层高之比 $\Delta u_i/h$，即层间位移角 $\theta_i = \Delta u_i/h \leqslant 1/550$。

因建筑高度 19.2m，小于 50m，房屋高宽比 $H/B = 19.2/16 = 1.2$，小于 4，水平荷载作用下的框架侧移，以梁、柱弯曲变形引起的总体剪切形变形为主，采用 D 值法进行计算：各楼层层间位移等于层间剪力除以该楼层抗侧刚度。即

$$\Delta u_i = V_i / \sum D$$

框架结构
侧移计算▶

5.1.1 风荷载作用下的侧移验算

根据图 4.3.1 和表 4.4.1，风荷载作用下的框架侧移验算见表 5.1.1。

表 5.1.1 风荷载作用下的框架侧移验算表

层号	节点风荷载 P_i/kN	楼层层间剪力 $V_i = \sum_{k=i}^{n} P_k$ /kN	各楼层抗侧刚度 $\sum D_i$/(kN/m)	楼层层间位移 $(\Delta u)_i = V_i / \sum D_i$ /mm	层高 /mm	各楼层层间位移角 $\dfrac{\Delta u_i}{h_i}$
5	10.27	10.27	74570	0.138	3600	1/26087
4	11.47	21.74	74570	0.292	3600	1/12329
3	11.15	32.89	74570	0.441	3600	1/8163
2	11.12	44.01	74570	0.590	3600	1/6102
1	12.98	56.99	40509	1.407	5200	1/3696

由表 5.1.1 中数据可得，风荷载作用下框架层间最大位移角 1/3696＜1/550，满足规范要求。

5.1.2 地震荷载作用下的侧移验算

根据图 4.4.1 和表 4.4.1，地震作用下的框架侧移验算见表 5.1.2。

扩展 5.3

42

表 5.1.2 地震作用下的框架侧移验算表

层号	水平地震作用 F_i/kN	楼层层间剪力 $V_i = \sum\limits_{k=i}^{n} F_k$ /kN	各楼层抗侧刚度 $\sum D_i$/(kN/m)	楼层层间位移 $(\Delta u)_i = V_i/\sum D_i$ /mm	层高 /mm	各楼层层间位移角 $\dfrac{\Delta u_i}{h_i}$
5	82.60	82.60	74570	1.108	3600	1/3249
4	69.12	151.72	74570	2.035	3600	1/1769
3	53.57	205.29	74570	2.753	3600	1/1308
2	37.35	242.64	74570	3.254	3600	1/1106
1	30.04	272.68	40509	3.657	5200	1/1422

由表 5.1.2 中数据可得，水平地震作用下框架层间最大位移角 1/1106＜1/550，满足规范要求。

5.2 水平荷载作用下的框架内力计算

水平荷载作用下框架内力计算▶

水平荷载作用下，框架的内力计算采用修正反弯点法（D 值法），计算步骤主要包括：

（1）计算修正后的柱抗侧移刚度 D。

（2）计算修正后的柱反弯点高度 $\overline{y}$。

（3）计算水平荷载作用下框架各楼层的层间总剪力 V_j，并按各柱的抗侧刚度 D 在该层总侧移刚度 $\sum D$ 所占比例分配到各柱，求得第 j 层 i 柱的层间剪力 V_{ij}。

概念 5.1

（4）根据求得的各柱层间剪力 V_{ij} 和修正后的柱反弯点高度 $\overline{y}$，确定柱端弯矩。

（5）由节点力矩平衡条件，得出梁端弯矩之和，并按左右梁线刚度比进行分配，确定梁端弯矩。

（6）由梁的平衡条件，求出梁端剪力。

（7）由节点竖向力平衡条件，第 j 层 i 柱的轴力即为其上各层节点左右梁端剪力代数和。

5.2.1 修正柱的抗侧移刚度

针对一般层、底层、边柱、中柱的不同约束情况，根据梁柱线刚度比 $\overline{K}$，计算柱侧向刚度修正系数 α_c，得到各柱及各楼层抗侧刚度 $\sum D$（表 4.4.1）。

5.2.2 修正柱的反弯点高度

考虑梁柱线刚度比、上下层横梁的线刚度比、上下层层高的变化等因素，对柱的反弯点高度进行修正：

$$\overline{y} = yh = (y_0 + y_1 + y_2 + y_3)h$$

式中 y_0——标准反弯点高度比，风荷载及地震荷载作用下均按倒三角形分布荷载查表可得；

        y_1——因上下层梁刚度变化的修正值，本工程各层梁线刚度不变，$y_1 = 0$；

        y_2——因上层层高变化的修正值；根据上层层高与本层层高之比查表可得，顶

概念 5.2

43

层柱 $y_2 = 0$；

　　y_3——因下层层高变化的修正值；根据下层层高与本层层高之比查表可得，底层柱 $y_3 = 0$。

　　修正后反弯点高度比的计算列于表 5.2.1。

扩展 5.4

二次线性
插值▶

表 5.2.1　　　　　　　　　　　　各层柱修正后反弯点高度比

层号	柱号	$\bar{K}$	y_0	α_2	y_2	α_3	y_3	$y = y_0 + y_2 + y_3$
5	A	0.726	0.30	—	0	1	0	0.30
	D	1.457	0.37	—	0	1	0	0.37
	E	1.517	0.38	—	0	1	0	0.38
4	A	0.726	0.40	1	0	1	0	0.40
	D	1.457	0.42	1	0	1	0	0.45
	E	1.517	0.43	1	0	1	0	0.42
3	A	0.726	0.45	1	0	1	0	0.43
	D	1.457	0.47	1	0	1	0	0.47
	E	1.517	0.48	1	0	1	0	0.48
2	A	0.726	0.50	1	0	1.44	−0.05	0.45
	D	1.457	0.51	1	0	1.44	−0.01	0.50
	E	1.517	0.53	1	0	1.44	−0.03	0.50
1	A	1.049	0.64	0.64	−0.02	—	0	0.64
	D	2.105	0.55	0.69	0	—	0	0.55
	E	2.189	0.55	0.69	0	—	0	0.55

5.2.3　风荷载作用下的内力计算

5.2.3.1　风荷载作用下层间总剪力及各柱剪力分配

　　根据图 4.3.1，自上而下计算水平荷载作用下框架各楼层的层间总剪力 V_j，并按各柱的抗侧刚度 D 在该层总侧移刚度 $\sum D$ 所占比例分配到各柱，求得第 j 层 i 柱的柱剪力 V_{ij}。具体计算过程列于表 5.2.2 中。

表 5.2.2　　　　　　　　　　　　风荷载作用下柱剪力分配表

柱号	层号	各柱抗侧刚度 D_{ij} /(kN/m)	各层总侧移刚度 $\sum_{i=1}^{m} D_{ij}$ /(kN/m)	各柱在本层总侧移刚度占比 $D_{ij}/\sum_{i=1}^{m} D_{ij}$	层间总剪力 V_j/kN	柱剪力 $V_{ij} = \dfrac{D_{ij}}{\sum_{i=1}^{m} D_{ij}} \times V_j$/kN
A 柱	5	22167	74570	0.297	10.27	3.05
	4	22167	74570	0.297	21.74	6.46
	3	22167	74570	0.297	32.89	9.78
	2	22167	74570	0.297	44.01	13.08
	1	14266	40509	0.352	56.99	20.07

续表

柱号	层号	各柱抗侧刚度 D_{ij} /(kN/m)	各层总侧移刚度 $\sum_{i=1}^{m} D_{ij}$ /(kN/m)	各柱在本层总侧移刚度占比 $D_{ij}/\sum_{i=1}^{m} D_{ij}$	层间总剪力 V_j /kN	柱剪力 $V_{ij}=\dfrac{D_{ij}}{\sum\limits_{i=1}^{m} D_{ij}}\times V_j$ /kN
D柱	5	35083	74570	0.470	10.27	4.83
	4	35083	74570	0.470	21.74	10.23
	3	35083	74570	0.470	32.89	15.47
	2	35083	74570	0.470	44.01	20.71
	1	17667	40509	0.436	56.99	24.85
E柱	5	17320	74570	0.232	10.27	2.39
	4	17320	74570	0.232	21.74	5.05
	3	17320	74570	0.232	32.89	7.64
	2	17320	74570	0.232	44.01	10.22
	1	8576	40509	0.212	56.99	12.07

5.2.3.2　风荷载作用下柱端弯矩计算

根据反弯点高度及各柱剪力，由静力平衡条件求得柱端弯矩：$M_{ij下}=V_{ij}yh$，$M_{ij上}=V_{ij}(1-y)h$。具体计算过程列于表 5.2.3 中，柱端弯矩示意如图 5.2.1 所示。

表 5.2.3　　　　　　　　　左风荷载作用下柱端弯矩计算表

柱号	层号	柱剪力 V_{ij} /kN	修正后柱反弯点高度比 y	柱高 h /m	柱顶弯矩 $M_{ij上}=V_{ij}(1-y)h$ /(kN·m)	柱底弯矩 $M_{ij下}=V_{ij}yh$ /(kN·m)
A柱	5	3.05	0.30	3.6	7.69	3.30
	4	6.64	0.40	3.6	13.96	9.31
	3	9.78	0.45	3.6	19.36	15.84
	2	13.08	0.45	3.6	25.90	21.19
	1	20.07	0.64	5.2	37.57	66.79
D柱	5	4.83	0.37	3.6	10.91	6.49
	4	10.23	0.42	3.6	21.25	15.58
	3	15.47	0.47	3.6	29.36	26.35
	2	20.71	0.50	3.6	37.27	37.27
	1	24.85	0.55	5.2	58.16	71.08
E柱	5	2.39	0.38	3.6	5.36	3.23
	4	5.05	0.43	3.6	10.43	7.74
	3	7.64	0.48	3.6	14.41	13.09
	2	10.22	0.50	3.6	18.40	18.40
	1	12.07	0.55	5.2	28.23	34.51

注　左风荷载作用下，柱顶弯矩使得柱右侧受拉，柱底弯矩使柱左侧受拉。

柱端弯矩方向判断▶

5.2.3.3　风荷载作用下梁端弯矩计算

梁端弯矩
计算▷

根据各节点处力矩平衡条件，求得梁端弯矩之和，然后按左右梁线刚度比进行分配。

对中间节点：$M_{b左} = \dfrac{i_b^{左}}{i_b^{左} + i_b^{右}}(M_c^{下} + M_c^{上})$

$$M_{b右} = \dfrac{i_b^{右}}{i_b^{左} + i_b^{右}}(M_c^{下} + M_c^{上})$$

对边节点：$M_{b总ij} = M_{c下j+1} + M_{c上j}$

以 4 层梁为例，$M_{AD4} = M_{A5}^{下} + M_{A4}^{上} = 3.3 + 13.96 =$ 17.26(kN·m)（梁下侧受拉）

$$M_{DA4} = \dfrac{i_{AD}}{i_{AD} + i_{DE}} \times (M_{D5}^{下} + M_{D4}^{上}) = \dfrac{1}{1+1} \times (6.49 +$$

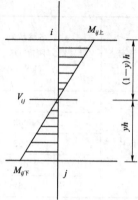

图 5.2.1　柱端弯矩示意图

21.25) = 13.87(kN·m)（梁上侧受拉）

$$M_{DE4} = \dfrac{i_{DE}}{i_{AD} + i_{DE}} \times (M_{D5}^{下} + M_{D4}^{上}) = \dfrac{1}{1+1} \times (6.49 + 21.25) = 13.87(kN·m)（梁下$$

侧受拉）

$M_{ED4} = M_{E5}^{下} + M_{E4}^{上} = 3.23 + 10.43 = 13.66(kN·m)$（梁上侧受拉）

其他计算过程同上，计算结果如图 5.2.2 所示。

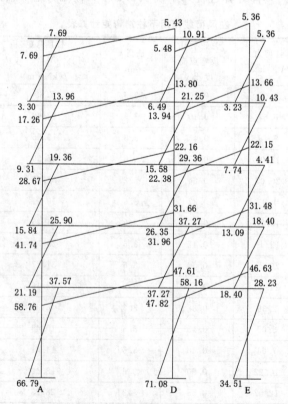

图 5.2.2　左风作用下 KJ-9 弯矩图（单位：kN·m，画在受拉侧）

5.2.3.4 风荷载作用下梁端剪力计算

由梁的平衡条件，梁两端弯矩之和与梁端剪力形成的力偶平衡，求出梁端剪力：$V = (M_b^{左} + M_b^{右})/L$。

梁端剪力
计算▶

以 4 层梁为例，$V_{AD} = \dfrac{M_{AD4} + M_{DA4}}{L_{AD}} = \dfrac{17.26 + 13.87}{7.9} \approx 3.94 \text{(kN)} \downarrow$

$$V_{DA} = 3.94 \text{kN} \uparrow$$

$$V_{DE} = \frac{M_{DE4} + M_{ED4}}{L_{DE}} = \frac{13.87 + 13.66}{2.85} \approx 9.66 \text{(kN)} \downarrow$$

$$V_{ED} \approx 9.66 \text{kN} \uparrow$$

其他计算过程同上，计算结果如图 5.2.3 所示。

5.2.3.5 风荷载作用下柱轴力计算

由节点竖向力平衡条件，第 j 层 i 柱的轴力即为其上各层节点左右梁端剪力代数和，通过梁上剪力自上而下叠加求得柱上轴力。

计算过程略，计算结果如图 5.2.4 所示。

柱轴力计算▶

5.2.3.6 风荷载作用下的内力图

左风作用下的 KJ-9 弯矩图、剪力图、轴力图分别如图 5.2.2～图 5.2.4 所示，右风作用下内力反向。

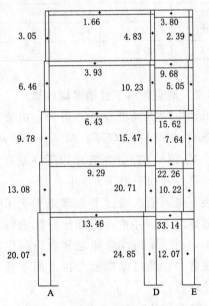

图 5.2.3 左风作用下 KJ-9 剪力图
（单位：kN，绕杆端顺时针转动为正）

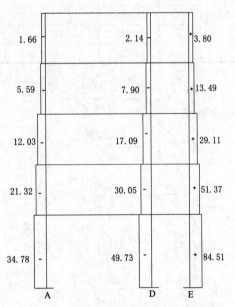

图 5.2.4 左风作用下 KJ-9 轴力图
（单位：kN，受压为正）

5.2.4 地震作用下的内力计算

地震作用下的内力计算过程同风荷载。

5.2.4.1 地震作用下层间总剪力及各柱剪力分配

地震作用下各柱剪力分配见表5.2.4。

表5.2.4   地震作用下各柱剪力分配表

柱号	层号	各柱抗侧刚度 D_{ij} /(kN/m)	各层总侧移刚度 $\sum_{i=1}^{m} D_{ij}$ /(kN/m)	各柱在本层总侧移刚度占比 $D_{ij}/\sum_{i=1}^{m} D_{ij}$	层间总剪力 V_j/kN	柱剪力 $V_{ij} = \dfrac{D_{ij}}{\sum\limits_{i=1}^{m} D_{ij}} \times V_j$ /kN
A柱	5	22167	74570	0.297	82.60	24.55
	4	22167	74570	0.297	151.72	45.10
	3	22167	74570	0.297	205.29	61.03
	2	22167	74570	0.297	242.64	72.13
	1	14266	40509	0.352	272.68	96.03
D柱	5	35083	74570	0.470	82.60	38.86
	4	35083	74570	0.470	151.72	71.38
	3	35083	74570	0.470	205.29	96.58
	2	35083	74570	0.470	242.64	114.16
	1	17667	40509	0.436	272.68	118.92
E柱	5	17320	74570	0.232	82.60	19.19
	4	17320	74570	0.232	151.72	35.24
	3	17320	74570	0.232	205.29	47.68
	2	17320	74570	0.232	242.64	56.36
	1	8576	40509	0.212	272.68	57.73

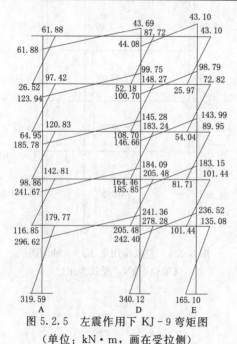

图5.2.5 左震作用下KJ-9弯矩图
（单位：kN·m，画在受拉侧）

5.2.4.2 地震作用下柱端弯矩计算

根据反弯点高度及各柱剪力，由静力平衡条件求得柱端弯矩：$M_{ij下} = V_{ij}yh$，$M_{ij上} = V_{ij}(1-y)h$。左震作用下柱端弯矩具体计算过程列于表5.2.5中。

接下来，依次通过节点弯矩平衡求得梁端弯矩之和，并按线刚度比分配求得梁端弯矩；通过梁两端弯矩之和除以跨度求得梁端剪力；通过梁端剪力自上而下叠加求得柱轴力。

计算过程从略。

5.2.4.3 地震作用下的内力图

左震作用下 KJ-9 弯矩图、剪力图、轴力图分别如图5.2.5～图5.2.7所示，右震作用下内力反向。

表 5.2.5   左震作用下柱端弯矩计算表

柱号	层号	柱剪力 V_{ij}/kN	修正后柱反弯点高度比 y	柱高 h /m	柱顶弯矩 $M_{ij上}=V_{ij}(1-y)h$ /(kN·m)	柱底弯矩 $M_{ij下}=V_{ij}yh$ /(kN·m)
A柱	5	24.55	0.30	3.6	61.88	26.52
	4	45.10	0.40	3.6	97.42	64.95
	3	61.03	0.45	3.6	120.83	98.86
	2	72.13	0.45	3.6	142.81	116.85
	1	96.03	0.64	5.2	179.77	319.59
D柱	5	38.86	0.37	3.6	87.72	52.18
	4	71.38	0.42	3.6	148.27	108.70
	3	96.58	0.47	3.6	183.24	164.46
	2	114.16	0.50	3.6	205.48	205.48
	1	118.92	0.55	5.2	278.28	340.12
E柱	5	19.19	0.38	3.6	43.10	25.97
	4	35.24	0.43	3.6	72.82	54.04
	3	47.68	0.48	3.6	89.95	81.71
	2	56.36	0.50	3.6	101.44	101.44
	1	57.73	0.55	5.2	135.08	165.10

注 左震作用下,柱顶弯矩使得柱右侧受拉,柱底弯矩使柱左侧受拉。

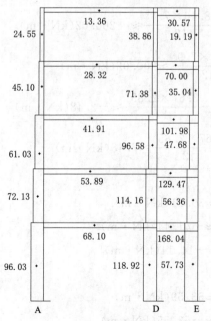

图 5.2.6 左震作用下 KJ-9 剪力图
(单位:kN,绕杆端顺时针转动为正)

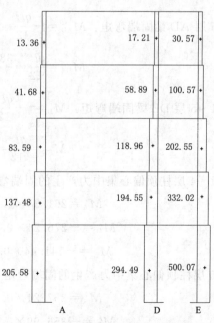

图 5.2.7 左震作用下 KJ-9 轴力图
(单位:kN,受压为正)

竖向荷载作
用下的内力
计算▶

概念5.3

5.3 竖向荷载作用下的框架内力计算

竖向荷载作用下，框架的内力计算采用弯矩二次分配法，计算步骤主要包括：

（1）计算框架各杆的线刚度及分配系数。

（2）计算框架各层梁端在竖向荷载作用下的固端弯矩。

（3）计算框架各节点处的不平衡弯矩，对每一节点处的不平衡弯矩反号进行分配，并向远端传递，传递系数为0.5。

（4）对传递后的不平衡弯矩反号，进行第二次分配。

（5）将各杆端的固端弯矩、第一次分配弯矩、传递弯矩及第二次分配弯矩叠加求出杆端最终弯矩。

其中，弯矩和剪力均以绕杆端顺时针旋转为正；轴力以受压为正。

5.3.1 恒载作用下的框架内力计算

5.3.1.1 求固端弯矩

概念5.4

根据图4.1.1，查《实用建筑结构静力计算手册》"两端固定等截面直杆载常数"，可知：

1~4层AD梁固端弯矩：$M_{AD} = -\dfrac{ql^2}{12} = -\dfrac{25.20 \times 7.9^2}{12} \approx -131.06 (\text{kN} \cdot \text{m})$

$$M_{DA} = \dfrac{ql^2}{12} = \dfrac{25.20 \times 7.9^2}{12} \approx 131.06 (\text{kN} \cdot \text{m})$$

5层AD梁固端弯矩：$M_{AD} = -\dfrac{ql^2}{12} = -\dfrac{38.46 \times 7.9^2}{12} \approx -200.02 (\text{kN} \cdot \text{m})$

$$M_{DA} = \dfrac{ql^2}{12} = \dfrac{38.46 \times 7.9^2}{12} \approx 200.02 (\text{kN} \cdot \text{m})$$

1~5层DE梁固端弯矩：$M_{DE} = -\dfrac{ql^2}{12} = -\dfrac{3.67 \times 2.85^2}{12} \approx -2.48 (\text{kN} \cdot \text{m})$

$$M_{ED} = \dfrac{ql^2}{12} = \dfrac{3.67 \times 2.85^2}{12} \approx 2.48 (\text{kN} \cdot \text{m})$$

1~4层柱顶偏心集中力产生的固端弯矩：

$$M_A^e = 261.38 \times 0.15 \approx 39.21 (\text{kN} \cdot \text{m})$$

$$M_D^e = -276.24 \times 0.15 \approx -41.44 (\text{kN} \cdot \text{m})$$

$$M_E^e = -141.44 \times 0.1 \approx -14.14 (\text{kN} \cdot \text{m})$$

5层柱顶偏心集中力产生的固端弯矩：

$$M_A^e = 357.24 \times 0.15 \approx 53.59 (\text{kN} \cdot \text{m})$$

$$M_D^e = -356.99 \times 0.15 \approx -53.55 (\text{kN} \cdot \text{m})$$

$$M_E^e = -192.58 \times 0.1 \approx -19.26 (\text{kN} \cdot \text{m})$$

1~5层悬挑梁在固定端的固端弯矩：

$$M_A^F = -\frac{ql^2}{2} = \frac{5.6 \times 1 \times 1}{2} = -2.80(\text{kN} \cdot \text{m})$$

5.3.1.2 求分配系数

各梁柱相对线刚度由图 3.4.1 可得。

查《实用建筑结构静力计算手册》"两端固定等截面直杆形常数"，各杆转动刚度 $S = 4i$（悬挑梁 $S = 0$）。

概念 5.5

以 5 层 A 柱节点为例，作用于节点 A 的不平衡力矩按汇交于该节点的各杆在 A 端的转动刚度的比例进行分配，则汇交于 5 层 A 柱节点的各杆端分配系数为：

下柱分配系数：$\mu_{A5}^{下柱} = \dfrac{S_{A5}^{下柱}}{S_{A5}^{下柱} + S_{A5}^{右梁}} = \dfrac{1.38}{1.38 + 1} \approx 0.579$

右梁分配系数：$\mu_{A5}^{右梁} = \dfrac{S_{A5}^{右梁}}{S_{A5}^{下柱} + S_{A5}^{右梁}} = \dfrac{1}{1.38 + 1} \approx 0.420$

依次计算全部节点处各杆端分配系数，见表 5.3.1。

表 5.3.1   各节点分配系数表

层号	A上柱	A下柱	A右梁	D上柱	D下柱	D左梁	D右梁	E左梁	E上柱	E下柱
5 层	—	0.579	0.421	—	0.407	0.295	0.298	0.603	—	0.395
2～4 层	0.367	0.367	0.266	0.289	0.289	0.210	0.212	0.432	0.284	0.284
1 层	0.414	0.286	0.300	0.318	0.220	0.231	0.231	0.473	0.312	0.215

5.3.1.3 弯矩二次分配

以 5 层 A 柱节点为例，详细说明弯矩二次分配计算过程。其他节点计算如图 5.3.1 所示。

	左梁	上柱	下柱	右梁	左梁	上柱	下柱	右梁	左梁	下柱	上柱
			0.579	0.421			0.407	0.295		0.603	0.397
			-2.8								
固端集中力产生的弯矩			-200.02	200.02				-2.48		2.48	
第一次弯矩分配			86.39	62.82	-42.48		-58.60	-42.91	-13.11	-8.63	
弯矩传递			17.37	-21.24	31.41		-12.59	-6.55	-21.45	-2.36	
第二次弯矩分配			2.24	1.63	-3.62		-4.99	-3.65	14.36	9.45	
总弯矩			106.00	-156.81	185.33		-76.19	-55.60	-17.72	-1.54	
	左梁	上柱	下柱	右梁	左梁	上柱	下柱	右梁	左梁	下柱	上柱
		0.367	0.367	0.266		0.289	0.289	0.210	0.212	0.432	0.284	0.284
			-2.8								
固端集中力产生的弯矩			-131.06	131.06				-2.48		2.48	
第一次弯矩分配		34.74	34.74	25.18	-18.30	-25.18	-25.18	-18.47	-7.18	-4.72	-4.72
弯矩传递		43.20	17.37	12.59	-9.15	-29.30	-12.59	-3.59	-9.24	-2.36	-4.32
第二次弯矩分配		-18.87	-18.87	-13.68	6.91	9.51	9.51	6.97	6.87	4.52	4.52
总弯矩		59.06	33.24	-132.26	132.26	-44.98	-28.27	-17.57	-7.06	-2.56	-4.52
	左梁	上柱	下柱	右梁	左梁	上柱	下柱	右梁	左梁	下柱	上柱
		0.367	0.367	0.266		0.289	0.289	0.210	0.212	0.432	0.284	0.284
			-2.8								
固端集中力产生的弯矩			-131.06	131.06				-2.48		2.48	
第一次弯矩分配		34.74	34.74	25.18	-18.30	-25.18	-25.18	-18.47	-7.18	-4.72	-4.72
弯矩传递		17.37	17.37	-9.15	12.59	-12.59	-12.59	-3.59	-9.24	-2.36	-2.36
第二次弯矩分配		-9.39	-9.39	-6.81	3.40	4.68	4.68	3.43	6.03	3.96	3.96
总弯矩		42.71	42.71	-121.84	128.75	-33.10	-33.10	-21.11	-7.91	-3.12	-3.12
	左梁	上柱	下柱	右梁	左梁	上柱	下柱	右梁	左梁	下柱	上柱
		0.367	0.367	0.266		0.289	0.289	0.210	0.212	0.432	0.284	0.284
			-2.8								
固端集中力产生的弯矩			-131.06	131.06				-2.48		2.48	
第一次弯矩分配		34.74	34.74	25.18	-18.30	-25.18	-25.18	-18.47	-7.18	-4.72	-4.72
弯矩传递		17.37	19.59	-9.15	12.59	-12.59	-13.86	-3.59	-9.24	-2.58	-2.36
第二次弯矩分配		-10.21	-10.21	-7.40	3.66	5.04	5.04	3.70	6.03	4.03	4.03
总弯矩		41.90	44.12	-122.43	129.01	-32.73	-34.00	-20.84	-7.81	-3.28	-3.05
	左梁	上柱	下柱	右梁	左梁	上柱	下柱	右梁	左梁	下柱	上柱
		0.414	0.286	0.300		0.231	0.219	0.232	0.473	0.216	0.311
			-2.8								
固端集中力产生的弯矩			-131.06	131.06				-2.48		2.48	
第一次弯矩分配		39.19	27.07	28.40	-20.13	-27.71	-19.08	-20.22	-7.86	-3.59	-5.17
弯矩传递		17.37		-10.06	14.20	-12.59		-3.93	-10.11		-2.36
第二次弯矩分配		-3.02	-2.09	-2.19	0.54	0.74	0.51	0.54	5.90	2.69	3.88
总弯矩		53.53	24.98	-114.92	125.67	-39.56	-18.57	-26.09	-9.59	-0.90	-3.65
	12.49				-9.29					-0.45	

图 5.3.1 恒载作用下弯矩二次分配法计算框架杆端弯矩

首先求 5 层 A 柱节点处不平衡力矩：

$$M_{A5}=M_{AD}+M_{A5}^e+M_{AD}^F=-200.02+53.61+(-2.8)=-149.21(kN \cdot m)$$

将节点处不平衡力矩反号，根据各杆端分配系数进行第一次分配：

下柱：$M_{A5}^{下柱}=\mu_{A5}^{下柱}M_{A5}=0.579 \times 149.21 \approx 86.39(kN \cdot m)$

右梁：$M_{A5}^{右梁}=\mu_{A5}^{右梁}M_{A5}=0.421 \times 149.21 \approx 62.82(kN \cdot m)$

将第一次分配到的杆端弯矩向远端传递，传递系数为 0.5。

下柱（由 4 层 A 柱节点第一次分配后向上柱传递所得）：$M_{A5}^{下柱}=34.74 \times 0.5=17.37(kN \cdot m)$

右梁（由 5 层 D 柱节点第一次分配后向左梁传递所得）：$M_{A5}^{右梁}=-42.48 \times 0.5=-21.24(kN \cdot m)$

远端传递过来的弯矩将在节点处造成新的不平衡力矩：

$$M'_{A5}=17.37+(-21.24)=-3.87(kN \cdot m)$$

将其反向进行第二次分配：

下柱：$M_{A5}^{下柱}=\mu_{A5}^{下柱}M_{A5}=0.579 \times 3.87 \approx 2.24(kN \cdot m)$

右梁：$M_{A5}^{右梁}=\mu_{A5}^{右梁}M_{A5}=0.421 \times 3.87 \approx 1.63(kN \cdot m)$

将固端弯矩、第一次分配弯矩、传递弯矩及第二次分配弯矩叠加，求出杆端最终弯矩：

下柱：$M_{A5}^{下柱}=86.39+17.37+2.24=106.00(kN \cdot m)$

右梁：$M_{A5}^{右梁}=-200.02+62.82+(-21.24)+1.63=-156.81(kN \cdot m)$

叠加法求跨中弯矩▶

图片 5.1

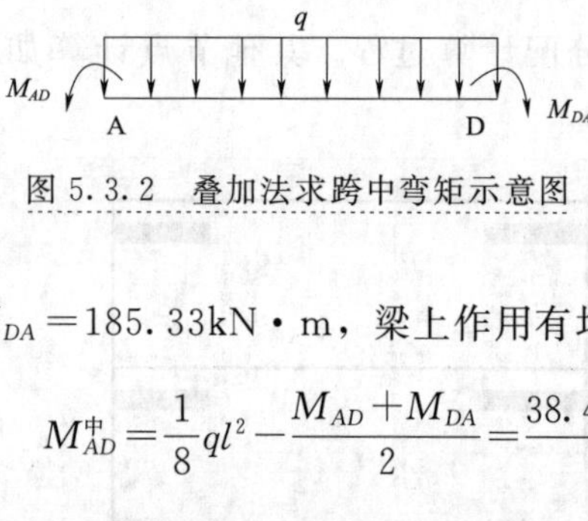

图 5.3.2　叠加法求跨中弯矩示意图

5.3.1.4　求梁跨中弯矩

取梁杆件为研究对象，已知两端弯矩后，将其视作两端简支梁，则跨中弯矩可根据叠加法求得（图 5.3.2）。

以 5 层 AD 梁为例，$M_{AD}=156.81kN \cdot m$，$M_{DA}=185.33kN \cdot m$，梁上作用有均布荷载 $q=38.46kN/m$，跨度 $l=7.9m$，则

$$M_{AD}^{中}=\frac{1}{8}ql^2-\frac{M_{AD}+M_{DA}}{2}=\frac{38.46 \times 7.9^2}{8}-\frac{156.81+185.33}{2} \approx 128.97(kN \cdot m)$$

梁跨中弯矩以使梁下侧受拉为正。其余计算过程从略。

5.3.1.5　求梁柱剪力

取梁柱杆件为研究对象，利用平衡方程求出杆端剪力。

利用平衡方程求梁端剪力▶

图片 5.2

以 5 层 AD 梁为例，梁剪力计算示意如图 5.3.3 所示。

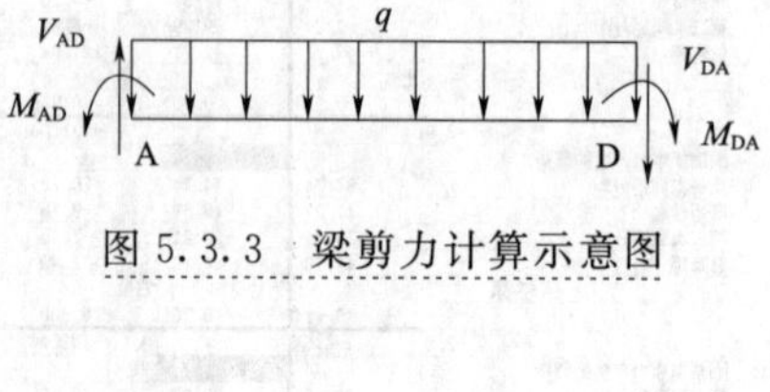

图 5.3.3　梁剪力计算示意图

$M_{AD}=156.81kN \cdot m$，$M_{DA}=185.33kN \cdot m$

梁上作用有均布荷载 $q=38.46kN/m$，跨度 $l=7.9m$

则　$V_{AD}=\dfrac{M_{AD}-M_{DA}}{l}+\dfrac{1}{2}ql=\dfrac{156.81-185.33}{7.9}+\dfrac{38.46 \times 7.9}{2} \approx 148.31(kN)\uparrow$

$$V_{DA} = V_{AD} - ql = 148.31 - 38.46 \times 7.9 \approx -155.52(\text{kN}) \uparrow$$

剪力以绕杆端顺时针转动为正。其余计算过程从略。

5.3.1.6 求柱轴力

通过梁端剪力自上而下叠加求得柱上轴力，计算方法与水平荷载相同，计算过程从略。柱轴力以受压为正。

5.3.1.7 绘制恒载作用下框架内力图

恒载作用下 KJ-9 弯矩图、剪力图、轴力图如图 5.3.4～图 5.3.6 所示。

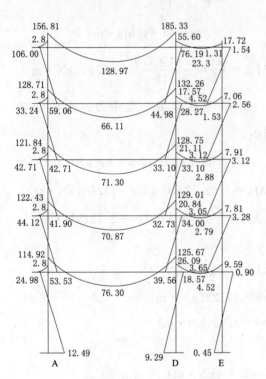

图 5.3.4 恒载作用下 KJ-9 弯矩图
（单位：kN·m，画在受拉侧）

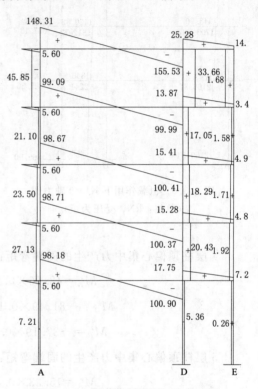

图 5.3.5 恒载作用下 KJ-9 剪力图
（单位：kN，绕杆端顺时针转动为正）

5.3.2 活载满布时的框架内力计算

活载满布时的框架内力计算方法，与恒载作用下相同。

（1）求固端弯矩。

5 层 AD 梁固端弯矩：

$$M_{AD} = -\frac{ql^2}{12} = -\frac{1.88 \times 7.9^2}{12} \approx -9.78(\text{kN} \cdot \text{m})$$

$$M_{DA} = \frac{ql^2}{12} = \frac{1.88 \times 7.9^2}{12} \approx 9.78(\text{kN} \cdot \text{m})$$

4 层 AD 梁固端弯矩：

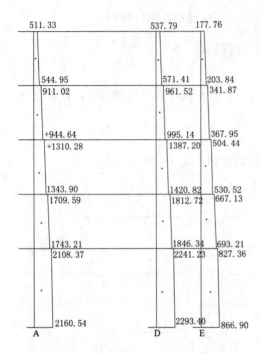

图 5.3.6　恒载作用下 KJ-9 轴力图
（单位：kN，受压为正）

$$M_{AD} = -\frac{ql^2}{12} = -\frac{7.53 \times 7.9^2}{12}$$
$$\approx -39.16(\text{kN} \cdot \text{m})$$

$$M_{DA} = \frac{ql^2}{12} = \frac{7.53 \times 7.9^2}{12} \approx 39.16(\text{kN} \cdot \text{m})$$

1～3 层 AD 梁固端弯矩：

$$M_{AD} = -\frac{ql^2}{12} = -\frac{9.41 \times 7.9^2}{12}$$
$$\approx -48.94(\text{kN} \cdot \text{m})$$

$$M_{DA} = \frac{ql^2}{12} = \frac{9.41 \times 7.9^2}{12} \approx 48.94(\text{kN} \cdot \text{m})$$

1～3 层柱顶偏心集中力产生的固端弯矩：

$$M_A^e = 59.63 \times 0.15 \approx 8.94(\text{kN} \cdot \text{m})$$
$$M_D^e = -92.57 \times 0.15 \approx -13.89(\text{kN} \cdot \text{m})$$
$$M_E^e = -37.19 \times 0.1 \approx -3.72(\text{kN} \cdot \text{m})$$

4 层柱顶偏心集中力产生的固端弯矩：

$$M_A^e = 48.56 \times 0.15 \approx 7.28(\text{kN} \cdot \text{m})$$
$$M_D^e = -81.49 \times 0.15 \approx -12.22(\text{kN} \cdot \text{m})$$
$$M_E^e = -37.19 \times 0.1 \approx -3.72(\text{kN} \cdot \text{m})$$

5 层柱顶偏心集中力产生的固端弯矩：

$$M_A^e = 15.33 \times 0.15 \approx 2.30(\text{kN} \cdot \text{m})$$
$$M_D^e = -16.39 \times 0.15 \approx -2.46(\text{kN} \cdot \text{m})$$
$$M_E^e = -5.31 \times 0.1 \approx -0.53(\text{kN} \cdot \text{m})$$

1～5 层悬挑梁在固定端的固端弯矩：

$$M_A^F = -\frac{ql^2}{2} = \frac{4.25 \times 1 \times 1}{2} \approx -2.13(\text{kN} \cdot \text{m})$$

（2）分配系数的确定与恒载作用时相同。

（3）弯矩二次分配。计算原理同恒载，计算过程如图 5.3.7 所示。

（4）与恒载作用下计算方法相同，依次求得梁跨中弯矩、梁柱端剪力、柱轴力。

（5）绘制活载作用下框架内力图。活载作用下 KJ-9 弯矩图、剪力图、轴力图如图 5.3.8～图 5.3.10 所示。

	左梁	上柱	下柱	右梁	左梁	上柱	下柱	右梁	左梁	下柱	上柱
			0.579	0.421			0.295			0.407	0.298	0.603	0.397
固端集中力产生的弯矩	-2.13			-9.78	9.78			0			0
第一次弯矩分配			5.56	4.05	-2.16		-2.98	-2.18	-0.32	-0.21	
弯矩传递			6.24	-1.08	2.02		-3.89	-0.16	-1.09	-0.53	
第二次弯矩分配			-2.99	-2.17	0.60		0.83	0.60	0.98	0.64	
总弯矩			8.82	-8.99	10.24		-6.05	-1.74	-0.43	-0.10	

	左梁	上柱	下柱	右梁	左梁	上柱	下柱	右梁	左梁	下柱	上柱
		0.367	0.367	0.266	0.210	0.289	0.289	0.212	0.432	0.284	0.284
固端集中力产生的弯矩	-2.13			-39.16	39.16			0			0
第一次弯矩分配		12.48	12.48	9.05	-5.66	-7.79	-7.79	-5.71	-1.61	-1.06	-1.06
弯矩传递		2.78	7.73	-2.83	4.52	-1.49	-5.06	-0.80	-2.86	-0.53	-0.11
第二次弯矩分配		-2.82	-2.82	-2.04	0.60	0.82	0.82	0.60	1.51	0.99	0.99
总弯矩		12.44	17.39	-34.99	38.62	-8.46	-12.03	-5.91	-2.96	-0.59	-0.17

	左梁	上柱	下柱	右梁	左梁	上柱	下柱	右梁	左梁	下柱	上柱
		0.367	0.367	0.266	0.210	0.289	0.289	0.212	0.432	0.284	0.284
固端集中力产生的弯矩	-2.13			-48.94	48.94			0			0
第一次弯矩分配		15.46	15.46	11.21	-7.36	-10.13	-10.13	-7.43	-1.61	-1.06	-1.06
弯矩传递		6.24	7.73	-3.68	5.60	-3.89	-5.06	-0.80	-3.72	-0.53	-0.53
第二次弯矩分配		-3.78	-3.78	-2.74	0.87	1.20	1.20	0.88	2.06	1.36	1.36
总弯矩		17.93	19.42	-44.15	48.06	-12.82	-13.99	-7.35	-3.26	-0.23	-0.23

	左梁	上柱	下柱	右梁	左梁	上柱	下柱	右梁	左梁	下柱	上柱
		0.367	0.367	0.266	0.210	0.289	0.289	0.212	0.432	0.284	0.284
固端集中力产生的弯矩	-2.13			-48.94	48.94			0			0
第一次弯矩分配		15.46	15.46	11.21	-7.36	-10.13	-10.13	-7.43	-1.61	-1.06	-1.06
弯矩传递		7.73	8.72	-3.68	5.60	-5.06	-5.57	-0.80	-3.72	-0.58	-0.53
第二次弯矩分配		-4.69	-4.69	-3.40	1.23	1.69	1.69	1.24	2.08	1.37	1.37
总弯矩		18.51	19.50	-44.81	48.41	-13.51	-14.02	-7.00	-3.24	-0.27	-0.22

	左梁	上柱	下柱	右梁	左梁	上柱	下柱	右梁	左梁	下柱	上柱
		0.414	0.286	0.300	0.231	0.318	0.219	0.232	0.473	0.216	0.311
固端集中力产生的弯矩	-2.13			-48.94	48.94			0			0
第一次弯矩分配		17.44	12.05	12.64	-8.10	-11.15	-7.68	-8.13	-1.76	-0.80	-1.16
弯矩传递		7.73		-4.05	6.32	-5.06		-0.88	-4.07		-0.53
第二次弯矩分配		-1.52	-1.05	-1.10	-0.09	-0.12	-0.08	-0.05	2.17	0.99	1.43
总弯矩		23.65	11.00	-41.45	47.08	-16.33	-7.76	-9.10	-3.65	0.19	-0.26
			5.50					-3.88			0.09

图 5.3.7 活载作用下弯矩二次分配法计算框架杆端弯矩

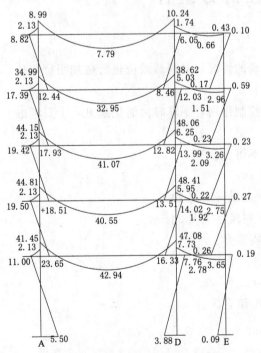

图 5.3.8 活载作用下 KJ-9 弯矩图
（单位：kN·m，画在受拉侧）

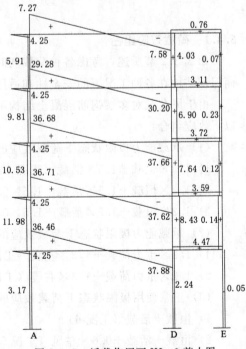

图 5.3.9 活载作用下 KJ-9 剪力图
（单位：kN，绕杆端顺时针转动为正）

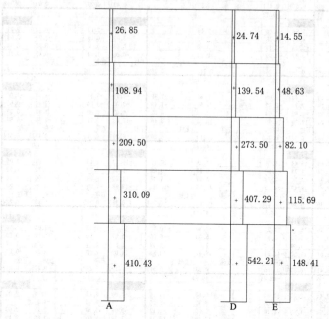

图 5.3.10　活载作用下 KJ-9 轴力图（单位：kN，受压为正）

5.4　框架梁柱内力组合

5.4.1　荷载效应组合

如 2.3.2 节所述，考虑各种荷载同时出现的情况，对荷载效应进行叠加组合，从而保证结构在各种工况下的安全性和适用性。

由于风荷载对多层钢筋混凝土结构不起控制作用，手算时为简化起见，主要考虑以下效应组合：

扩展 5.5

（1）承载能力极限状态下荷载效应的基本组合。

1）1.3×恒载＋1.5×活载（工况 1）。

2）1.3×恒载＋1.5×活载＋1.5×0.6×左风（工况 2）。

3）1.3×恒载＋1.5×活载＋1.5×0.6×右风（工况 3）。

（2）承载能力极限状态下荷载效应的地震组合。

1）1.2×重力荷载＋1.3×左震（工况 4）。

2）1.2×重力荷载＋1.3×右震（工况 5）。

（3）正常使用极限状态下荷载效应的标准组合。

1）恒载＋活载（工况 6）。

2）恒载＋活载＋0.6×左风（工况 7）。

3）恒载＋活载＋0.6×右风（工况 8）。

（4）正常使用极限状态下荷载效应的准永久组合。

恒载＋0.5活载（0.2雪载）（工况9）。

5.4.2 控制截面与最不利内力

框架梁、柱的截面设计与校核通过控制截面进行。控制截面在各种荷载效应组合下出现的最不利内力，就是构件承载能力极限状态设计和正常使用极限状态验算的依据。

框架梁、柱的控制截面如图5.4.1所示。

（1）框架梁的控制截面及最不利内力。框架梁为受弯构件，控制截面为梁端支座截面和跨中截面。按照可能与最不利原则，在各种荷载效应组合下，框架梁的控制截面最不利内力取：梁跨中截面，M_{max}及相应的V，有时需组合$-M_{max}$；梁支座截面，$-M_{max}$及相应的V，V_{max}及相应的M，有时需组合M_{max}。

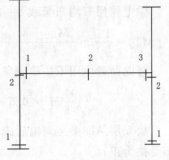

图 5.4.1 框架梁、柱的控制截面

（2）框架柱的控制截面及最不利内力。框架柱为压弯构件，控制截面为柱上、下两端截面（图5.4.1）。按照可能与最不利原则，在各种荷载效应组合下，框架柱的各控制截面的最不利内力取：最大轴力N_{max}及相应的M、V；最小轴力N_{min}及相应的M、V；最大弯矩$|M_{max}|$及相应的N、V；V_{max}及相应的M、N。

5.4.3 框架梁内力组合

5.4.3.1 梁端负弯矩调幅

根据《混凝土结构设计规范》（GB 50010—2010）（2015年版）第5.4.3条、《高层建筑混凝土结构技术规程》（JGJ 3—2010）第5.2.3条规定，考虑结构塑性内力重分布的有利影响，在内力组合之前对竖向荷载作用下的梁端弯矩进行调幅，调幅系数取0.85。

框架梁端负弯矩调幅后，梁跨中弯矩按平衡条件相应增大，并不小于竖向荷载作用下按简支梁计算的跨中弯矩设计值的50%。

根据图5.3.1恒载作用下弯矩二次分配法计算框架杆端弯矩可知，恒载作用下KJ-9调幅前梁截面弯矩值见表5.4.1。

表 5.4.1　　　　恒载作用下 KJ-9 调幅前梁截面弯矩值　　　　单位：kN·m

层号	AD 梁			DE 梁		
	左端	跨中	右端	左端	跨中	右端
5	−156.81	128.96	185.33	−55.60	−23.30	−1.54
4	−128.71	66.11	132.26	−17.57	−1.53	−7.06
3	−121.84	71.30	128.75	−21.11	−2.88	−7.91
2	−122.43	70.87	129.01	−20.84	−2.79	−7.81
1	−114.92	76.30	125.67	−26.09	−4.52	−9.59

注　表中弯矩以使梁下侧受拉为正。

以 5 层 AD 梁为例，$M_{AD}=156.81\text{kN}\cdot\text{m}$，$M_{DA}=185.33\text{kN}\cdot\text{m}$，乘以调幅系数 0.85，得

$$M_{AD}=156.81\times0.85\approx133.29(\text{kN}\cdot\text{m})$$
$$M_{DA}=185.33\times0.85\approx157.53(\text{kN}\cdot\text{m})$$

梁上作用有均布荷载 $q=38.46\text{kN/m}$，跨度 $l=7.9\text{m}$，则

$$M_{AD}^{\text{中}}=\frac{1}{8}ql^2-\frac{M_{AD}+M_{DA}}{2}=\frac{38.46\times7.9^2}{8}-\frac{133.29+157.53}{2}\approx154.63(\text{kN}\cdot\text{m})$$

竖向荷载作用下按简支梁计算的跨中弯矩设计值的 50% 为

$$\frac{1}{8}ql^2\times0.5=\frac{38.46\times7.9^2}{8}\times0.5\approx150.02(\text{kN}\cdot\text{m})$$

故 5 层 AD 梁经调幅后跨中弯矩为 $M_{AD}^{\text{中}}=154.63\text{kN}\cdot\text{m}$。（梁跨中弯矩以使梁下侧受拉为正）

其余计算过程从略。

恒载作用下 KJ-9 调幅后梁截面弯矩值见表 5.4.2。

表 5.4.2　　　　　　　**恒载作用下 KJ-9 调幅后梁截面弯矩值**　　　　　单位：kN·m

层号	AD 梁			DE 梁		
	左端	跨中	右端	左端	跨中	右端
5	−133.29	154.62	−157.53	−47.26	1.86	−1.31
4	−109.40	98.30	−112.42	−14.93	1.86	−6.00
3	−103.56	98.30	−109.44	−17.95	1.86	−6.72
2	−104.07	98.30	−109.66	−17.72	1.86	−6.64
1	−97.68	98.30	−106.82	−22.17	1.86	−8.15

注　表中弯矩以使梁下侧受拉为正。

5.4.3.2　内力换算

扩展 5.8

图片 5.3

结构受力分析所得内力是构件轴线处内力。考虑到实际构件的截面尺寸，构件抗力设计时应该采用梁、柱支座边缘处截面。梁支座截面是指柱边缘处梁端截面，柱上、下端截面是指梁顶和梁底处柱端截面，如图 5.4.2 所示。

理论上，进行内力组合前，应将各种荷载作用下梁柱轴线处的弯矩值和剪力值换算到梁柱边缘处，然后再进行内力组合。

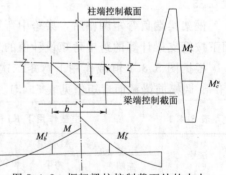
图 5.4.2　框架梁柱控制截面处的内力

考虑到竖向荷载作用下梁弯矩图呈二次方分布，支座范围内弯矩变化剧烈；而水平荷载作用下梁弯矩图均呈线性分布，支座范围内弯矩变化可以忽略。手算时为方便起见，仅针对竖向荷载作用下梁端弯矩作换算。顶层梁考虑柱固接约束程度较弱，故顶层梁端弯矩不换算到柱边缘处。

梁支座边缘处的内力值：

$$M_{边缘}=M-V\frac{b}{2}$$

$$V_{边缘}=V-q\frac{b}{2}$$

式中　$M_{边缘}$——支座边缘截面的弯矩标准值；

$V_{边缘}$——支座边缘截面的剪力标准值；

M——梁柱中线交点处的弯矩标准值；

V——与 M 相应的梁柱中线交点处的剪力标准值；

q——梁单位长度的均布荷载标准值；

b——梁端支座宽度（即柱截面高度）。

以 4 层 AD 梁左端为例，$M_{AD}=109.40$kN·m，$V_{AD}=99.09$kN，$b=0.6$m，$q=25.2$kN/m，则

$$M_{AD}^{边}=M_{AD}-V_{AD}\times\frac{0.6}{2}=109.40-99.09\times\frac{0.6}{2}=79.67(kN·m)(上侧受拉)$$

$$V_{AD}^{边}=V_{AD}-q\times\frac{0.6}{2}=99.09-25.2\times\frac{0.6}{2}=91.53(kN)$$

其余计算过程从略。

经折算后，梁端柱边缘截面弯矩值、剪力值见表 5.4.3 和表 5.4.4。

表 5.4.3　恒载作用下 KJ-9 调幅后梁截面换算到柱边缘弯矩值　　单位：kN·m

层号	AD 梁			DE 梁		
	左端	跨中	右端	左端	跨中	右端
5	-133.29	154.62	-157.53	-47.26	1.86	-1.31
4	-79.67	98.30	-86.92	-11.40	1.86	-5.28
3	-78.40	98.30	-83.83	-14.02	1.86	-5.67
2	-78.90	98.30	-84.07	-13.82	1.86	-5.61
1	-72.65	98.30	-81.09	-17.65	1.86	-6.60

注　表中弯矩以使梁下侧受拉为正。

表 5.4.4　恒载作用下 KJ-9 的梁端剪力（换算到柱边）　　单位：kN

层号	AD 跨		DE 跨	
	$V_{左}$	$V_{右}$	$V_{左}$	$V_{右}$
5	136.77	-143.99	24.18	15.73
4	91.53	-92.43	12.77	4.33
3	91.11	-92.85	14.31	5.87
2	91.15	-92.81	14.18	5.74
1	90.62	-93.34	16.65	8.21

注　表中剪力以绕杆端顺时针转动为正。

表5.4.5　框架梁内力组合表

层号	跨	截面位置	内力	恒载	活载	活载/雪载	左风	右风	左震	右震	重力荷载代表值	基本组合 工况1 1.3恒+1.5活	基本组合 工况2 1.3恒+1.5活+1.5×0.6左风	基本组合 工况3 1.3恒+1.5活+1.5×0.6右风	地震组合 工况4 1.2重+1.3左震	地震组合 工况5 1.2重+1.3右震	标准组合 工况6 恒+活	标准组合 工况7 恒+活+0.6左风	标准组合 工况8 恒+活+0.6右风	准永久组合 工况9 恒+0.5活(0.2雪)
1层	悬臂	A	M	1.12	0.86	0.86	0	0	0	0	1.12	2.75	2.75	2.75	1.34	1.34	1.98	1.98	1.98	1.55
			V	3.92	2.98	2.98	0	0	0	0	3.92	9.57	9.57	9.57	4.70	4.70	6.90	6.90	6.90	5.41
		左	M	-72.65	-25.94	-25.94	54.72	-54.72	276.19	-276.19	-85.84	-133.36	-84.11	-182.60	256.04	-462.06	-98.59	-65.75	-131.42	-85.62
	AD跨	左	V	90.62	33.63	33.63	13.46	-13.46	68.10	-68.10	107.50	168.25	180.37	156.14	217.53	40.47	124.25	132.33	116.17	107.44
		中	M	98.30	42.94	42.94	5.58	-5.58	27.63	-27.63	116.67	192.20	197.22	187.18	175.92	104.09	141.24	144.59	137.89	119.77
		右	M	81.09	30.36	30.36	43.57	-43.57	220.93	-220.93	96.19	150.96	190.17	111.74	402.64	-171.78	111.45	137.59	85.31	96.27
			V	-93.34	-35.66	-35.66	13.46	-13.46	68.10	-68.10	-110.84	-174.83	-162.72	-186.95	-44.48	-221.54	-129.00	-120.92	-137.08	-111.17
	DE跨	左	M	-17.65	-6.59	-6.59	37.88	-37.88	191.99	-191.99	-24.61	-32.83	1.26	-66.92	220.06	-279.12	-24.24	-1.51	-46.97	-20.95
			V	16.65	4.47	4.47	33.14	-33.14	168.04	-168.04	18.88	28.35	58.18	-1.48	241.11	-195.80	21.12	41.00	1.24	18.89
		中	M	1.86	2.78	2.78	0.59	-0.59	2.94	-2.94	1.86	6.59	7.12	6.06	6.05	-1.59	4.64	4.99	4.29	3.25
		右	M	-6.60	-4.06	-4.06	38.34	-38.34	194.51	-194.51	-9.04	-14.67	19.84	-49.18	242.02	-263.71	-10.66	12.34	-33.66	-8.63
			V	8.21	4.47	4.47	33.14	-33.14	168.04	-168.04	10.43	17.38	47.20	-12.45	230.97	-205.94	12.68	32.56	-7.20	10.45
2层	悬臂	A	M	1.12	0.86	0.86	0	0	0	0	1.12	2.75	2.75	2.75	1.34	1.34	1.98	1.98	1.98	1.55
			V	3.92	2.98	2.98	0	0	0	0	3.92	9.57	9.57	9.57	4.70	4.70	6.90	6.90	6.90	5.41
		左	M	-78.90	-28.73	-28.73	38.95	-38.95	225.50	-225.50	-93.42	-145.67	-110.61	-180.72	181.05	-405.25	-107.63	-84.26	-131.00	-93.27
	AD跨	左	V	91.15	33.89	33.89	9.29	-9.29	53.89	-53.89	108.15	169.33	177.69	160.97	199.84	59.72	125.04	130.61	119.47	108.10
		中	M	98.30	40.55	40.55	5.04	-5.04	28.79	-28.79	116.67	188.62	193.15	184.08	177.43	102.58	138.85	141.87	135.83	118.58
		右	M	84.07	31.55	31.55	28.87	-28.87	167.92	-167.92	99.78	156.62	182.60	130.63	338.03	-98.56	115.62	132.94	98.30	99.85
			V	-92.81	-35.40	-35.40	9.29	-9.29	53.89	-53.89	-110.20	-173.75	-165.39	-182.11	-62.18	-202.30	-128.21	-122.64	-133.78	-110.51

续表

层号	跨号	截面位置	内力	恒载	活载	活载/雪载	左风	右风	左震	右震	重力荷载代表值	基本组合 1.3恒+1.5活 工况1	基本组合 1.3恒+1.5活+1.5×0.6左风 工况2	基本组合 1.3恒+1.5活+1.5×0.6右风 工况3	地震组合 1.2重+1.3左震 工况4	地震组合 1.2重+1.3右震 工况5	标准组合 恒+活 工况6	标准组合 恒+活+0.6左风 工况7	标准组合 恒+活+0.6右风 工况8	准永久组合 恒+0.5活(0.2雪) 工况9
2层	DE跨	左	M	-13.82	-5.03	-5.03	25.28	-25.28	147.01	-147.01	-19.20	-25.51	-2.76	-48.26	168.07	-214.15	-18.85	-3.68	-34.02	-16.34
		左	V	14.18	3.59	3.59	22.26	-22.26	129.47	-129.47	15.97	23.82	43.85	3.79	187.48	-149.15	17.77	31.13	4.41	15.98
		中	M	1.86	1.92	1.92	0.24	-0.24	1.35	-1.35	1.86	5.30	5.51	5.08	3.99	0.48	3.78	3.92	3.64	2.82
		右	M	-5.61	-3.52	-3.52	25.92	-25.92	150.78	-150.78	-7.78	-12.57	10.76	-35.90	186.68	-205.35	-9.13	6.42	-24.68	-7.37
		右	V	5.74	3.59	3.59	22.26	-22.26	129.47	-129.47	7.53	12.85	32.88	-7.19	177.35	-159.28	9.33	22.69	-4.03	7.54
	悬臂	A	M	1.12	0.86	0.86	0	0	0	0	1.12	2.75	2.75	2.75	1.34	1.34	1.98	1.98	1.98	1.55
			V	3.92	2.98	2.98	0	0	0	0	3.92	9.57	9.57	9.57	4.70	4.70	6.90	6.90	6.90	5.41
3层	AD跨	左	M	-78.40	-28.18	-28.18	26.74	-26.74	173.21	-173.21	-92.65	-144.19	-120.12	-168.26	113.99	-336.35	-106.58	-90.54	-122.62	-92.49
		左	V	91.11	33.85	33.85	6.43	-6.43	41.91	-41.91	108.09	169.22	175.01	163.43	184.19	75.23	124.96	128.82	121.10	108.04
		中	M	98.30	41.07	41.07	3.26	-3.26	20.25	-20.25	116.67	189.40	192.33	186.46	166.33	113.68	139.37	141.33	137.41	118.84
		右	M	83.83	31.24	31.24	20.23	-20.23	132.71	-132.71	99.38	155.84	174.05	137.63	291.78	-53.27	115.07	127.21	102.93	99.45
		右	V	-92.85	-35.44	-35.44	6.43	-6.43	41.91	-41.91	-110.26	-173.87	-168.08	-179.65	-77.83	-186.80	-128.29	-124.43	-132.15	-110.57
	DE跨	左	M	-14.02	-5.30	-5.30	17.69	-17.69	116.07	-116.07	-19.59	-26.18	-10.26	-42.10	127.38	-174.40	-19.32	-8.71	-29.93	-16.67
		左	V	14.31	3.72	3.72	15.62	-15.62	101.98	-101.98	16.17	24.18	38.24	10.13	151.98	-113.11	18.03	27.40	8.66	16.17
		中	M	1.86	2.09	2.09	0.12	-0.12	1.33	-1.33	1.86	5.55	5.66	5.45	3.96	0.50	3.95	4.02	3.88	2.91
		右	M	-5.67	-3.56	-3.56	18.24	-18.24	118.49	-118.49	-7.84	-12.71	3.71	-29.13	144.63	-163.45	-9.23	1.71	-20.17	-7.45
		右	V	5.87	3.72	3.72	15.62	-15.62	101.98	-101.98	7.72	13.21	27.27	-0.85	141.84	-123.31	9.59	18.96	0.22	7.73
4层	悬臂	A	M	1.12	0.86	0.86	0	0	0	0	1.12	2.75	2.75	2.75	1.34	1.34	1.98	1.98	1.98	1.55
			V	3.92	2.98	2.98	0	0	0	0	3.92	9.57	9.57	9.57	4.70	4.70	6.90	6.90	6.90	5.41

续表

层号	跨号	截面位置	内力	恒载	活载	活载/雪载	左风	右风	左震	右震	重力荷载代表值	基本组合 工况1 1.3恒+1.5活	基本组合 工况2 1.3恒+1.5活+1.5×0.6左风	基本组合 工况3 1.3恒+1.5活+1.5×0.6右风	地震组合 工况4 1.2重+1.3左震	地震组合 工况5 1.2重+1.3右震	恒+活 工况6	标准组合 工况7 恒+活+0.6左风	标准组合 工况8 恒+活+0.6右风	准永久组合 工况9 恒+0.5活（0.2雪）
4层	AD跨	左	M	-84.13	-22.27	-22.27	16.08	-16.08	115.45	-115.45	-95.33	-142.77	-128.30	-157.25	35.69	-264.48	-106.40	-96.75	-116.05	-95.27
			V	91.53	27.02	27.02	3.93	-3.93	28.32	-28.32	105.09	159.52	163.06	155.98	162.92	89.29	118.55	120.91	116.19	105.04
		中	M	98.30	32.95	32.95	1.73	-1.73	12.10	-12.10	113.00	177.22	178.77	175.66	151.33	119.87	131.25	132.29	130.21	114.78
			V	86.92	25.13	25.13	12.62	-12.62	91.26	-91.26	99.38	150.69	162.05	139.33	237.89	0.62	112.05	119.62	104.48	99.49
		右	M	-92.43	-27.94	-27.94	3.93	-3.93	28.32	-28.32	-106.39	-162.07	-158.53	-165.61	-90.85	-164.48	-120.37	-118.01	-122.73	-106.40
			V	-11.40	-4.23	-4.23	11.03	-11.03	79.70	-79.70	-15.92	-21.17	-11.24	-31.09	84.51	-122.71	-15.63	-9.01	-22.25	-13.52
	DE跨	左	M	12.77	3.11	3.11	9.68	-9.68	70.00	-70.00	14.32	21.27	29.98	12.55	108.18	-73.82	15.88	21.69	10.07	14.33
			V	1.86	1.51	1.51	0.14	-0.14	0.95	-0.95	1.86	4.68	4.81	4.56	3.47	1.00	3.37	3.45	3.29	2.62
		中	M	-5.28	-3.17	-3.17	11.24	-11.24	81.29	-81.29	-7.27	-11.62	-1.50	-21.74	96.95	-114.40	-8.45	-1.71	-15.19	-6.87
			V	4.33	3.11	3.11	9.68	-9.68	70.00	-70.00	5.88	10.29	19.01	1.58	98.06	-83.94	7.44	13.25	1.63	5.89
		右	M	2.80	0.86	0.00	0.00	0.00	0.00	0.00	1.12	4.93	4.93	4.93	1.34	1.34	3.66	3.66	3.66	2.80
			V	5.60	2.98	0.00	0.00	0.00	0.00	0.00	3.92	11.75	11.75	11.75	4.70	4.70	8.58	8.58	8.58	5.60
5层	悬臂	A	M	-133.29	-7.64	-6.56	7.19	-7.19	57.87	-57.87	-98.02	-184.74	-178.27	-191.21	-42.39	-192.86	-140.93	-136.62	-145.24	-134.60
			V	136.77	6.70	5.25	1.66	-1.66	13.36	-13.36	139.19	187.85	189.35	186.36	184.40	149.66	143.47	144.47	142.47	137.82
	AD跨	左	M	154.62	7.79	4.65	1.13	-1.13	9.10	-9.10	156.59	212.69	213.71	211.67	199.74	176.08	162.41	163.09	161.73	155.55
			V	157.53	8.71	6.28	4.93	-4.93	39.68	-39.68	120.36	217.85	222.29	213.42	196.02	92.85	166.24	169.20	163.28	158.79
		右	M	-143.99	-7.02	-5.17	1.66	-1.66	13.36	-13.36	-146.39	-197.72	-196.22	-199.21	-158.30	-193.04	-151.01	-150.01	-152.01	-145.02
			V	-47.26	-1.48	-0.84	4.34	-4.34	34.86	-34.86	-46.71	-63.66	-59.75	-67.56	-10.73	-101.37	-48.74	-46.14	-51.34	-47.43
	DE跨	左	M	24.18	0.76	0.66	3.80	-3.80	30.57	-30.57	30.17	32.57	35.99	29.15	75.95	-3.54	24.94	27.22	22.66	24.19
			V	1.86	0.66	0.23	0.06	-0.06	0.47	-0.47	1.86	3.41	3.46	3.35	2.84	1.63	2.52	2.56	2.48	1.91
		中	M	-1.31	-0.37	-0.69	4.41	-4.41	35.46	-35.46	-12.92	-2.26	1.71	-6.23	30.59	-61.60	-1.68	0.97	-4.33	-1.45
		右	V	15.73	0.76	0.07	3.80	-3.80	30.57	-30.57	21.73	21.59	25.01	18.17	65.82	-13.67	16.49	18.77	14.21	15.74

注：
1. 表中弯矩 M 单位：kN·m；剪力 V 单位：kN。
2. 支座弯矩及剪力，以绕杆端顺时针为正，逆时针为负。跨中弯矩，以使梁下部受拉为正，上部受拉为负。

表 5.4.6

框 架 柱 内 力 组 合 表

层号	跨	截面位置	内力	恒载	活载	活载/雪载	左风	右风	左震	右震	重力荷载代表值	基本组合 工况1 1.3恒+1.5活	基本组合 工况2 1.3恒+1.5活+1.5×0.6左风	基本组合 工况3 1.3恒+1.5活+1.5×0.6右风	地震组合 工况4 1.2重+1.3左震	地震组合 工况5 1.2重+1.3右震	标准组合 工况6 恒+活	标准组合 工况7 恒+活+0.6左风	标准组合 工况8 恒+活+0.6右风	准永久组合 工况9 恒+0.5活(0.2雪)
1层	A柱	柱顶	M	24.98	11.00	11.00	37.57	-37.57	179.77	-179.77	30.24	48.97	82.79	15.16	269.99	-197.41	35.98	58.52	13.44	30.48
			N	2108.37	410.43	410.43	-34.77	34.77	-205.58	205.58	2301.10	3356.53	3325.23	3387.82	2494.07	3028.57	2518.80	2497.94	2539.66	2313.59
			V	-7.21	-3.17	-3.17	20.07	-20.07	96.03	-96.03	-8.72	-14.13	3.94	-32.19	114.38	-135.30	-10.38	1.66	-22.42	-8.80
		柱底	M	12.49	5.50	5.50	66.79	-66.79	319.59	-319.59	15.12	24.49	84.60	-35.62	433.61	-397.32	17.99	58.06	-22.08	15.24
			N	2160.54	410.43	410.43	-34.77	34.77	-205.58	205.58	2353.27	3424.35	3393.05	3455.64	2556.67	3091.18	2570.97	2550.11	2591.83	2365.76
			V	-7.21	-3.17	-3.17	20.07	-20.07	96.03	-96.03	-8.72	-14.13	3.94	-32.19	114.38	-135.30	-10.38	1.66	-22.42	-8.80
	D柱	柱顶	M	-18.57	-7.76	-7.76	58.16	-58.16	278.28	-278.28	-24.08	-35.78	16.56	-88.13	332.87	-390.66	-26.33	8.57	-61.23	-22.45
			N	2241.23	542.21	542.21	-49.73	49.73	-294.48	294.48	2480.38	3726.91	3682.16	3771.67	2593.63	3359.28	2783.44	2753.60	2813.28	2512.34
			V	5.36	2.24	2.24	-49.73	49.73	118.92	-118.92	6.95	10.33	32.69	-12.04	162.94	-146.26	7.60	22.51	-7.31	6.48
		柱底	M	-9.29	-3.88	-3.88	71.08	-71.08	340.12	-340.12	-12.04	-17.90	46.08	-81.87	427.71	-456.60	-13.17	29.48	-55.82	-11.23
			N	2293.40	542.21	542.21	-49.73	49.73	-294.48	294.48	2532.55	3794.74	3749.98	3839.49	2656.24	3421.88	2835.61	2805.77	2865.45	2564.51
			V	5.36	2.24	2.24	-49.73	49.73	118.92	-118.92	6.95	10.33	32.69	-12.04	162.94	-146.26	7.60	22.51	-7.31	6.48
	E柱	柱顶	M	-0.90	0.19	0.19	28.23	-28.23	135.08	-135.08	5.13	-0.89	24.52	-26.29	181.76	-169.45	-0.71	16.23	-17.65	-0.81
			N	827.36	148.41	148.41	84.50	-84.50	500.06	-500.06	967.83	1298.18	1374.23	1222.13	1811.47	511.32	975.77	1026.47	925.07	901.57
			V	0.26	-0.05	-0.05	12.07	-12.07	57.73	-57.73	-1.48	0.26	11.13	-10.60	73.27	-76.83	0.21	7.45	-7.03	0.24
		柱底	M	-0.45	0.09	0.09	34.51	-34.51	165.10	-165.10	2.56	-0.45	30.61	-31.51	217.70	-211.56	-0.36	20.35	-21.07	-0.41
			N	866.90	148.41	148.41	84.50	-84.50	500.06	-500.06	1007.37	1349.59	1425.64	1273.54	1858.92	558.77	1015.31	1066.01	964.61	941.11
			V	0.26	-0.05	-0.05	12.07	-12.07	57.73	-57.73	-1.48	0.26	11.13	-10.60	73.27	-76.83	0.21	7.45	-7.03	0.24

续表

| 层号 | 跨号 | 截面位置 | 内力 | 恒载 | 活载 | 活载/雪载 | 左风 | 右风 | 左震 | 右震 | 重力荷载代表值 | 基本组合 | | | 地震组合 | | 标准组合 | | | 准永久组合 |
												工况1 1.3恒+1.5活	工况2 1.3恒+1.5活+1.5×0.6左风	工况3 1.3恒+1.5活+1.5×0.6右风	工况4 1.2重+1.3左震	工况5 1.2重+1.3右震	工况6 恒+活	工况7 恒+活+0.6左风	工况8 恒+活+0.6右风	工况9 恒+0.5活（0.2雪）
2层	A柱	柱顶	M	44.12	19.50	19.50	25.90	−25.90	142.81	−142.81	53.43	86.61	109.92	63.30	249.77	−121.54	63.62	79.16	48.08	53.87
			N	1709.59	310.09	310.09	−21.31	21.31	−137.48	137.48	1853.98	2687.60	2668.42	2706.78	2046.05	2403.50	2019.68	2006.89	2032.47	1864.64
			V	−27.13	−11.98	−11.98	13.08	−13.08	72.13	−72.13	−32.85	−53.24	−41.47	−65.01	54.35	−133.19	−39.11	−31.26	−46.96	−33.12
		柱底	M	53.53	23.65	23.65	21.19	−21.19	116.85	−116.85	64.82	105.06	124.14	85.99	229.69	−74.12	77.18	89.89	64.47	65.36
			N	1743.21	310.09	310.09	−21.31	21.31	−137.48	137.48	1887.60	2731.31	2712.13	2750.49	2086.40	2443.84	2053.30	2040.51	2066.09	1898.26
			V	−27.13	−11.98	−11.98	13.08	−13.08	72.13	−72.13	−32.85	−53.24	−41.47	−65.01	54.35	−133.19	−39.11	−31.26	−46.96	−33.12
	D柱	柱顶	M	−34.00	−14.02	−14.02	37.27	−37.27	205.48	−205.48	−42.97	−65.23	−31.69	−98.77	215.56	−318.69	−48.02	−25.66	−70.38	−41.01
			N	1812.72	407.29	407.29	−30.05	30.05	−194.54	194.54	1991.26	2967.47	2940.43	2994.52	2136.61	2642.41	2220.01	2201.98	2238.04	2016.37
			V	20.43	8.43	8.43	20.71	−20.71	114.16	−114.16	25.85	39.20	57.84	20.57	179.43	−117.39	28.86	41.29	16.43	24.65
		柱底	M	−39.56	−16.33	−16.33	18.40	−18.40	205.48	−205.48	−50.10	−75.92	−59.36	−92.48	207.00	−327.24	−55.89	−44.85	−66.93	−47.73
			N	1846.34	407.29	407.29	51.36	−51.36	−194.54	194.54	2024.88	3011.18	3057.40	2964.95	2176.95	2682.76	2253.63	2284.45	2222.81	2049.99
			V	20.43	8.43	8.43	10.22	−10.22	114.16	−114.16	25.85	39.20	48.40	30.01	179.43	−117.39	28.86	34.99	22.73	24.65
	E柱	柱顶	M	−3.28	−0.27	−0.27	18.40	−18.40	101.44	−101.44	7.95	−4.67	11.89	−21.23	141.41	−122.33	−3.55	7.49	−14.59	−3.42
			N	667.13	115.69	115.69	51.36	−51.36	332.02	−332.02	774.63	1040.80	1087.03	994.58	1361.18	497.93	782.82	813.64	752.00	724.98
			V	1.92	0.14	0.14	10.22	−10.22	47.68	−47.68	−4.79	2.71	11.90	−6.49	56.24	−67.73	2.06	8.19	−4.07	1.99
		柱底	M	−3.65	−0.26	−0.26	18.40	−18.40	101.44	−101.44	9.30	−5.14	11.43	−21.70	143.03	−120.71	−3.91	7.13	−14.95	−3.78
			N	693.21	115.69	115.69	51.36	−51.36	332.02	−332.02	810.71	1074.71	1120.93	1028.48	1404.48	541.23	808.90	839.72	778.08	751.06
			V	1.92	0.14	0.14	10.22	−10.22	56.36	−56.36	−4.79	2.71	11.90	−6.49	67.52	−79.02	2.06	8.19	−4.07	1.99

续表

层号	跨号	截面位置	内力	恒载	活载	活载/雪载	左风	右风	左震	右震	重力荷载代表值	基本组合			地震组合		标准组合			准永久组合
												1.3恒+1.5活	1.3恒+1.5×0.6活+1.5×0.6左风	1.3恒+1.5活+1.5×0.6右风	1.2重+1.3左震	1.2重+1.3右震	恒+活	恒+活+0.6左风	恒+活+0.6右风	恒+0.5活(0.2雪)
												工况1	工况2	工况3	工况4	工况5	工况6	工况7	工况8	工况9
3层	A柱	柱顶	M	42.71	19.42	19.42	19.36	-19.36	120.83	-120.83	51.99	84.65	102.08	67.23	219.47	-94.69	62.13	73.75	50.51	52.42
			N	1310.28	209.50	209.50	-12.02	12.02	-83.59	83.59	1406.26	2017.61	2006.80	2028.43	1578.85	1796.18	1519.78	1512.57	1526.99	1415.03
			V	-23.50	-10.53	-10.53	9.78	-9.78	61.03	-61.03	-28.53	-46.35	-37.54	-55.15	45.10	-113.58	-34.03	-28.16	-39.90	-28.77
		柱底	M	41.90	18.51	18.51	15.84	-15.84	98.86	-98.86	50.73	82.24	96.49	67.98	189.39	-67.64	60.41	69.91	50.91	51.16
			N	1343.90	209.50	209.50	-12.02	12.02	-83.59	83.59	1439.88	2061.32	2050.50	2072.14	1619.19	1836.52	1553.40	1546.19	1560.61	1448.65
			V	-23.50	-10.53	-10.53	9.78	-9.78	61.03	-61.03	-28.53	-46.35	-37.54	-55.15	45.10	-113.58	-34.03	-28.16	-39.90	-28.77
	D柱	柱顶	M	-33.10	-13.99	-13.99	29.36	-29.36	183.24	-183.24	-42.06	-64.02	-37.59	-90.44	187.74	-288.68	-47.09	-29.47	-64.71	-40.10
			N	1387.20	273.50	273.50	-17.08	17.08	-118.96	118.96	1504.37	2213.61	2198.24	2228.98	1650.60	1959.89	1660.70	1650.45	1670.95	1523.95
			V	18.29	7.64	7.64	-15.47	15.47	96.58	-96.58	23.20	35.24	49.16	21.31	153.39	-97.71	25.93	35.21	16.65	22.11
		柱底	M	-32.73	-13.51	-13.51	26.35	-26.35	164.46	-164.46	-41.46	-62.81	-39.10	-86.53	164.05	-263.55	-46.24	-30.43	-62.05	-39.49
			N	1420.82	273.50	273.50	-17.08	17.08	-118.96	118.96	1537.99	2257.32	2241.94	2272.69	1690.94	2000.24	1694.32	1684.07	1704.57	1557.57
			V	18.29	7.64	7.64	-15.47	15.47	96.58	-96.58	23.20	35.24	49.16	21.31	153.39	-97.71	25.93	35.21	16.65	22.11
	E柱	柱顶	M	-3.12	-0.23	-0.23	14.41	-14.41	89.95	-89.95	7.82	-4.40	8.57	-17.37	126.32	-107.55	-3.35	5.30	-12.00	-3.24
			N	504.44	82.10	82.10	29.10	-29.10	202.55	-202.55	579.80	778.92	805.11	752.73	959.08	432.45	586.54	604.00	569.08	545.49
			V	1.71	0.12	0.12	7.64	-7.64	47.68	-47.68	-4.33	2.40	9.28	-4.47	56.79	-67.18	1.83	6.41	-2.75	1.77
		柱底	M	-3.05	-0.22	-0.22	13.09	-13.09	81.71	-81.71	7.77	-4.30	7.49	-16.08	115.55	-96.90	-3.27	4.58	-11.12	-3.16
			N	530.52	82.10	82.10	29.10	-29.10	202.55	-202.55	615.88	812.83	839.02	786.64	1002.37	475.74	612.62	630.08	595.16	571.57
			V	1.71	0.12	0.12	7.64	-7.64	47.68	-47.68	-4.33	2.40	9.28	-4.47	56.79	-67.18	1.83	6.41	-2.75	1.77

续表

层号	跨号	截面位置	内力	恒载	活载	活载/雪载值	左风	右风	左震	右震	重力荷载代表值	基本组合			地震组合		标准组合			准永久组合
												1.3恒+1.5活	1.3恒+1.5活+1.5×0.6 左风	1.3恒+1.5活+1.5×0.6 右风	1.2重+1.3左震	1.2重+1.3右震	恒+活	恒+活+0.6左风	恒+活+0.6右风	恒+0.5活(0.2雪)
												工况1	工况2	工况3	工况4	工况5	工况6	工况7	工况8	工况9
4层	A柱	柱顶	M	33.24	17.39	17.39	13.96	-13.96	97.42	-97.42	41.66	69.30	81.86	56.73	176.64	-76.65	50.63	59.01	42.25	41.94
			N	911.02	108.94	108.94	-5.59	5.59	-41.68	41.68	958.60	1347.74	1342.71	1352.77	1096.14	1204.50	1019.96	1016.61	1023.31	965.49
			V	-21.10	-9.81	-9.81	6.46	-6.46	45.10	-45.10	-25.81	-42.15	-36.33	-47.96	27.66	-89.60	-30.91	-27.03	-34.79	-26.01
		柱底	M	42.71	17.93	17.93	9.31	-9.31	64.95	-64.95	51.25	82.42	90.80	74.04	145.94	-22.94	60.64	66.23	55.05	51.68
			N	944.64	108.94	108.94	-5.59	5.59	-41.68	41.68	992.22	1391.44	1386.41	1396.47	1136.48	1244.85	1053.58	1050.23	1056.93	999.11
			V	-21.10	-9.81	-9.81	6.46	-6.46	45.10	-45.10	-25.81	-42.15	-36.33	-47.96	27.66	-89.60	-30.91	-27.03	-34.79	-26.01
	D柱	柱顶	M	-28.27	-12.03	-12.03	21.25	-21.25	148.27	-148.27	-36.32	-54.80	-35.67	-73.92	149.17	-236.34	-40.30	-27.55	-53.05	-34.29
			N	961.52	139.54	139.54	-7.89	7.89	-58.89	58.89	1017.29	1459.29	1452.19	1466.39	1144.19	1297.31	1101.06	1096.33	1105.79	1031.29
			V	17.05	6.90	6.90	10.23	-10.23	71.38	-71.38	21.61	32.52	41.72	23.31	118.73	-66.86	23.95	30.09	17.81	20.50
		柱底	M	-33.10	-12.82	-12.82	15.58	-15.58	108.70	-108.70	-36.32	-62.26	-48.24	-76.28	97.73	-184.89	-45.92	-36.57	-55.27	-39.51
			N	995.14	139.54	139.54	-7.89	7.89	-58.89	58.89	1050.91	1502.99	1495.89	1510.09	1184.54	1337.65	1134.68	1129.95	1139.41	1064.91
			V	17.05	6.90	6.90	10.23	-10.23	71.38	-71.38	21.61	32.52	41.72	23.31	118.73	-66.86	23.95	30.09	17.81	20.50
	E柱	柱顶	M	-2.56	-0.59	-0.59	10.43	-10.43	72.82	-72.82	7.26	-4.21	5.17	-13.60	103.38	-85.95	-3.15	3.11	-9.41	-2.86
			N	341.87	48.63	48.63	13.48	-13.48	100.57	-100.57	385.10	517.38	529.51	505.24	592.86	331.38	390.50	398.59	382.41	366.19
			V	1.58	0.23	0.23	5.05	-5.05	35.24	-35.24	-4.19	2.40	6.94	-2.15	40.78	-50.84	1.81	4.84	-1.22	1.70
		柱底	M	-3.12	-0.23	-0.23	7.74	-7.74	54.04	-54.04	7.82	-4.40	2.57	-11.37	79.64	-60.87	-3.35	1.29	-7.99	-3.24
			N	367.95	48.63	48.63	13.48	-13.48	100.57	-100.57	421.18	551.28	563.41	539.15	636.16	374.68	416.58	424.67	408.49	392.27
			V	1.58	0.23	0.23	5.05	-5.05	35.24	-35.24	-4.19	2.40	6.94	-2.15	40.78	-50.84	1.81	4.84	-1.22	1.70

续表

层号	截面位置	内力	恒载	活载	活载/雪载	左风	右风	左震	右震	重力荷载代表值	基本组合 1.3恒+1.5活 工况1	基本组合 1.3恒+1.5活+1.5×0.6右风 工况2 左风	基本组合 1.3恒+1.5活+1.5×0.6右风 工况3 右风	地震组合 1.2重+1.3左震 工况4	地震组合 1.2重+1.3右震 工况5	标准组合 恒+活 工况6	标准组合 恒+活+0.6左风 工况7	标准组合 恒+活+0.6右风 工况8	准永久组合 恒+0.5活(0.2雪) 工况9
	A柱 柱顶	M	106.00	8.82	6.11	7.69	-7.69	61.88	-61.88	108.98	151.03	157.95	144.11	211.22	50.33	114.82	119.43	110.21	107.22
		N	511.33	26.85	15.99	-1.66	1.66	-13.36	13.36	519.76	705.00	703.51	706.50	606.34	641.08	538.18	537.18	539.18	514.53
		V	-45.85	-5.91	-4.93	3.05	-3.05	24.55	-24.55	-48.21	-68.47	-65.73	-71.22	-25.94	-89.77	-51.76	-49.93	-53.59	-46.84
	A柱 柱底	M	59.06	12.44	11.64	3.30	-3.30	26.52	-26.52	64.58	95.44	98.41	92.47	111.97	43.02	71.50	73.48	69.52	61.39
		N	544.95	26.85	15.99	-1.66	1.66	-13.36	13.36	553.38	748.71	747.22	750.20	646.69	681.42	571.80	570.80	572.80	548.15
5层		V	-45.85	-5.91	-4.93	3.05	-3.05	24.55	-24.55	-48.21	-68.47	-65.73	-71.22	-25.93	-89.77	-51.76	-49.93	-53.59	-46.84
	D柱 柱顶	M	-76.19	-6.05	-4.68	10.91	-10.91	87.72	-87.72	-83.43	-108.12	-98.30	-117.94	13.92	-214.15	-82.24	-75.69	-88.79	-77.13
		N	537.79	24.74	16.72	-2.14	2.14	-17.21	17.21	541.23	736.24	734.31	738.16	627.10	671.85	562.53	561.25	563.81	541.13
		V	33.66	4.03	3.56	4.83	-4.83	38.86	-38.86	37.35	49.80	54.15	45.46	95.34	-5.70	37.69	40.59	34.79	34.37
	D柱 柱底	M	-44.98	-8.46	-8.14	6.49	-6.49	52.18	-52.18	-51.02	-71.16	-65.32	-77.01	6.61	-129.06	-53.44	-49.55	-57.33	-46.61
		N	571.41	24.74	16.72	-2.14	2.14	-17.21	17.21	574.85	779.94	778.02	781.87	667.45	712.19	596.15	594.87	597.43	574.75
		V	33.66	4.03	3.56	4.83	-4.83	38.86	-38.86	37.35	49.80	54.15	45.46	95.34	-5.70	37.69	40.59	34.79	34.37
	E柱 柱顶	M	-1.54	-0.10	-0.56	5.36	-5.36	43.10	-43.10	16.76	-2.15	2.67	-6.98	76.14	-35.92	-1.64	1.58	-4.86	-1.65
		N	177.76	14.55	13.65	3.80	-3.80	30.57	-30.57	189.07	252.91	256.33	249.49	266.63	187.14	192.31	194.59	190.03	180.49
		V	1.68	0.07	0.24	2.39	-2.39	19.19	-19.19	-7.10	2.29	4.44	0.14	16.43	-33.47	1.75	3.18	0.32	1.73
	E柱 柱底	M	-4.52	-0.17	-0.29	3.23	-3.23	25.97	-25.97	8.81	-6.13	-3.22	-9.04	44.33	-23.19	-4.69	-2.75	-6.63	-4.58
		N	203.84	14.55	13.65	3.80	-3.80	30.57	-30.57	225.15	286.82	290.24	283.40	309.92	230.44	218.39	220.67	216.11	206.57
		V	1.68	0.07	0.24	2.39	-2.39	19.19	-19.19	-7.10	2.29	4.44	0.14	16.43	-33.47	1.75	3.18	0.32	1.73

注: 1. 表中弯矩M单位: kN·m; 轴力N、剪力V单位: kN。
2. 弯矩以右侧受拉为正，剪力以绕杆端顺时针方向为正，轴力以受压为正。

5.4.3.3 框架梁内力组合

经内力换算、梁端负弯矩调幅后，按内力组合原则，得出基本组合、地震组合、标准组合及准永久组合下九种工况的框架梁内力组合值，详见表5.4.5。

5.4.4 框架柱内力组合

对于框架柱，在手算时为了简化起见，可采用轴线处内力值，这样算得的钢筋用量比需要的钢筋用量略微多一些，有利于实现"强柱弱梁"。

按内力组合原则，得到基本组合、地震组合、标准组合及准永久组合下九种工况的框架柱内力组合值，详见表5.4.6。

5.5 框架梁截面设计及构造措施

梁截面设计▶

框架梁截面设计包括：

（1）进行梁正截面受弯承载力计算，配置纵向受力钢筋。

（2）进行梁斜截面受剪承载力计算，配置箍筋。

（3）根据需要进行主次梁相交处等局部计算，配置附加横向钢筋。

（4）验算正常使用极限状态下框架梁的裂缝宽度是否满足要求。

钢筋选配均应满足规范规定的构造要求。

现以1层AD框架梁为例，说明计算过程。其余截面可列表进行。

5.5.1 材料及截面尺寸信息

规范5.2

如第3.2节所述，梁纵向受力钢筋、箍筋及构造筋均选用HRB400钢筋，查《混凝土结构设计规范》（GB 50010—2010）（2015年版）第4.2节：$f_y=f_y'=360$ N/mm²，$f_{yv}=360$N/mm²，$E_s=2\times10^5$N/mm²。

梁混凝土等级为C30，查《混凝土结构设计规范》（GB 50010—2010）（2015年版）第4.1节：$f_c=14.3$N/mm²，$f_t=1.43$N/mm²，$f_{tk}=2.01$N/mm²，$E_c=3\times10^4$N/mm²

如第2.3节所述，按一类环境，设计使用年限为50年，查《混凝土结构设计规范》（GB 50010—2010）（2015年版）第8.2.1条，梁最外层钢筋的混凝土保护层厚度$c=$ 20mm。

如第3.3.2节所述，KJ-9横向框架中，1层AD跨框架梁截面为300mm×700mm。

5.5.2 框架梁正截面受弯承载力计算

5.5.2.1 选取最不利组合内力

梁受弯最不
利内力▶

框架梁正截面受弯承载力设计，应取跨中及两支座为控制截面，依据各控制截面的最不利弯矩值进行。1层AD框架梁受弯最不利组合内力取值见表5.5.1。

5.5.2.2 梁跨中正截面受弯承载力计算

扩展5.9

（1）梁截面有效高度h_0。框架梁跨中截面楼板位于受压区，根据《混凝土结构设计规范》（GB 50010—2010）（2015年版）第5.2.4条规定，可以考虑楼板作为翼

表 5.5.1　　　　　　　　　1 层 AD 框架梁受弯最不利组合内力　　　　　　　　单位：kN·m

截面位置	基 本 组 合				地 震 组 合			
	$+M_{max}$	$+\gamma_0 M_{max}$	$-M_{max}$	$-\gamma_0 M_{max}$	$+M_{max}$	$+\gamma_{RE} M_{max}$	$-M_{max}$	$-\gamma_{RE} M_{max}$
跨中	197.21	216.93	—	—	175.92	131.94	—	—
A 支座	—	—	−182.60	−200.86	256.04	192.03	−462.06	−346.55
D 支座	—	—	−190.16	−209.18	171.78	128.84	−402.64	−301.98

注　1. 表中弯矩以上部受拉为负，下部受拉为正。
　　2. $\gamma_0 = 1.1$，$\gamma_{RE} = 0.75$。

扩展 5.10

缘按照 T 形截面进行配筋计算，但必须满足相应 T 形截面梁的构造条件。从施工方便的角度，这里仍按矩形截面进行设计。

规范 5.3

先按单筋截面进行设计。纵向受力钢筋考虑单排，取 $a_s = 40$mm（a_s 为梁截面所有纵向受拉钢筋的合力点到截面受拉边缘的竖向距离），则梁截面有效高度 $h_0 = h - a_s = 700 - 40 = 660$（mm）。

（2）相对界限受压区高度 ξ_b。《混凝土结构设计规范》（GB 50010—2010）（2015年版）第 6.2.7 条规定，相对界限受压区高度

有效高度◉

$$\xi_b = \frac{\beta_1}{1 + \frac{f_y}{E_s \varepsilon_{cu}}} = \frac{0.8}{1 + \frac{360}{2.0 \times 10^5 \times 0.0033}} \approx 0.518$$

式中，β_1 对 C30 混凝土取为 0.8。

$$\varepsilon_{cu} = 0.0033 - (f_{cu,k} - 50) \times 10^{-5}$$

对 C30 混凝土，$\varepsilon_{cu} = 0.0033 - (30 - 50) \times 10^{-5} > 0.0033$，取为 0.0033。

（3）计算钢筋截面面积 A_s。根据表 5.5.1，选择最大弯矩设计值 $M = 216.93$ kN·m进行计算。

《混凝土结构设计规范》（GB 50010—2010）（2015 年版）第 6.2.10 条规定，

扩展 5.11

$$\alpha_s = \frac{M}{\alpha_1 f_c b h_0^2} = \frac{216.93 \times 10^6}{1.0 \times 14.3 \times 300 \times 660^2} \approx 0.116$$

（α_1 对 C30 混凝土取为 1.0）

$$\xi = 1 - \sqrt{1 - 2\alpha_s} = 1 - \sqrt{1 - 2 \times 0.116} \approx 0.124 < \xi_b = 0.518$$

$$x = \xi h_0 = 0.124 \times 660 = 81.84 \text{(mm)}$$

扩展 5.12

$$A_s = \frac{\alpha_1 f_c b x}{f_y} = \frac{1.0 \times 14.3 \times 300 \times 81.84}{360} \approx 975 \text{(mm}^2\text{)}$$

（4）钢筋选用及构造要求。本框架抗震等级为二级。《混凝土结构设计规范》（GB 50010—2010）（2015 年版）第 11.3.6 条规定，框架梁跨中截面纵向受拉钢筋最小配筋率

规范 5.4

$$\rho_{\min}=\max[0.25\%,(55f_t/f_y)\%]=\max[0.25\%,(55\times1.43/360)]=0.25\%$$

截面计算配筋率 $\rho=\dfrac{A_s}{bh_0}=\dfrac{975}{300\times660}=0.5\%>\rho_{\min}$

故按计算配筋，钢筋选择为 4 ⏀ 20，实际 $A_s=1256\mathrm{mm}^2$。

满足《混凝土结构设计规范》（GB 50010—2010）（2015 年版）第 11.3.7 条、第 9.2.1 条构造要求：

1）二级抗震等级，钢筋直径不小于 14mm。

2）截面宽度满足钢筋单排排布要求：$4\times20+3\times25+2\times8+2\times20=211(\mathrm{mm})<b=300\mathrm{mm}$。

跨中截面下部受力钢筋全部伸入两端支座，上部通长筋根据支座配筋情况确定。

（5）梁侧纵向构造钢筋及拉筋。由于梁腹板高度 $h_w=h_0-h_f'=660-120=540$（mm）>450mm，根据《混凝土结构设计规范》（GB 50010—2010）（2015 年版）第 9.2.13 条的规定，在梁的两个侧面沿高度配置 2 根⏀12 的纵向构造钢筋（腰筋），间距200mm，配筋率 $\rho=\dfrac{A_s}{bh_w}=\dfrac{12^2\times\pi/4\times4}{300\times540}=0.28\%>0.1\%$。

两侧腰筋之间用拉筋拉结，拉筋直径与箍筋相同，间距为非加密区箍筋的 2 倍。

5.5.2.3 梁支座正截面受弯承载力计算

以受力较大的 A 支座为例，说明计算过程。其他支座列表进行，详见表 5.5.2。

表 5.5.2　　　　　1 层 AD 框架梁支座正截面承载能力计算表

截面位置	弯矩/(kN·m)	b/mm	h_0/mm	$\alpha_s=\dfrac{M}{\alpha_1f_cbh_0^2}$	$\xi=1-\sqrt{1-2\alpha_s}$ $0.1\leqslant\xi\leqslant0.35$	$x=\xi h_0$/mm	$A_s=\dfrac{\alpha_1f_cbx}{f_y}$/mm²	钢筋选配	实际配筋		$\dfrac{A_{sb}}{A_{st}}$
									A_s/mm²	配筋率/%	
支座A	346.55	300	610	0.217	0.248	151.15	1801	4 ⏀ 25	1963	1.07	0.64
支座D左	301.98	300	610	0.189	0.212	129.05	1538	2 ⏀ 25+2 ⏀ 22	1741	0.95	0.72

注　1. $\rho_{\min}=0.3\%$，$\rho_{\max}=2.5\%$。

2. A_{sb}、A_{st} 分别为支座截面底部和顶部纵向受力钢筋截面面积。

（1）梁截面内力。根据表 5.5.1，A 支座截面在荷载效应组合下，最大负弯矩 $M=-346.55\mathrm{kN\cdot m}$，最大正弯矩 $M=192.03\mathrm{kN\cdot m}$。

因跨中下部钢筋全部伸入支座，而支座最大正弯矩小于跨中最大正弯矩，故正弯矩作用下支座截面下部配筋可以满足承载能力要求。

下面仅对负弯矩作用下截面承载能力进行设计：$M=-346.55\mathrm{kN\cdot m}$。

（2）梁截面有效高度 h_0。负弯矩作用下，框架梁支座截面楼板位于受压区，按照矩形截面进行配筋计算。先按单筋截面进行设计，暂不考虑伸入支座的下部钢筋受压。当计算所得相对受压区高度超限时，再考虑下部钢筋受压，按双筋截面进行设计。

上部纵向受力钢筋考虑双排布置，取 $a_s=90\mathrm{mm}$，则在支座处梁截面有效高度 $h_0=$

扩展5.13
规范5.5
扩展5.14
规范5.6

扩展5.15

$h - a_s = 700 - 90 = 610 \text{(mm)}$。

（3）相对受压区高度限值 ξ。由于梁支座负弯矩进行了调幅，根据《混凝土结构设计规范》（GB 50010—2010）（2015 年版）第 5.4.3 条规定，弯矩调幅后的梁端截面相对受压区高度 $0.1 \leqslant \xi \leqslant 0.35$。

规范 5.7

（4）计算钢筋截面面积 A_s。

$$\alpha_s = \frac{M}{\alpha_1 f_c b h_0^2} = \frac{346.55 \times 10^6}{1.0 \times 14.3 \times 300 \times 610^2} \approx 0.217$$

$$\xi = 1 - \sqrt{1 - 2\alpha_s} = 1 - \sqrt{1 - 2 \times 0.217} \approx 0.248 < 0.35$$

$$x = \xi h_0 = 0.248 \times 610 = 151.28 \text{(mm)}$$

扩展 5.16

$$A_s = \frac{\alpha_1 f_c b x}{f_y} = \frac{1.0 \times 14.3 \times 300 \times 151.28}{360} \approx 1803 \text{(mm}^2)$$

（5）钢筋选用及构造要求。本框架抗震等级为二级。《混凝土结构设计规范》（GB 50010—2010）（2015 年版）第 11.3.6 条、11.3.7 条规定，框架梁支座截面纵向受拉钢筋最小配筋率

规范 5.8

$$\rho_{\min} = \max\left[0.3\%, \left(\frac{65 f_t / f_y}{100}\right) \times 100\%\right] = \max\left[0.3\%, \left(\frac{65 \times 1.43/360}{100}\right) \times 100\%\right]$$

$$= 0.3\%$$

$$\rho_{\max} = 2.5\%$$

截面计算配筋率 $\qquad \rho = \dfrac{A_s}{b h_0} = \dfrac{1803}{300 \times 660} \approx 0.91\% > \rho_{\min}$

扩展 5.17

故按计算配筋，钢筋选择为：4 Φ 25，实际 $A_s = 1963 \text{mm}^2$。

满足《混凝土结构设计规范》（GB 50010—2010）（2015 年版）第 11.3.7 条、第 9.2.1 条、第 11.3.6 条构造要求：

1）二级抗震等级，钢筋直径不小于 14mm。

规范 5.9

2）截面宽度满足钢筋单排排布要求：$4 \times 25 + 3 \times 37.5 + 2 \times 8 + 2 \times 20 = 268.5$ （mm）$< b = 300\text{mm}$。

3）二级抗震等级，底部和顶部纵向受力钢筋截面面积之比：$\dfrac{A_{st}}{A_{sb}} = \dfrac{1256}{1963} \approx 0.64 > 0.3$。

扩展 5.18

取上部通长筋为 2 Φ 25，不少于梁两端顶面纵向受力钢筋中较大截面面积的 1/4，满足构造要求。

5.5.3 梁斜截面受剪承载力计算

5.5.3.1 选取最不利组合内力

规范 5.10

本框架梁斜截面受剪承载力设计取两支座边缘为控制截面，依据各控制截面的最不利剪力及其相应的弯矩值进行。1 层 AD 框架梁受剪最不利组合内力取值见表 5.5.3。

梁受剪最不利内力 ▶

概念 5.7

表 5.5.3 　　　　　　　　**1 层 AD 框架梁受剪最不利组合内力**

截面位置	无 震 组 合			有 震 组 合		
	V_{max} /kN	M /(kN·m)	$\gamma_0 V_{max}$ /kN	V_{max} /kN	M /(kN·m)	$\gamma_{RE} V_{max}$ /kN
A 支座	180.38	−84.1	198.42	217.53	256.04	184.90
D 支座	−186.95	111.73	−205.65	−221.54	−171.78	−188.31

注　1. 弯矩、剪力符号同内力组合表，以绕杆端顺时针为正逆时针为负。
　　2. 表中 $\gamma_0 = 1.1$，$\gamma_{RE} = 0.85$。

扩展 5.19

5.5.3.2　非抗震时框架梁斜截面承载力计算

取剪力最大的 D 支座截面进行计算。

（1）梁截面尺寸验算。根据《混凝土结构设计规范》（GB 50010—2010）（2015 年版）第 6.3.1 条规定，矩形截面的腹板高度 $h_w = h_0 = 610\text{mm}$，$\dfrac{h_w}{b} = \dfrac{610}{300} = 2.03 < 4$，则

$$0.25 \times \beta_c f_c b h_0 = 0.25 \times 1.0 \times 14.3 \times 300 \times 610 \times 10^{-3} \approx 654.2(\text{kN}) > V = 205.65\text{kN}$$

式中，β_c 对 C30 混凝土，取 1.0

故受剪截面尺寸符合要求。

扩展 5.20

（2）计算箍筋截面面积 A_{sv}。按仅配置箍筋考虑，梁斜截面受剪承载力应满足：

$$V \leq 0.7 f_t b h_0 + f_{yv} \frac{A_{sv}}{s} h_0。$$

$$0.7 f_t b h_0 = 0.7 \times 1.43 \times 300 \times 610 \times 10^{-3} \approx 183.2(\text{kN}) < V = 205.65\text{kN}$$

应按照计算配筋。

$$\frac{A_{sv}}{s} = \frac{V - 0.7 f_t b h_0}{f_{yv} h_0} = \frac{(205.65 - 183.2) \times 1000}{360 \times 610} \approx 0.10$$

（3）钢筋选用及构造要求。根据《混凝土结构设计规范》（GB 50010—2010）（2015 年版）第 9.2.9 条规定：

规范 5.11

箍筋最小配筋率 $\rho_{sv,min} = 0.24 \dfrac{f_t}{f_{yv}} = 0.24 \times \dfrac{1.43}{360} \approx 0.10\%$

梁高 $h = 700\text{mm} > 300\text{mm}$，应沿梁全长配置箍筋。

梁宽 $b = 300\text{mm} < 350\text{mm}$，且不考虑纵向钢筋受压，采用双肢箍。

梁高 $h = 700\text{mm} < 800\text{mm}$，箍筋直径不小于 6mm，最大间距不超过 350mm。

综上，选择沿梁全长配置箍筋 ⏀8@300(2)，则：

$$\frac{A_{sv}}{s} = \frac{\pi \times 8^2 / 4 \times 2}{300} \approx 0.33 > 0.10，满足计算要求。$$

$$\rho_{sv} = \frac{A_{sv}}{bs} = \frac{\pi \times 8^2 / 4 \times 2}{300 \times 300} = 0.112\% > \rho_{sv,min} = 0.10\%，满足构造要求。$$

概念 5.8

1 层 AD 框架梁非抗震时斜截面承载力计算见表 5.5.4。

表 5.5.4　　　　　　　1 层 AD 框架梁非抗震时斜截面承载力计算表

截面位置	V /kN	b /mm	h_0 /mm	$0.25\beta_c f_c bh_0$ /kN	$0.7 f_t bh_0$ /kN	$\dfrac{A_{sv}}{s}=\dfrac{V-0.7 f_t bh_0}{f_{yv} h_0}$	钢筋选配	$\rho=\dfrac{A_{sv}}{bs}$
AD梁	205.65	300	610	654.2	183.2	0.10	Φ 8@300(2)	0.72

注　$\rho_{sv,\min}=0.10\%$。

5.5.3.3　抗震时框架梁斜截面承载力计算

取剪力最大的 D 支座截面进行计算。

(1) 计算 V_b（考虑地震组合的梁端剪力设计值增强）。本框架抗震等级二级，根据《混凝土结构设计规范》（GB 50010—2010）（2015 年版）第 11.3.2 条规定：$V_b=1.2\dfrac{M_b^l+M_b^r}{l_n}+V_{Gb}$

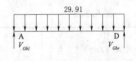
强剪弱弯

规范 5.12

概念 5.9

根据结构平面布置图，梁的净跨　$l_n=8300-500-500=7300$（mm）；

$M_b^l+M_b^r$ 为两种地震组合下，按"逆时针或顺时针"方向分别计算的梁端弯矩设计值之和并取较大值，即取逆时针方向之和以及顺时针方向之和两者弯矩绝对值的较大值。

对于 1 层 AD 框架梁，在地震组合下，由表 5.4.9 可知

顺时针方向：　　　$M_b^l=256.04\text{kN}\cdot\text{m}, M_b^r=402.64\text{kN}\cdot\text{m}$，

　　　　　　　$M_b^l+M_b^r=256.04+402.64=658.68(\text{kN}\cdot\text{m})$

逆时针方向：　　　$M_b^l=462.06\text{kN}\cdot\text{m}, M_b^r=171.78\text{kN}\cdot\text{m}$，

　　　　　　　$M_b^l+M_b^r=462.06+171.78=633.84(\text{kN}\cdot\text{m})$

故取　　　　　　　　$M_b^l+M_b^r=658.68\text{kN}\cdot\text{m}$

V_{Gb} 为梁在重力荷载代表值作用下，按简支梁分析的梁端截面剪力设计值，取梁中最大剪力值。重力荷载代表值作用下 1 层 AD 简支梁的计算简图如图 5.5.1 所示。

$$V_{Gb}=\frac{ql_n}{2}=\frac{29.9\times7.3}{2}\approx109.14(\text{kN})$$

所以，$V_b=1.2\dfrac{M_b^l+M_b^r}{7.3}+V_{Gb}=1.2\times\dfrac{658.68}{7.3}+109.14$

$=217.42\text{kN}$

图 5.5.1　重力荷载代表值作用下 1 层 AD 简支梁

由表 5.5.3 有震组合得到 D 支座剪力的最大值为 221.54kN＞217.42kN，所以最终取梁端剪力设计值 $V=221.54\text{kN}$ 进行斜截面承载能力计算。

(2) 梁截面尺寸验算。根据《混凝土结构设计规范》（GB 50010—2010）（2015 年版）第 11.3.3 条规定，矩形截面框架梁的跨高比 $\dfrac{l_n}{h}=\dfrac{7300}{700}=10.4>2.5$，则

规范 5.13

$0.2\beta_c f_c bh_0=0.2\times1.0\times14.3\times300\times610\times10^{-3}=523.38$（kN）$>\gamma_{RE}V=0.85\times221.54=188.31$（kN）

式中，β_c 对 C30 混凝土，取 1.0 故受剪截面尺寸符合要求。

(3) 计算箍筋截面面积 A_{sv}。按仅配置箍筋考虑，考虑地震组合的框架梁斜截面受剪承载力应满足：

$$V \leqslant \left[0.42 f_t b h_0 + f_{yv} \frac{A_{sv}}{s} h_0 \right] / \gamma_{RE}$$

$0.42 f_t b h_0 = 0.42 \times 1.43 \times 300 \times 610 \times 10^{-3} = 109.91 (\text{kN}) < \gamma_{RE} V = 188.31 \text{kN}$

需要按照计算配筋。

$$\frac{A_{sv}}{s} = \frac{\gamma_{RE} V - 0.42 f_t b h_0}{f_{yv} h_0} = \frac{(188.31 - 109.91) \times 1000}{360 \times 610} \approx 0.36 (\text{mm}^2/\text{mm})$$

规范 5.14

（4）钢筋选用及构造要求。本框架抗震等级二级，根据《混凝土结构设计规范》（GB 50010—2010）（2015 年版）第 11.3.9 条规定：沿梁全长箍筋的最小面积配筋率

$$\rho_{sv,min} = 0.28 \frac{f_t}{f_{vy}} = 0.28 \times \frac{1.43}{360} = 0.111\%。$$

本框架抗震等级二级，根据《混凝土结构设计规范》（GB 50010—2010）（2015 年版）第 11.3.6 条规定：框架梁梁端箍筋加密区长度为 $\max(1.5h, 500) = \max(1.5 \times 700, 500) = 1050\text{mm}$，箍筋最大间距取 $s_{max} = \min(8d, h/4, 100) = \min(8 \times 25, 700/4, 100) = 100\text{mm}$ 箍筋最小直径为 8mm。

扩展 5.21

规范 5.15

同时，非加密区的箍筋间距不大于加密区箍筋间距的 2 倍。综上，沿梁全长非加密区配置箍筋 Φ8@200(2)，则：

$$\frac{A_{sv}}{s} = \frac{\pi \times 8^2/4 \times 2}{200} \approx 0.50 > 0.36，满足计算要求。$$

$$\rho_{sv} = \frac{A_{sv}}{bs} = \frac{\pi \times 8^2/4 \times 2}{300 \times 200} \approx 0.167\% > \rho_{sv,min} = 0.111\%，满足构造要求。$$

自柱边 50～1050mm 范围内为加密区，配置箍筋 Φ8@100(2)。

1 层 AD 框架梁抗震时斜截面承载力计算见表 5.5.5。

表 5.5.5　　　　　　　1 层 AD 框架梁抗震时斜截面承载力计算表

截面位置	$\gamma_{RE}V$ /kN	b /mm	h_0 /mm	$0.2\beta_c f_c b h_0$ /kN	$0.42 f_t b h_0$ /kN	$\frac{A_{sv}}{s} = \frac{\gamma_{RE}V - 0.42 f_t b h_0}{f_{yv} h_0}$	加密区		非加密区		
							配筋	长度 /mm	配筋	$\frac{A_{sv}}{s}$	$\rho = \frac{A_{sv}}{bs}$
AD 梁	188.31	300	610	523.4	109.9	0.36	Φ8@100 (2)	1050	Φ8@200 (2)	0.5	0.167

注　$\gamma_{RE} = 0.85$，$\rho_{sv,min} = 0.111\%$。

5.5.4　框架梁裂缝宽度验算

规范 5.16

以 1 层 AD 框架梁为例，其他可列表计算。

如 2.3.1 节所述，本框架环境类别为一类，根据《混凝土结构设计规范》（GB 50010—2010）（2015 年版）第 3.4.5 条规定：裂缝控制等级为三级，$\omega_{lim} = 0.3\text{mm}$。

根据《混凝土结构设计规范》（GB 50010—2010）（2015 年版）第 7.1.1 条规定：三级裂缝控制等级时，混凝土构件的最大裂缝宽度 W_{max} 按荷载准永久组合并考虑长期作用影响的效应计算，并满足：$W_{max} \leqslant W_{lim}$。

根据《混凝土结构设计规范》（GB 50010—2010）（2015 年版）第 7.1.2、7.1.4

条规定：矩形截面的钢筋混凝土受弯构件中，按荷载准永久组合并考虑长期作用影响的最大裂缝宽度可按下列公式计算：

$$\omega_{\max} = \alpha_{cr}\psi\frac{\sigma_{sq}}{E_s}\left(1.9c_s + 0.08\frac{d_{eq}}{\rho_{te}}\right)$$

（1）构件受力特征系数α_{cr}，对受弯钢筋混凝土构件取 1.9。

（2）按荷载准永久组合计算的构件纵向受拉普通钢筋的应力$\sigma_{sq}=\dfrac{M_{sq}}{0.87h_0A_s}$，$\sigma_{sq}$列表计算见表 5.5.6。

规范 5.17

表 5.5.6　1 层 AD 框架梁按荷载准永久组合计算的纵向受拉钢筋的应力σ_{sq}

截面位置	准永久组合下截面弯矩M_{sq} /(kN·m)	受拉区纵向钢筋面积A_s /mm^2	截面有效高度h_0 /mm	钢筋应力 $\sigma_{sq}=\dfrac{M_{sq}}{0.87h_0A_s}$ /(N/mm^2)
跨中	119.77	1256	660	166.07
支座 A	85.62	1963	610	82.19
支座 D 左	96.26	1741	610	104.18

（3）钢筋弹性模量，如 5.5.1 节所述，$E_s=2\times10^5\text{N/mm}^2$。

（4）最外层纵向受拉钢筋外边缘至受拉区底边的距离c_s。

如 5.5.1 节所述，最外层钢筋的混凝土保护层厚度$c=20\text{mm}$。

如 5.5.3.3 节所述，箍筋直径$d_{箍}=8\text{mm}$。

对跨中截面：$c_s=c+d_{箍}=20+8=28(\text{mm})$

对支座截面：$c_s=c_板+d_板+d_{次梁}=15+10+20=45(\text{mm})$

当$c_s<20\text{mm}$时取为 20mm，$c_s>65\text{mm}$时取为 65mm。

概念 5.10

（5）受拉区纵向钢筋等效直径$d_{eq}=\dfrac{\sum n_id_i^2}{\sum n_i\nu_id_i}$

如 5.5.1 节所述，选用 HRB400 钢筋，其相对黏结特性系数$\nu_i=1.0$。

当截面受拉钢筋只配一种直径，则$d_{eq}=d$。

（6）按有效受拉混凝土截面面积计算的纵向受拉钢筋配筋率$\rho_{te}=\dfrac{A_s}{A_{te}}\geqslant0.01$。

对受弯构件，取有效受拉混凝土截面面积$A_{te}=0.5bh=0.5\times300\times700=105000$（mm^2）

（7）裂缝间纵向受拉钢筋应变不均匀系数$\psi=1.1-0.65\dfrac{f_{tk}}{\rho_{te}\sigma_{sq}}$，$0.2\leqslant\psi\leqslant1.0$

如 5.5.1 节所述，$f_{tk}=2.01\text{N/mm}^2$，则

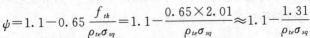
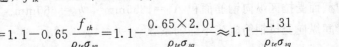
概念 5.11

$$\psi=1.1-0.65\frac{f_{tk}}{\rho_{te}\sigma_{sq}}=1.1-\frac{0.65\times2.01}{\rho_{te}\sigma_{sq}}\approx1.1-\frac{1.31}{\rho_{te}\sigma_{sq}}$$

裂缝宽度验算过程详见表 5.5.7。

表 5.5.7　　　　　　　　　　　　1 层 AD 框架梁裂缝宽度验算

截面位置	截面配筋	A_s /mm²	A_{te} /mm²	$\rho_{te}=\dfrac{A_s}{A_{te}}$	σ_{sq} /(N/mm²)	$\psi=1.1-\dfrac{1.31}{\rho_{te}\sigma_{sq}}$	$d_{eq}=\dfrac{\sum n_i d_i^2}{\sum n_i \nu_i d_i}$ /mm	c_s /mm	$\omega_{max}=\alpha_{cr}\psi\dfrac{\sigma_{sq}}{E_s}\left(1.9c_s+0.08\dfrac{d_{eq}}{\rho_{te}}\right)$ /mm
跨中	4 ⏀ 20	1256	105000	0.01	166.07	0.44	20	28	0.13
支座 A	4 ⏀ 25	1963	105000	0.02	82.19	0.25	25	28	0.04
支座 D 左	2 ⏀ 25＋2 ⏀ 22	1741	105000	0.02	104.18	0.34	23.6	28	0.07

注　1. $\alpha_{cr}=1.9$，$E_s=2\times10^5$ N/mm²，$\nu_i=1.0$。

2. 当 $\rho_{te}<0.01$ 时，取为 0.01。

3. 当 $\psi<0.2$ 时，取为 0.2；当 $\psi>1.0$ 时，取为 1.0。

4. 对跨中截面，$c_s=28$mm；对支座截面，$c_s=45$mm。

从表 5.5.7 可知，1 层 AD 框架梁各截面最大裂缝宽度 ω_{max} 均小于 ω_{lim}（0.3mm），符合要求。

5.5.5　框架梁挠度验算

以 1 层 AD 框架梁为例，其他可列表计算。

如图 3.4.1 所示，AD 梁 $l_0=7900$mm，根据《混凝土结构设计规范》（GB 50010—2010）（2015 年版）第 3.4.3 条规定：容许最大挠度 $[f_{max}]=l_0/250=7900/250=31.6$（mm）。

查《实用建筑结构静力计算手册》，均布荷载作用下两端固定梁最大挠度发生在跨中：$f_{max}=\dfrac{ql^4}{384EI}$。

其中，最大挠度 f_{max} 应按荷载的准永久组合，并考虑荷载长期作用的影响进行计算，并满足 $f_{max}\leqslant[f_{max}]$。

（1）长期刚度 B。根据《混凝土结构设计规范》（GB 50010—2010）（2015 年版）第 7.2.2 条规定：矩形截面的钢筋混凝土受弯构件考虑长期作用影响的刚度 $B=\dfrac{B_s}{\theta}$。

（2）短期刚度 B_s。根据《混凝土结构设计规范》（GB 50010—2010）（2015 年版）第 7.2.3 条规定：按荷载准永久组合计算的钢筋混凝土受弯构件短期刚度 B_s：

$$B_s=\dfrac{E_s A_s h_0^2}{1.15\psi+0.2+\dfrac{6\alpha_E\rho}{1+0.5\gamma_f}}$$

钢筋弹性模量 $E_s=2\times10^5$ N/mm²。

跨中截面受拉区纵向钢筋面积 $A_s=1256$mm²，$h_0=660$mm。

裂缝间纵向受拉钢筋应变不均匀系数 $\psi=0.44$。

钢筋弹性模量与混凝土弹性模量的比值，$\alpha_E=\dfrac{E_s}{E_c}=\dfrac{2\times10^5}{3\times10^4}\approx6.67$。

扩展 5.22

规范 5.18

扩展 5.23

扩展 5.24

纵向受拉钢筋配筋率，$\rho=\dfrac{A_s}{bh_0}=\dfrac{1256}{300\times660}\approx0.6\%$。

受拉翼缘截面面积与腹板有效截面面积的比值，$\gamma_f=\dfrac{(b_f-b)\,h_f}{bh_0}=0$。

则，$B_s=\dfrac{2\times10^5\times1256\times660^2}{1.15\times0.44+0.2+\dfrac{6\times6.67\times0.6\%}{1+0}}\approx1.16\times10^{14}(\text{N}\cdot\text{mm}^2)$

（3）影响系数 θ。根据《混凝土结构设计规范》（GB 50010—2010）（2015 年版）第 7.2.5 条规定：因截面不配置受压钢筋，考虑荷载长期作用对挠度增大的影响系数 $\theta=2.0$，则

$$B=\dfrac{B_s}{\theta}=\dfrac{1.16\times10^{14}}{2}=5.8\times10^{13}(\text{N}\cdot\text{mm}^2)$$

（4）荷载的准永久组合值。

$$q=\text{恒}+0.5\,\text{活}=29.91\text{kN/m}$$

（5）最大挠度 $f_{\max}$。

$$f_{\max}=\dfrac{29.91\times7900^4}{384\times5.8\times10^{13}}\approx5.23\text{mm}<[f_{\max}]=31.6\text{mm}$$

故，1 层 AD 框架梁最大挠度满足要求。

概念 5.12

扩展 5.25

5.6 框架柱截面设计及构造措施

框架柱截面设计包括：
（1）进行柱轴压比验算。
（2）进行柱正截面受压承载力计算，配置纵向受力钢筋。
（3）进行柱斜截面受剪承载力计算，配置箍筋。
（4）验算正常使用极限状态下框架柱的裂缝宽度是否满足要求。
上述钢筋选配均应满足规范规定的构造要求。

框架柱截面设计▶

5.6.1 材料及截面尺寸

如第 3.2 节所述，柱纵向受力钢筋、箍筋及构造筋均选用 HRB400 钢筋，查《混凝土结构设计规范》（GB 50010—2010）（2015 年版）第 4.2 节：$f_y=f'_y=360$ N/mm²，$f_{yv}=360\text{N/mm}^2$，$E_s=2\times10^5\text{N/mm}^2$。

柱混凝土等级为 C30，查《混凝土结构设计规范》（GB 50010—2010）（2015 年版）第 4.1 节：$f_c=14.3\text{N/mm}^2$，$f_t=1.43\text{N/mm}^2$，$f_{tk}=2.01\text{N/mm}^2$。

概念 5.13

如第 2.3 节所述，按一类环境，设计使用年限为 50 年，查《混凝土结构设计规范》（GB 50010—2010）（2015 年版）第 8.2.1 条，柱最外层钢筋的混凝土保护层厚度 $c=20\text{mm}$。

如第 3.3.3 节所述，KJ-9 横向框架中，A、D 柱截面为 600mm×600mm，E 柱截面为 500mm×500mm。

规范 5.19

概念 5.14

规范 5.20

5.6.2 柱轴压比验算

本框架抗震等级二级，根据《混凝土结构设计规范》（GB 50010—2010）（2015年版）第 11.4.16 条规定，轴压比限值为 0.75。

KJ-9 底层各框架柱轴压比计算见表 5.6.1。

表 5.6.1　　　　　　　　　　　　KJ-9 底层各框架柱轴压比计算表

柱位置	轴力 N /kN	b /mm	h /mm	f_c /(N/mm^2)	轴压比 $\mu = \dfrac{N}{f_c bh}$
A	3091.18	600	600	14.3	0.60
D	3421.88	600	600	14.3	0.66
E	1858.92	500	500	14.3	0.52

轴压比验算 ▶

注　轴力为地震作用组合下 1 层各柱底最大轴力，由表 5.4.10 查得。

表 5.6.1 中数据均满足 $\mu \leqslant [\mu_N] = 0.75$。

由于柱截面沿楼高不变，则其他各柱轴压比均满足限值要求。

以下承载力计算均以 KJ-9 中 1 层 A 柱为例，说明计算过程。其余截面可列表进行。

5.6.3 框架柱正截面受压承载力计算

5.6.3.1 基本组合下柱的正截面受压承载力计算

扩展 5.26

（1）选取最不利组合内力。框架柱为压弯构件，一般取柱上、下两端为控制截面，依据各控制截面的最不利内力组合值进行截面设计，采用对称配筋。各控制截面需要考虑的最不利内力组合包括：①最大轴力 N_{max} 及相应 M、V；②最小轴力 N_{min} 及相应 M、V；③最大弯矩 $|M_{max}|$ 及相应 N、V。

根据表 5.4.10 框架柱内力组合表，基本组合下 1 层 A 柱可能出现的最不利组合内力取值见表 5.6.2。

表 5.6.2　　　　　　　　基本组合下 1 层 A 柱可能出现的最不利组合内力

柱正截面受压最不利组合内力（基本组合）▶

截面位置	N_{max} 及相应 M、V			N_{min} 及相应 M、V			$|M_{max}|$ 及相应 N、V		
	N_{max} /kN	M /(kN·m)	V /kN	N_{min} /kN	M /(kN·m)	V /kN	N /kN	$|M_{max}|$ /(kN·m)	V /kN
柱顶	3387.81	−15.16	−32.19	3325.23	−82.78	3.94	3325.23	−82.78	3.94
柱底	3455.64	−35.63	−32.19	3393.05	84.60	3.94	3393.05	84.60	3.94

注　弯矩以右侧受拉为正，剪力以绕杆端顺时针方向为正，轴力以受压为正。

由于很难判断表中哪种内力组合的配筋结果最大，因此应对非抗震作用下 1 层 A 柱可能出现的三种最不利组合内力均做计算，然后从中选取最大配筋。

扩展 5.27

（2）柱截面有效高度 h_0。纵向受力钢筋考虑单排，取 $a_s = a'_s = 40\text{mm}$（a_s、a'_s 为柱截面所有纵向受拉、受压钢筋的合力点到截面受拉、受压边缘的竖向距离），则柱截面有效高度 $h_0 = h - a_s = 600 - 40 = 560(\text{mm})$。

（3）相对界限受压区高度 ξ_b。如 5.5.2.2 节所述，相对界限受压区高度 $\xi_b = 0.518$。

（4）考虑二阶效应的弯矩调整。由 4.4.2 节可知，框架各层刚重比均满足 $\dfrac{D_i h_i}{\sum\limits_{j=i}^{n} G_j} \geqslant$

概念 5.15

20，根据《高层建筑混凝土结构技术规程》（JGJ3—2010）第 5.4.1 条，可不考虑重力二阶效应（$P-\Delta$ 效应）的不利影响。

规范 5.21

根据《混凝土结构设计规范》（GB 50010—2010）（2015 年版）第 6.2.3 条的规定，按照杆端弯矩比 M_1/M_2、轴压比及长细比，判断是否考虑挠曲二阶效应（$P-\delta$ 效应）。具体见表 5.6.3。

柱挠曲二阶
效应判定▶

表 5.6.3　基本组合下 1 层 A 柱最不利内力组合下 $P-\delta$ 效应判定

内力组合情况	M_1 /(kN·m)	M_2 /(kN·m)	M_1/M_2	计算长度 l_c/mm	b /mm	h /mm	回转半径 $i=h/2\sqrt{3}$	长细比 l_c/i	$34-12$ (M_1/M_2)
N_{max}	−15.16	−35.63	0.43	5200	600	600	173.2	30.0	28.9
N_{min}	−82.78	84.60	−0.98	5200	600	600	173.2	30.0	45.7
$\lvert M_{max}\rvert$	−82.78	84.60	−0.98	5200	600	600	173.2	30.0	45.7

注　对同一组合中的柱端弯矩设计值，取绝对值较大端为 M_2，绝对值较小端为 M_1。

概念 5.16

由表 5.6.3 中数据可知，非抗震作用下底层 A 柱轴压比 $\mu=0.6<0.9$，可能出现的三种最不利内力组合，杆端弯矩比 M_1/M_2 均小于 0.9，第②、③种组合（N_{min} 及 $\lvert M_{max}\rvert$）下，长细比满足 $l_c/i\leqslant[34-12(M_1/M_2)]$，因此可不考虑 $P-\delta$ 效应。第①种组合（N_{max}）下，长细比满足 $l_c/i>[34-12(M_1/M_2)]$，因此需要考虑 $P-\delta$ 效应，采用《混凝土结构设计规范》（GB 50010—2010）（2015 年版）第 6.2.4 条 $C_m-\eta_{ns}$ 法，求得考虑 $P-\delta$ 效应后柱中出现的新的控制截面的弯矩设计值：$M'=C_m\eta_{ns}M_2$

扩展 5.28

构件端截面偏心距调节系数：$C_m=0.7+0.3\times\dfrac{M_1}{M_2}=0.7+0.3\times0.43\approx0.83(>0.7)$

弯矩增大系数：$\eta_{ns}=1+\dfrac{1}{1300(M_2/N+e_a)/h_0}\left(\dfrac{l_c}{h}\right)^2\xi_c$

与弯矩设计值 M_2 相应的轴向压力设计值：$N=3455.64\text{kN}$

偏心受压构件的截面曲率修正系数：$\xi_c=\dfrac{0.5f_cA}{N}=\dfrac{0.5\times14.3\times560^2}{3455.64\times10^3}\approx0.65(<1.0)$

附加偏心距：$e_a=\max\left\{20\text{mm},\dfrac{h}{30}\right\}=\max\left\{20\text{mm},\dfrac{600}{30}\right\}=20\text{mm}$

则，$\eta_{ns}=1+\dfrac{1}{1300\times[35.63\times10^6/(3455.64\times10^3)+20]/560}\times\left(\dfrac{5200}{600}\right)^2\times0.65\approx0.69$

规范 5.22

则，$C_m\eta_{ns}=0.83\times0.69\approx0.57<1.0$，所以取 $C_m\eta_{ns}=1.0$

即弯矩没有放大，仍取原来的数值 $M_2=-35.63\text{kN·m}$。

（5）计算钢筋截面面积 A_s、A_s'。

以下为组合①的计算过程，其余组合计算见表 5.6.4。

考虑对称配筋，根据《混凝土结构设计规范》（GB 50010—2010）（2015 年版）第 6.2.17 条的规定：

规范 5.23

轴向压力对截面重心的偏心距：$e_0=\dfrac{M}{N}=\dfrac{35.63\times10^6}{3455.64\times10^3}\approx10.3(\text{mm})$

附加偏心距：$e_a=\max\left\{20\text{mm},\dfrac{h}{30}\right\}=\max\left\{20\text{mm},\dfrac{600}{30}\right\}=20\text{mm}$

扩展 5.29

初始偏心矩：$e_i = e_0 + e_a = 10.3 + 20 = 30.3(\text{mm})$

轴向压力作用点至纵向受拉钢筋合力点的距离 $e = e_i + \dfrac{h}{2} - a_s = 30.3 + \dfrac{600}{2} - 40 = 290.3(\text{mm})$

受压区高度：$x = \dfrac{\gamma_0 N}{\alpha_1 f_c b} = \dfrac{1.1 \times 3455.64 \times 1000}{1 \times 14.3 \times 600} \approx 443.0(\text{mm})$

相对受压区高度：$\xi = \dfrac{x}{h_0} = \dfrac{443}{560} \approx 0.79 > \xi_b$

因此为<u>小偏心受压柱</u>，按下式计算：

$$A_s = A_s' = \dfrac{\gamma_0 Ne - \alpha_1 f_c b h_0^2 \xi'(1 - 0.5\xi')}{f_y'(h_0 - a_s')}$$

此处，

$$\xi' = \dfrac{\gamma_0 N - \alpha_1 f_c b h_0 \xi_b}{\dfrac{\gamma_0 Ne - 0.43\alpha_1 f_c b h_0^2}{(\beta_1 - \xi_b)(h_0 - a_s')} + \alpha_1 f_c b h_0} + \xi_b$$

$$= \dfrac{1.1 \times 3455.64 \times 10^3 - 1.0 \times 14.3 \times 600 \times 560 \times 0.518}{\dfrac{1.1 \times 3455.64 \times 10^3 \times 290.3 - 0.43 \times 1.0 \times 14.3 \times 600 \times 560^2}{(1.0 - 0.518)(560 - 40)} + 1.0 \times 14.3 \times 600 \times 560}$$

$$+ 0.518 \approx 0.804$$

则，

$$A_s = A_s' = \dfrac{1.1 \times 3455.64 \times 10^3 \times 290.3 - 1.0 \times 14.3 \times 600 \times 560^2 \times 0.804 \times (1 - 0.5 \times 0.804)}{360 \times (560 - 40)}$$

$$\approx -1016(\text{mm}^2)$$

其余内力组合下计算所需钢筋面积见表 5.6.4。

表 5.6.4　　　　　　　　基本组合下 1 层 A 柱最正截面配筋计算表

内力组合	b/mm	h/mm	h_0/mm	M/(kN·m)	N/kN	$e_0 = \frac{M}{N}$/mm	$e_i = e_0 + e_a$/mm	$e = e_i + \frac{h}{2} - a_s$/mm	$x = \frac{\gamma_0 N}{\alpha_1 f_c b}$/mm	$\xi = \frac{x}{h_0}$	偏心类型	ξ'	A_s'/mm²
$N_{\max}$	600	600	560	35.63	3455.64	10.3	30.3	290.3	443.03	0.791	小偏压	0.804	-1016
$N_{\min}$	600	600	560	84.6	3393.05	24.9	44.9	304.9	435.01	0.777	小偏压	0.781	-762
$|M_{\max}|$	600	600	560	84.6	3393.05	24.9	44.9	304.9	435.01	0.777	小偏压	0.781	-762

注　1. $\gamma_0 = 1.1$，$e_a = 20\text{mm}$，$a_s = a_s' = 40\text{mm}$，$\alpha_1 = 1.0$，$f_c = 14.3\text{N/mm}^2$，$\xi_b = 0.518$。

2. 当 $\xi \le \xi_b$ 时，为大偏心受压构件；当 $\xi > \xi_b$ 时，为小偏心受压构件。

3. 当 $2a_s' \le x \le \xi_b h_0$ 时，$A_s = A_s' = \dfrac{\gamma_0 Ne - \alpha_1 f_c bx\left(h_0 - \frac{x}{2}\right)}{f_y'(h_0 - a_s')}$；

当 $x < 2a_s'$ 时，$A_s = A_s' = \dfrac{\gamma_0 Ne_s'}{f_y(h_0 - a_s')}$；当 $x > \xi_b h_0$ 时，$A_s = A_s' = \dfrac{\gamma_0 Ne - \alpha_1 f_c bh_0^2 \xi'(1 - 0.5\xi')}{f_y'(h_0 - a_s')}$，

其中，$\xi' = \dfrac{\gamma_0 N - \alpha_1 f_c b h_0 \xi_b}{\dfrac{\gamma_0 Ne - 0.43\alpha_1 f_c b h_0^2}{(\beta_1 - \xi_b)(h_0 - a_s')} + \alpha_1 f_c b h_0} + \xi_b$。

5.6.3.2　地震组合下柱的正截面受压承载力计算

（1）选取最不利组合内力。与基本组合类似，取柱上、下两端为控制截面，依据

各控制截面的最不利内力组合值进行截面设计，采用对称配筋。各控制截面需要考虑的最不利内力组合包括：①最大轴力 N_{max} 及相应 M、V；②最小轴力 N_{min} 及相应 M、V；③最大弯矩 $|M_{max}|$ 及相应 N、V。

根据表 5.4.10 框架柱内力组合表，地震组合下 1 层 A 柱可能出现的最不利组合内力取值见表 5.6.5。

表 5.6.5   **地震组合下 1 层 A 柱可能出现的最不利组合内力**

截面位置	①N_{max} 及相应 M、V			②N_{min} 及相应 M、V			③ $\|M_{max}\|$ 及相应 N、V		
	N_{max} /kN	M /(kN·m)	V /kN	N_{min} /kN	M /(kN·m)	V /kN	N /kN	$\|M_{max}\|$ /(kN·m)	V /kN
柱顶	3028.57	197.41	−135.30	2494.07	−269.99	114.37	2494.07	−269.99	114.37
柱底	3091.18	−397.32	−135.30	2556.67	433.61	114.37	2556.67	433.61	114.37

注 弯矩以右侧受拉为正，剪力以绕杆端顺时针方向为正，轴力以受压为正。

柱正截面受压最不利组合内力（地震组合）▶

由于很难判断表中哪种内力组合的配筋结果最大，因此应对抗震作用下 1 层 A 柱可能出现的最不利组合内力均做计算，然后从中选取最大配筋。

（2）柱截面有效高度 h_0。

纵向受力钢筋考虑单排，取 $a_s = a_s' = 40\text{mm}$（a_s、a_s' 为柱截面所有纵向受拉、受压钢筋的合力点到截面受拉、受压边缘的竖向距离），则柱截面有效高度 $h_0 = h - a_s = 600 - 40 = 560$（mm）。

（3）相对界限受压区高度 ξ_b。如 5.5.2.2 节所述，相对界限受压区高度 $\xi_b = 0.518$。

（4）柱端弯矩的调整。

首先，考虑重力二阶效应（$P-\Delta$ 效应）的影响。

在 5.6.3.1 节非抗震作用组合下已述及，本框架结构各层刚重比均满足 $\dfrac{D_i h_i}{\sum\limits_{j=i}^{n} G_j} \geqslant$

扩展 5.31

20 的要求，根据《高层建筑混凝土结构技术规程》（JGJ 3—2010）第 5.4.1 条，可不考虑重力二阶效应（$P-\Delta$ 效应）的不利影响。

其次，考虑强柱弱梁的柱端弯矩调整。

本框架抗震等级二级，根据《混凝土结构设计规范》（GB 50010—2010）（2015年版）第 11.4.1、11.4.2 条规定：底层柱下端截面组合的弯矩设计值放大 1.5 倍，框架顶层柱、轴压比小于 0.15 的柱不调整，其他柱节点处柱端弯矩均按 $\sum M_c = 1.5 \sum M_b$ 调整并按地震组合所得弯矩比进行分配。

规范 5.24

$\sum M_b$ 为两种地震组合下，同一节点左、右梁端，按"逆时针或顺时针"方向分别计算的梁端弯矩设计值之和并取较大值，即取逆时针方向之和以及顺时针方向之和两者弯矩绝对值的较大值。

对于 1 层 A 柱梁柱节点，在地震组合下，由表 5.4.9 可知，

逆时针方向梁端弯矩之和：$\sum M_b = 256.04 + 1.34 = 257.38 (\text{kN·m})$

顺时针方向梁端弯矩之和：$\sum M_b = 462.06 \text{kN·m}$

强柱弱梁柱端弯矩调整 ▶

故取 $\sum M_b = 462.06$ kN·m，则 $\sum M_c = 1.5\sum M_b = 1.5 \times 462.06 = 693.09$（kN·m）

$N_{\max}$ 组合下 $\sum M_c = 197.41 + 74.12 = 271.53$（kN·m）$< 1.5\sum M_b = 693.09$ kN·m

$N_{\min}$ 组合、｜$M_{\max}$｜组合下 $\sum M_c = 229.69 + 269.99 = 499.68$（kN·m）$<$ $1.5\sum M_b = 693.09$ kN·m

故各组合下均应根据增大后的梁端弯矩之和调整柱端弯矩：

$N_{\max}$ 组合下 1 层柱顶弯矩为 $M_c^t = 693.09 \times \dfrac{197.41}{74.12 + 197.41} \approx 503.90$（kN·m）

$N_{\min}$ 组合、｜$M_{\max}$｜组合下 1 层柱顶弯矩为 $M_c^t = 693.09 \times \dfrac{269.99}{229.69 + 269.99} = $ 374.49（kN·m）

地震组合下 1 层 A 柱强柱弱梁调整后的柱端弯矩见表 5.6.6。

第三，考虑挠曲二阶效应（$P-\delta$ 效应）的影响。

根据《混凝土结构设计规范》（GB 50010—2010）（2015 年版）第 6.2.3 条的规定，根据杆端弯矩比 M_1/M_2、轴压比及长细比，判断是否考虑挠曲二阶效应（$P-\delta$ 效应）。具体见表 5.6.7。

表 5.6.6　　　　　地震组合下 1 层 A 柱强柱弱梁调整后的柱端弯矩

内力组合	截面位置	轴压比 μ	调整前弯矩 /(kN·m)	上柱底（下柱顶）弯矩 /(kN·m)	顺时针方向节点左右梁端弯矩之和 $\sum M_b^{顺}$ /(kN·m)	逆时针方向节点左右梁端弯矩之和 $\sum M_b^{逆}$ /(kN·m)	节点左右梁端弯矩之和 $\sum M_b = \max$ $(\sum M_b^{顺}, \sum M_b^{逆})$ /(kN·m)	调整后的柱端弯矩之和 $\sum M_c = 1.5\sum M_b$ /(kN·m)	调整后柱端弯矩 /(kN·m)
$N_{\max}$	柱顶	0.6	−197.41	−74.12	257.38	462.06	462.06	693.09	−503.90
	柱底	0.6	−397.32						−595.98
$N_{\min}$	柱顶	0.5	269.99	229.69	257.38	462.06	462.06	693.09	374.49
｜$M_{\max}$｜	柱底	0.5	433.61						650.42

注　1. 梁端弯矩、柱端弯矩均以顺时针方向为正，逆时针方向为负。
　　2. 梁端弯矩应取同一组合下内力值，柱端弯矩亦是如此。
　　3. 底层柱下端弯矩直接放大 1.5 倍，顶层柱、轴压比小于 0.15 的柱不调整。
　　4. 调整后的柱端弯矩之和在节点处按调整前的弯矩比进行分配，即得到调整后的柱端弯矩值。若调整后的柱端弯矩小于调整前的弯矩，则仍取调整前的弯矩值。
　　5. 框架角柱的弯矩设计值，应在调整的基础上再乘以 1.1 的增大系数。

规范 5.25

表 5.6.7　　　　　地震组合下 1 层 A 柱最不利内力组合下 $P-\delta$ 效应判定

内力组合情况	M_1 /(kN·m)	M_2 /(kN·m)	M_1/M_2	计算长度 l_c/mm	b /mm	h /mm	回转半径 $i = h/2\sqrt{3}$	长细比 l_c/i	$34 - 12$ (M_1/M_2)
$N_{\max}$	503.90	−595.98	−0.85	5200	600	600	173.2	30.0	44.1
$N_{\min}$	−374.49	650.42	−0.58	5200	600	600	173.2	30.0	40.9
｜$M_{\max}$｜	−374.49	650.42	−0.58	5200	600	600	173.2	30.0	40.9

注　1. 对同一组合中的柱端弯矩设计值，取绝对值较大端为 M_2，绝对值较小端为 M_1。
　　2. 弯矩以右侧受拉为正。

由表 5.6.7 中数据可知，地震作用下 1 层 A 柱可能出现的最不利内力组合，杆端弯矩比 M_1/M_2 不大于 0.9，且轴压比不大于 0.9，且长细比满足 $l_c/i \leqslant [34 - 12(M_1/M_2)]$，因此均可不考虑 $P-\delta$ 效应。

（5）计算钢筋截面面积 A_s、A_s'。

考虑对称配筋，计算方法同基本组合，具体计算见表5.6.8。

表5.6.8 **地震组合下1层A柱最正截面配筋计算表**

内力组合	b /mm	h /mm	h_0 /mm	M /(kN·m)	N /kN	轴压比 $\mu=\dfrac{N}{f_cbh}$	$e_0=\dfrac{M}{N}$ /mm	$e_i=e_0+e_a$ /mm	$e=e_i+\dfrac{h}{2}-a_s$ /mm	$x=\dfrac{\gamma_{RE}N}{\alpha_1 f_c b}$ /mm	$\xi=\dfrac{x}{h_0}$	偏心类型	A_s' /mm²
N_{max}	600	600	560	595.98	3091.18	0.60	192.8	212.8	472.8	288.22	0.515	大偏压	752
N_{min}	600	600	560	650.42	2556.67	0.50	254.4	274.4	534.4	238.38	0.426	大偏压	1023
$|M_{max}|$	600	600	560	650.42	2556.67	0.50	254.4	274.4	534.4	238.38	0.426	大偏压	1023

注 1. 当 $\mu<0.15$，$\gamma_{RE}=0.75$；当 $\mu\geqslant0.15$，$\gamma_{RE}=0.8$。$e_a=20\text{mm}$，$a_s=a_s'=40\text{mm}$，$\alpha_1=1.0$，$f_c=14.3\text{N/mm}^2$，$\xi_b=0.518$。

2. 当 $\xi\leqslant\xi_b$ 时，为大偏心受压构件；当 $\xi>\xi_b$ 时，为小偏心受压构件。

3. 当 $2a_s'\leqslant x\leqslant\xi_b h_0$ 时，$A_s=A_s'=\dfrac{\gamma_{RE}Ne-\alpha_1 f_c bx\left(h_0-\dfrac{x}{2}\right)}{f_y'(h_0-a_s')}$；

当 $x<2a_s'$ 时，$A_s=A_s'=\dfrac{\gamma_{RE}Ne_s'}{f_y(h_0-a_s')}$；

当 $x>\xi_b h_0$ 时，$A_s=A_s'=\dfrac{\gamma_{RE}Ne-\alpha_1 f_c bh_0^2\xi'(1-0.5\xi')}{f_y'(h_0-a_s')}$，

其中，$\xi'=\dfrac{\gamma_{RE}N-\alpha_1 f_c bh_0\xi_b}{\dfrac{\gamma_{RE}Ne-0.43\alpha_1 f_c bh_0^2}{(\beta_1-\xi_b)(h_0-a_s')}+\alpha_1 f_c bh_0}+\xi_b$。

5.6.3.3 柱的正截面配筋及构造要求

综合比较基本组合下与地震组合下的钢筋计算面积，取其中最大值进行配筋。具体见表5.6.9。

表5.6.9 **1层A柱正截面实际配筋**

柱号	基本组合下计算钢筋面积 A_s'/mm²			地震组合下计算钢筋面积 A_s'/mm²			计算钢筋面积最大值 A_s'/mm²	角筋	每侧中部钢筋	一侧实配钢筋面积 A_s'/mm²
	N_{max}	N_{min}	$|M_{max}|$	N_{max}	N_{min}	$|M_{max}|$				
A柱	−1015	−762	−762	752	1023	1023	1023	4⏀22	2⏀20	1387

A柱为边柱，采用HRB400级钢筋，根据《混凝土结构设计规范》（GB 50010—2010）（2015年版）第11.4.12条规定：一侧纵向钢筋最小配筋率 $\rho_{min}^b=0.2\%$，全部纵向受力钢筋最小配筋率 $\rho_{min}^a=0.85\%$。

则，一侧纵向钢筋最小配筋面积：$A_{smin}^b=\rho_{min}^b bh=0.2\%\times600\times600=720(\text{mm}^2)$。

由于本算例仅计算了横向框架受力及其配筋，而实际工程为纵横向框架承重体系。为方便说明问题，按横向框架受力计算出的配筋均匀配置到全截面。但实际工程中，要对纵向框架进行受力分析才能得到准确的配筋结果。

选择沿截面周边均匀配置角筋4⏀22＋中部钢筋每边2⏀20，则，一侧纵向钢筋实际配筋面积：

$$A_s=A_s'=2\times\pi\times22^2/4+2\times\pi\times20^2/4\approx1388(\text{mm}^2)>A_{smin}^b=1023\text{mm}^2$$

全部纵向受力钢筋配筋率：

$$\rho^a=\frac{A_s^a}{bh_0}=\frac{4\times\pi\times22^2/4+8\times\pi\times20^2/4}{600\times560}\approx1.2\%>\rho_{min}^a=0.85\%$$

概念5.17

规范5.26

扩展5.32

规范 5.27

同时满足《混凝土结构设计规范》（GB 50010—2010）（2015年版）第9.3.1条、第11.4.13条规定：①纵向受力钢筋直径不宜小于12mm；全部纵向钢筋的配筋率不宜大于5%；②柱中纵向钢筋的净间距不应小于50mm，且不宜大于200mm；③偏心受压柱的截面高度不小于600mm时，在柱的侧面上应设置直径不小于10mm的纵向构造钢筋；④垂直于弯矩作用平面的侧面上的纵向受力钢筋，其中距不宜大于300mm。

5.6.4 框架柱斜截面受剪承载力计算

5.6.4.1 选取最不利组合内力

框架柱斜截面受剪承载力设计，依据各柱段在各种组合下出现的最大剪力 $|V_{max}|$ 及其相应的轴力和弯矩值进行。根据表5.4.10，1层A柱受剪最不利组合内力取值见表5.6.10。

柱受剪最不利组合内力▶

表5.6.10　　　　　　　　　　　　1层A柱受剪最不利组合内力

柱号	基 本 组 合			地 震 组 合		
	$\|V_{max}\|$ /kN	N /kN	$\gamma_0 V_{max}$ /kN	$\|V_{max}\|$ /kN	N /kN	γ_{RE}
A柱	32.19	3455.64	35.41	135.3	3091.18	0.85

注　$\gamma_0 = 1.1$，$\gamma_{RE} = 0.85$。

5.6.4.2 基本组合下柱的斜截面受剪承载力计算

（1）柱截面尺寸验算。根据《混凝土结构设计规范》（GB 50010—2010）（2015年版）第6.3.13条、第6.3.1条规定，矩形截面的腹板高度 $h_w = h_0 = 560$mm，$\dfrac{h_w}{b} = $

规范 5.28

$\dfrac{560}{600} \approx 0.93 < 4$，则

$$0.25 \times \beta_c f_c b h_0 = 0.25 \times 1.0 \times 14.3 \times 600 \times 560 \times 10^{-3} = 1201.2 (\text{kN}) > \gamma_0 V = 35.41 \text{kN}$$

式中，β_c 对C30混凝土，取1.0，故受剪截面尺寸符合要求。

概念 5.18

（2）计算截面的剪跨比 λ。对框架结构中的框架柱，反弯点在层高范围内，根据《混凝土结构设计规范》（GB 50010—2010）（2015年版）第6.3.12条规定，底层A柱可取 $\lambda = \dfrac{H_n}{2h_0} = \dfrac{5200 - 700}{2 \times 560} \approx 4.02 > 3$，取 $\lambda = 3$。

（3）计算箍筋截面面积 A_{sv}。根据《混凝土结构设计规范》（GB 50010—2010）

规范 5.29

（2015年版）第6.3.13条、第6.3.12条规定，矩形截面的钢筋混凝土偏心受压构件，当满足 $\gamma_0 V \leqslant \dfrac{1.75}{\lambda + 1} f_t b h_0 + 0.07N$ 时，可不进行斜截面受剪承载力计算，仅按构造要求配置箍筋。否则，应按下式进行斜截面受剪承载力计算：

规范 5.30

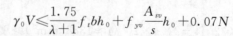

$$\gamma_0 V \leqslant \frac{1.75}{\lambda + 1} f_t b h_0 + f_{yv} \frac{A_{sv}}{s} h_0 + 0.07N$$

式中　N——与剪力设计值 V 相应的轴向压力设计值。

扩展 5.33

从表5.6.10可知，$N = 3455.64 \text{kN} > 0.3 f_c A = 0.3 \times 14.3 \times 600^2 = 1544.4 (\text{kN})$，取 $N = 1544.4 \text{kN}$。

$$\frac{1.75}{\lambda+1}f_tbh_0+0.07N=\frac{1.75}{3+1}\times1.43\times600\times560+0.07\times1544.4\times1000\approx318.3$$
(kN)$>\gamma_0V=35.41$kN。

故，1 层 A 柱在基本组合下可不进行斜截面受剪承载力计算，仅按《混凝土结构设计规范》（GB 50010—2010）（2015 年版）第 9.3.2 条构造要求配置箍筋：

1）柱截面短边尺寸 $b=600$mm>400mm 且各边纵向钢筋 4 根>3根，设置封闭式 4×4 复合箍筋。

规范 5.31

2）柱中全部纵向受力钢筋的配筋率 $\rho^a=1.2\%<3\%$，箍筋直径$\geq$max $\left\{\frac{d}{4}=\frac{22}{4},6\right\}=6$mm，$d$ 为纵向钢筋的最大直径 22mm。

扩展 5.34

3）箍筋间距$\leq$min$\{400,b=600,15d=15\times20=300\}=300$mm，$b$ 为柱截面的短边尺寸，d 为纵向钢筋的最小直径 20mm。

其余构件基本组合下斜截面受剪承载力计算方法同上，此处略。

5.6.4.3　地震组合下柱的斜截面受剪承载力计算

（1）计算 V_c（考虑地震组合的柱剪力设计值增强）。

本框架抗震等级二级，根据《混凝土结构设计规范》（GB 50010—2010）（2015 年版）第 11.4.3 条规定：

$$V_c=1.3\frac{M_c^t+M_c^b}{H_n}$$

柱强剪弱弯
剪力设计值
增强▶

柱的净高：
$$H_n=5200-700=4500(\text{mm})$$

M_c^t、M_c^b 为经强柱弱梁调整后柱上、下端顺时针或逆时针方向截面组合的弯矩设计值之和的较大值。

逆时针方向：$M_c^t+M_c^b=503.9+595.98=1099.88$(kN·m)
顺时针方向：$M_c^t+M_c^b=374.49+650.42=1024.91$(kN·m)
故取 $M_c^t+M_c^b=1099.88$kN·m

规范 5.32

则 $V_c=1.3\times\frac{1099.88\times10^3}{4500}\approx317.74(kN)>$调整之前的剪力设计值 $V=135.3$kN

所以，最终取调整后的柱剪力设计值 $V_c=317.74$kN 进行斜截面承载能力计算。

需要特别注意的是，框架角柱的剪力设计值，应在上述调整的基础上再乘以 1.1 的增大系数。

概念 5.19

（2）柱截面尺寸验算。

$\lambda=\frac{H_0}{2h_0}=\frac{5200-700}{2\times560}\approx4.02>2$，根据《混凝土结构设计规范》（GB 50010—2010）（2015 年版）第 11.4.6 条规定，考虑地震组合的矩形截面框架柱，其受剪截面应满足：

规范 5.33

$$V_c\leq\frac{1}{\gamma_{RE}}(0.2\times\beta_cf_cbh_0)$$

$0.2\times\beta_cf_cbh_0=0.2\times1.0\times14.3\times600\times560\times10^{-3}=960.96(kN)>\gamma_{RE}V_c=0.85$

规范 5.34

$\times 317.74 = 270.08(kN)$

式中，β_c 对 C30 混凝土取 1.0，故受剪截面尺寸符合要求。

规范 5.35

（3）计算截面的剪跨比 λ。对框架结构中的框架柱，反弯点在层高范围内，根据《混凝土结构设计规范》（GB 50010—2010）（2015 年版）第 11.4.7 条规定，底层 A 柱可取 $\lambda = \dfrac{H_n}{2h_0} = \dfrac{5200 - 700}{2 \times 560} \approx 4.02 > 3$，取 $\lambda = 3$。

（4）计算箍筋截面面积 A_{sv}。根据《混凝土结构设计规范》（GB 50010—2010）（2015 年版）第 11.4.7 条规定，考虑地震组合的矩形截面框架柱，应按下式进行斜截面受剪承载力计算：

$$V_c \leqslant \frac{1}{\gamma_{RE}}\left[\frac{1.05}{\lambda+1}f_t bh_0 + f_{yv}\frac{A_{sv}}{s}h_0 + 0.056N\right]$$

式中　N——与剪力设计值 V 同一组合下相应的轴向压力设计值。

由表 5.6.10 可知，$N = 3091.18kN > 0.3f_c A = 0.3 \times 14.3 \times 600^2 = 1544.4(kN)$，取 $N = 1544.4kN$。

$$\frac{1.05}{\lambda+1}f_t bh_0 + 0.056N = \frac{1.05}{3+1} \times 1.43 \times 600 \times 560 + 0.056 \times 1544.4 \times 1000$$

$$\approx 212.6(kN) < \gamma_{RE}V_c = 270.08kN$$

需要按照计算配筋。

$$\frac{A_{sv}}{s} \geqslant \frac{\gamma_{RE}V_c - \dfrac{1.05}{\lambda+1}f_t bh_0 - 0.056N}{f_{yv}h_0} = \frac{(270.08 - 212.6) \times 10^3}{360 \times 560} = 0.285(mm^2/mm)$$

规范 5.36

本框架抗震等级二级，剪跨比 $\lambda = 4.02 > 2$，根据《混凝土结构设计规范》（GB 50010—2010）（2015 年版）第 11.4.12 条、第 11.4.14～11.4.18 条规定：

1）框架柱上、下两端箍筋应加密，加密区的箍筋最小直径 8mm，加密区的箍筋间距 $\leqslant \min\{100, 8d = 8 \times 20 = 160\} = 100mm$，$d$ 为纵向钢筋的最小直径 20mm。

2）柱箍筋配置 4×4 复合井字箍，即 Φ 8@100(4)，则加密区内箍筋肢距 $= \dfrac{600 - 22 \times 2 - 8 \times 2}{3} = 180(mm) \leqslant \max\{250, 20d_v = 20 \times 8 = 160\} = 250mm$，每根纵筋均有箍筋约束，满足箍筋与纵向钢筋至少隔一拉一的要求。

3）$\dfrac{A_{sv}}{s} \geqslant \dfrac{\pi \times 8^2/4 \times 4}{100} \approx 2.01(mm^2/mm) > 0.285mm^2/mm$，满足计算要求。

4）框架柱的箍筋加密区长度不小于 $\max\left\{h = 600, \dfrac{H_n}{6} = \dfrac{4500}{6} = 750, 500\right\} = 750mm$，$h$ 为柱截面长边尺寸；底层柱根处加密区长度不小于 $\max\left\{\dfrac{H_n}{3} = \dfrac{4500}{3} = 1500\right\} = 1500mm$。

概念 5.20

5）柱箍筋加密区箍筋的体积配筋率应满足 $\rho_v \geqslant \lambda_v \dfrac{f_c}{f_{yv}}$，$\rho_v \geqslant 0.6\%$。

按 Φ 8@100(4) 计算，$\rho_v = \dfrac{n_1 A_{sv1} l_1 + n_2 A_{sv2} l_2}{A_{cor}s} = \dfrac{4 \times 50.3 \times (600 - 20 \times 2) \times 2}{(600 - 40 - 40)^2 \times 100} \approx 0.83\%$

1 层 A 柱轴压比 $\mu=0.6$，则 $\rho_v=\lambda_v\dfrac{f_c}{f_{yv}}=0.13\times\dfrac{14.3}{360}\approx0.52\%$，故加密区箍筋的体积配筋率满足要求。

6) 非加密区箍筋按 $\Phi8@200(4)$，满足箍筋的体积配筋率不小于加密区配筋率的一半；且箍筋间距不大于 $10d=10\times20=200$（mm）。d 为纵向钢筋的最小直径 20mm。

5.6.4.4 柱的斜截面配筋

综合比较基本组合下与地震组合下的箍筋计算面积，则 1 层 A 柱斜截面配筋如下：

配置封闭式 4×4 复合井字箍，其中非加密区 $\Phi8@200$（4），加密区 $\Phi8@100$（4），加密区长度在柱顶为 750mm，柱底为 1500mm。

其余构件地震组合下斜截面受剪承载力计算方法同上，此处略。

5.6.5 正常使用极限状态下框架柱的裂缝宽度验算

准永久组合下 1 层 A 柱可能出现的最不利组合内力见表 5.6.11。

《混凝土结构设计规范》（GB 50010—2010）（2015 年版）第 7.1.2 条规定，各截面位置均满足 $e_0\leqslant0.5h_0=0.5\times560=280$mm，故可不验算裂缝宽度。

规范 5.37

表 5.6.11　准永久组合下 1 层 A 柱可能出现的最不利组合内力

截面位置	N/kN	M/(kN·m)	$e_0=\dfrac{M}{N}$/mm
柱顶	2313.58	30.48	13.2
柱底	2365.75	15.24	6.4

注　弯矩以顺时针方向为正，轴力以受压为正。

5.7　框架节点设计及构造措施

在框架节点的设计中，主要需保证节点核心区的混凝土有良好的约束，各构件的纵向受力钢筋可靠地锚固于节点，各个节点有足够的抗震和抗震剪承载力，使框架的塑性铰出现于梁端，而节点不会先于梁构件破坏。

框架节点设计步骤如图 5.7.1 所示。

扩展 5.35

5.7.1 框架节点核心区的计算

《混凝土结构设计规范》（GB 50010—2010）（2015 年版）中，第 11.6.1 条规定：一、二、三级抗震等级的框架应进行节点核心区抗震受剪承载力验算。计算主要涉及框架梁柱节点核心区剪力设计值 V_j 的计算、受剪水平截面校核、抗震受剪承载力验算这三方面。

节点核心区
计算

5.7.1.1 计算框架梁柱节点核心区的剪力设计值 V_j

（1）顶层节点的剪力设计值 V_j 按下式计算：

$$V_j=\frac{\eta_{jb}\sum M_b}{h_{b0}-a_s'}$$

规范 5.38

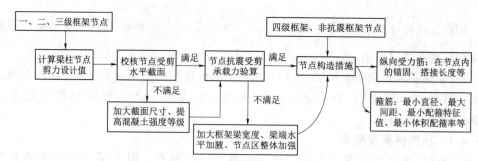

图 5.7.1　框架节点设计步骤

式中　η_{jb}——节点剪力增大系数，二级取 1.35，三级取 1.20；

$\sum M_b$——节点左、右两侧的梁端反时针或顺时针方向组合弯矩设计值之和；

h_{b0}——梁的截面有效高度，$h_{b0}=h_b-a_s$。当节点两侧梁高不同时，取平均值。

以 KJ-9 的顶层中间节点（D 轴）为例：

该框架结构抗震等级为二级，取 $\eta_{jb}=1.35$。

由于节点两侧梁高不同，h_b 取两侧梁高平均值：$h_b=\dfrac{700+500}{2}=600(\text{mm})$。

按两排纵向受拉钢筋考虑，取 $a_s=70\text{mm}$。则，$h_{b0}=600-70=530(\text{mm})$。

按一排纵向受压钢筋考虑，取 $a_s'=40\text{mm}$。

$\sum M_b$ 为节点左、右两侧的梁端反时针或顺时针方向组合弯矩设计值之和，可以取框架梁内力组合表中，顶层左、右两侧梁端在有震组合下的弯矩值之和，即：

$$\sum M_b=196.02+(-10.74)=185.28(\text{kN}\cdot\text{m})$$

由此可知，顶层中间节点的剪力设计值

$$V_j=\frac{1.35\times185.28\times10^3}{530-40}=510.47(\text{kN})$$

（2）其他层节点的剪力设计值 V_j 按下式计算：

$$V_j=\frac{\eta_{jb}\sum M_b}{h_{b0}-a_s'}\left(1-\frac{h_{b0}-a_s'}{H_c-h_b}\right)$$

扩展 5.36

式中　H_c——节点上柱和下柱的反弯点之间的距离。

其他符号意义同前。

以 KJ-9 轴的轴的第一层中间节点（D 轴）为例，$\sum M_b$ 取框架梁内力组合表中，第一层左、右两侧梁端在有震组合下的弯矩值之和，即：

$$\sum M_b=402.64+220.05=622.69(\text{kN}\cdot\text{m})$$

H_c 为节点上柱和下柱反弯点之间的距离，即：

$$H_c=0.5\times3.6+\frac{1}{3}\times5.2\approx3.53(\text{m})$$

由此可知，第一层中间节点的剪力设计值

$$V_j=\frac{1.35\times622.69\times10^3}{530-40}\left(1-\frac{530-40}{3533-600}\right)\approx1428.96(\text{kN})$$

KJ-9 各层各节点剪力设计值计算见表 5.7.1。

5.7.1.2 框架梁柱节点核心区的受剪水平截面校核

节点截面的限制条件相当于其抗震受剪承载力的上限。当节点作用剪力超过了截面限制条件时，再增加箍筋也无法提高节点的受剪承载力。

依据《混凝土结构设计规范》（GB 50010—2010）（2015 年版）第 11.6.3 条规定，框架梁柱节点核心区的受剪水平截面应符合下式：

规范 5.39

$$V_j \leqslant \frac{1}{\gamma_{RE}}(0.3\eta_j\beta_c f_c b_j h_j)$$

式中　γ_{RE}——承载力抗震调整系数，取 0.85；

规范 5.40

　　　　η_j——正交梁对节点的约束影响系数，当楼板为现浇、梁柱中线重合、梁柱宽度比不小于 1/2，且两正交方向梁高比不小于 3/4 时取 1.50，对 9 度设防烈度取 1.25；其余情况取 1.00；

　　　　h_j——框架节点核心区的截面有效验算高度，可取验算方向的柱截面高度 h_c；

　　　　b_j——框架节点核心区的截面有效验算宽度，当梁宽≥1/2 柱宽时，取柱宽；当梁宽<1/2 柱宽时，取 $b_b+0.5h_c$ 和 b_c 的较小值；

　　　　β_c——混凝土强度影响系数，当混凝土强度等级不大于 C50 时，取 1.0；当混凝土强度等级为 C80 时，取 0.8；其余按线性插值计算。

以 KJ-9 第一层中间节点（D 轴）为例：D 节点为中节点，虽然两个正交方向都有梁并被四周现浇板围绕，但梁柱中线重合，且两正交方向梁高比＝500/700≈0.71＜0.75，故取 $\eta_j=1.0$；$h_j=h_c=600$mm；$b_b=300$mm，$b_c=600$mm，梁宽＝1/2 柱宽，取 $b_j=b_c=600$mm；混凝土强度等级采用 C30，β_c 取 1.0，$f_c=14.3$N/mm²。

由此可知

$$V_j=1428.67\text{kN}<\frac{1}{0.85}\times(0.3\times1.0\times1.0\times14.3\times600\times600)=1816.94(\text{kN})$$

该节点截面满足限制条件的要求。

KJ-9 各层各节点核心区截面验算见表 5.7.1。

5.7.1.3 框架梁柱节点的抗震受剪承载力验算

依据《混凝土结构设计规范》（GB 50010—2010）（2015 年版）第 11.6.4 条规定，节点的抗震受剪承载力根据下式验算：

规范 5.41

$$V_j \leqslant \frac{1}{\gamma_{RE}}\left(1.1\eta_j f_t b_j h_j+0.05\eta_j N\frac{b_j}{b_c}+f_{yv}A_{svj}\frac{h_{b0}-a_s'}{s}\right)$$

式中　γ_{RE}——承载力抗震调整系数，取 0.85；

　　　　η_j——正交梁对节点的约束影响系数，当楼板为现浇、梁柱中线重合、梁柱宽度比不小于 1/2，且两正交方向梁高比不小于 3/4 时取 1.50，9 度设防烈度时取 1.25，其余情况取 1.00；

　　　　h_j——框架节点核心区的截面有效验算高度，可取验算方向的柱截面高度 h_c；

　　　　b_j——框架节点核心区的截面有效验算宽度，当梁宽≥1/2 柱宽时，取柱宽；当梁宽<1/2 柱宽时，取 $b_b+0.5h_c$ 和 b_c 的较小值；

表 5.7.1

框架节点核心区截面验算及抗震设计汇总表

楼层	1			2			3			4			5		
节点	边(A)	中(D)	边(E)	边(A)	中(D)	边(E)	边(A)	中(D)	边(E)	边(A)	中(D)	边(E)	边(A)	中(D)	边(E)
h_{b0}/mm	630	530	430	630	530	430	630	530	430	630	530	430	630	530	430
H_c/m	3.53	3.53	3.53	3.6	3.6	3.6	3.6	3.6	3.6	3.6	3.6	3.6	—	—	3.6
$\sum M_b$/(kN·m)	462.06	622.69	263.71	405.25	506.10	205.35	336.35	419.16	163.45	264.48	322.38	114.40	192.86	185.28	61.60
V_j/kN	836.84	1428.67	795.35	738.62	1166.61	621.40	613.04	966.21	494.61	482.05	743.12	346.18	441.29	510.46	213.23
b_j/mm	600	600	500	600	600	500	600	600	500	600	600	500	600	600	500
h_j/mm	600	600	500	600	600	500	600	600	500	600	600	500	600	600	500
截面验算①/kN	1816.94	1816.94	1261.76	1816.94	1816.94	1261.76	1816.94	1816.94	1261.76	1816.94	1816.94	1261.76	1816.94	1816.94	1261.76
箍筋配置	四肢Φ8@100	四肢Φ10@100	四肢Φ8@100	四肢Φ8@100	四肢Φ8@100	四肢Φ8@100	四肢Φ8@100	四肢Φ8@100	四肢Φ8@100	四肢Φ8@100	四肢Φ8@100	四肢Φ8@100	四肢Φ8@100	四肢Φ8@100	四肢Φ8@100
抗震承载力验算②/kN	1312.23	1469.26	877.27	1276.50	1201.01	853.61	1241.70	1162.03	832.07	1208.56	1125.24	812.88	1168.48	1083.34	794.65
ρ_v/%	0.82	1.28	1.03	0.82	0.82	1.03	0.82	0.82	1.03	0.82	0.82	1.03	0.82	0.82	1.03
λ_v	0.21	0.32	0.26	0.21	0.21	0.26	0.21	0.21	0.26	0.21	0.21	0.26	0.21	0.21	0.26
结论	合格	合格	合格	合格	合格	合格	合格	合格	合格	合格	合格	合格	合格	合格	合格

注　①截面验算指 $(0.3\eta_j\beta_c f_c b_j h_j)/\gamma_{RE}$。
　　②抗震承载力验算指 $[1.1\eta_j f_t b_j h_j+0.05\eta_j N b_j/b_c+f_{yv}A_{svj}(h_{b0}-a'_s)/s]/\gamma_{RE}$。

结构措施：大部分节点按构造配筋（四肢Φ8@100）即能满足节点抗震验算要求，第 1 层中间节点配箍需加强至四肢Φ10@100。

N——对应于考虑地震组合剪力设计值的节点上柱底部的轴向力设计值，当 N 为压力时，取较小值；当 $N>0.5f_cb_ch_c$ 时，取 $0.5f_cb_ch_c$；当 N 为拉力时，取为 0；

A_{svj}——核心区有效验算宽度范围 b_j 内同一截面验算方向箍筋各肢的全部截面积；

s——框架节点核心区验算方向箍筋肢距。

以 KJ-9 第一层中间节点（D 轴）为例：N 取框架柱内力组合表中，第二层 D 柱在地震组合下柱底轴力 $N=2682.76\text{kN}$。

又有：$0.5f_cb_ch_c=0.5\times14.3\times600\times600=2574\text{kN}<N$，故取较小值 $N=2574\text{kN}$。

若按构造配箍，该框架节点双向配置四肢 $\Phi 8@100$ 的箍筋，则 $A_{svj}=4\times50.2=200.8\text{mm}^2$，由此可知

$$\frac{1}{0.85}\times\left(1.1\times1.0\times1.43\times600\times600+0.05\times1.0\times2574\times10^3\times\frac{600}{600}+360\times200.8\times\frac{530-40}{100}\right)=$$

$1234.34(\text{kN})<V_j=1428.67\text{kN}$，不满足要求。

若改为双向配置四肢 $\Phi 10@100$ 的箍筋，则 $A_{svj}=4\times78.5=314(\text{mm}^2)$，由此可知

$$\frac{1}{0.85}\times\left(1.1\times1.0\times1.43\times600\times600+0.05\times1.0\times2574\times10^3\times\frac{600}{600}+360\times314\times\frac{530-40}{100}\right)\approx$$

$1469.27\text{kN}>V_j=1428.67\text{kN}$，满足要求。

若验算结果不满足要求，可采取一定的措施提高框架节点区的抗剪承载力。

KJ-9 各层各节点核心区抗震受剪承载力验算见表 5.7.1。

扩展 5.37

5.7.2 框架节点的构造措施

框架节点的构造措施包括对梁柱纵筋在节点的锚固和搭接要求，以及节点区箍筋的间距、直径、配箍特征值、体积配箍率要求等。这些措施在设计保证了框架梁柱的纵向受力钢筋可靠地锚固于节点，并保证箍筋对核心区混凝土的最低约束作用和节点的抗震受剪承载力。

节点的构造措施▶

5.7.2.1 框架梁柱纵向受力筋在节点区的构造措施

（1）中间层的中间节点。框架梁的上部纵筋应贯穿中间节点，其直径宜符合下列要求。

9 度设防框架、一级框架：$d\leqslant\dfrac{1}{25}b_c$

二、三级框架：$d\leqslant\dfrac{1}{20}b_c$

规范 5.42

（2）其他节点。梁柱纵筋在节点部位的锚固和搭接应符合图 5.7.2 所示的构造规定。图中的 l_{lE} 按《混凝土结构设计规范》（GB 50010—2010）（2015 版）第 11.1.7 条规定采用，l_{abE} 按第 11.6.7 条规定采用。

5.7.2.2　框架节点区箍筋的构造要求

（1）箍筋的最大间距和最小直径。节点区箍筋的最大间距和最小直径，在考虑抗震时按表 5.7.2 取值。

非抗震设计时，可根据《高层建筑混凝土结构技术规程》（JGJ 3—2010）第 6.4.9 条规定确定节点区箍筋配置。

规范 5.43

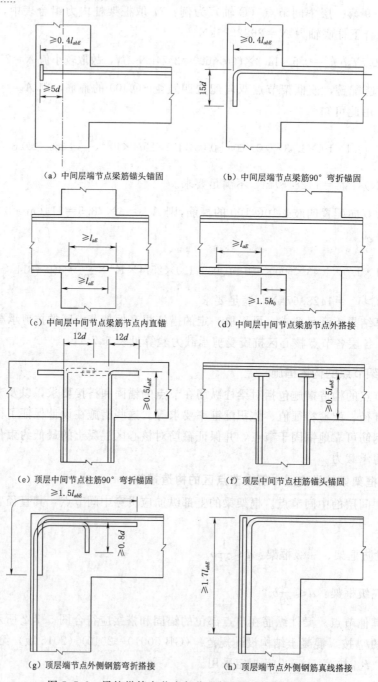

（a）中间层端节点梁筋锚头锚固　　　　　（b）中间层端节点梁筋 90° 弯折锚固

（c）中间层中间节点梁筋节点内直锚　　　（d）中间层中间节点梁筋节点外搭接

（e）顶层中间节点柱筋 90° 弯折锚固　　　（f）顶层中间节点柱筋锚头锚固

（g）顶层端节点外侧钢筋弯折搭接　　　　（h）顶层端节点外侧钢筋真线搭接

图 5.7.2　梁柱纵筋在节点部位的锚固和搭接构造规定

表 5.7.2　　　　　　　　　　框架节点区箍筋的间距和直径要求

抗震等级	箍筋最大间距	箍筋最小直径/mm
一级	纵向钢筋直径的 6 倍和 100mm 中的较小值	10
二级	纵向钢筋直径的 8 倍和 100mm 中的较小值	8
三级	纵向钢筋直径的 8 倍和 150mm（柱根 100mm）中的较小值	8
四级	纵向钢筋直径的 8 倍和 150mm（柱根 100mm）中的较小值	6（柱根 8）

（2）配箍特征值 λ_v 和体积配箍率 ρ_v。一级框架：$\lambda_v \geqslant 0.12$，$\rho_v \geqslant 0.6\%$；二级框架：$\lambda_v \geqslant 0.10$，$\rho_v \geqslant 0.5\%$；三级框架：$\lambda_v \geqslant 0.08$，$\rho_v \geqslant 0.4\%$。

当框架柱的剪跨比不大于 2（即短柱）时，其节点核心区的体积配箍率不宜小于核心区上、下柱端体积配箍率中的较大值。

体积配箍率按下式计算：

$$\rho_v = \frac{n_1 A_{s1} l_1 + n_2 A_{s2} l_2}{A_{cor} s}$$

式中　n_1、A_{s1}——分别为沿 l_1 方向的钢筋根数、单根钢筋的截面面积；

　　　n_2、A_{s2}——分别为沿 l_2 方向的钢筋根数、单根钢筋的截面面积；

　　　l_1、l_2——箍筋在该方向的长度，可按柱宽减去混凝土保护层厚度计算；

　　　A_{cor}——箍筋内表面范围内的混凝土核心截面面积，其边长可以按 $b_c - a_s - a'_s$ 近似计算；

　　　s——框架节点核心区验算方向箍筋肢距。

规范 5.44

配箍特征值按下式计算：

$$\lambda_v = \rho_v \frac{f_{yv}}{f_c}$$

扩展 5.38

以 KJ-9 第一层中间节点（D 轴）为例：

对于二级抗震等级的框架，箍筋最小直径 $d_{\min} = 8mm$，$s_{\min} = \min\{8d, 100\} = 100mm$。根据第 5.7.1 节中，节点抗震受剪承载力验算要求，该节点配箍为双向四肢 $\Phi 10@100$ 箍筋，箍筋直径和间距均满足规范要求。

体积配箍率验算：

$$\rho_v = \frac{2 \times 4 \times 78.5 \times (600 - 2 \times 25)}{(600 - 40 - 40)^2 \times 100} \approx 1.28\% > 0.5\%，满足要求。$$

配箍特征值验算：

$$\lambda_v = 1.28\% \times \frac{360}{14.3} \approx 0.32 > 0.10，满足要求。$$

5.8　现浇楼板设计及构造措施

板内力计算
方法▶

钢筋混凝土楼板的设计步骤如下：

（1）计算单元选取及计算方法确定。

（2）荷载统计。

（3）内力计算。

（4）配筋计算。

（5）构造钢筋。

（6）裂缝宽度验算。

板计算方法
选取▶

5.8.1   计算单元选取及计算方法确定

选取 1 层楼面板 KJ-9 区间的区格一和区格二进行计算，板区格划分如图 5.8.1 所示。

板配筋计算
及构造▶

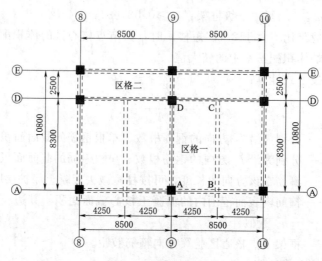

图 5.8.1   板区格划分

板的支承▶

对板区格一：可视作三边固定，一边简支。

$L_1 = 8300\text{mm}$，$L_2 = 4250\text{mm}$，$L_1/L_2 = 8300/4250 \approx 1.95 < 2$，按双向板计算。

对板区格二：可视作三边固定，一边简支。

规范 5.45

$L_1 = 8500\text{mm}$，$L_2 = 2500\text{mm}$，$L_1/L_2 = 8500/2500 = 3.4 > 3.0$，按照沿短跨方向受力的单向板计算。

以下仅以板区格一、区格二为例，其他板计算同理。

对板区格一，因板在受力方向不连续，按单跨单向板考虑，故采用弹性理论计算。

对板区格二，理论上应按连续双向板进行设计。简化起见，将各板区格等效为单区格板，按弹性理论计算，但需要考虑周边支承梁的扭转影响，并考虑内力折减。

规范 5.46

按弹性理论计算，板的计算跨度应取梁支座中心线之间的距离。

5.8.2   荷载统计

5.8.2.1   板的设计状况及荷载组合

在建筑结构中，楼板主要承受竖向荷载（恒载、楼屋面活载）作用，仅考虑持久设计状况下的承载能力极限状态设计和正常使用极限状态验算。

（1）承载能力极限状态。承载能力极限状态下，考虑荷载效应的基本组合，荷载效应取荷载设计值进行计算，恒载、活载均采用设计值。

恒载设计值 $g = \gamma_G g_k = 1.3 g_k$

活载设计值 $q = \gamma_Q q_k = 1.5 q_k$

（2）正常使用极限状态。

正常使用极限状态下，考虑荷载效应的准永久组合，荷载效应取其代表值进行计算。对于永久荷载，代表值为标准值。对于可变荷载，其代表值为准永久值。

走廊处楼面活载准永久值 $q_q = \psi_q q_k = 0.3 q_k$

教室处楼面活载准永久值 $q_q = \psi_q q_k = 0.5 q_k$

5.8.2.2 板区格一（教室楼面）的荷载

由 4.1.2 节、2.3.3 节述及，对板区格一（教室楼面），楼面恒载标准值 $g_k = 4.16 \text{kN/m}^2$，楼面活载标准值 $q_k = 2.5 \text{kN/m}^2$。

承载能力极限状态下，荷载设计值：

$$p = g + q = 1.3 g_k + 1.5 q_k = 1.3 \times 4.16 + 1.5 \times 2.5 \approx 9.16 \ (\text{kN/m}^2)$$

正常使用极限状态下，荷载代表值：

$$p_q = g_k + q_q = g_k + 0.5 q_k = 4.16 + 0.5 \times 2.5 = 5.41 (\text{kN/m}^2)$$

5.8.2.3 板区格二（走廊楼面）的荷载

由 4.1.2 节、2.3.3 节述及，对板区格二（走廊楼面），楼面恒载标准值 $g_k = 4.89 \text{kN/m}^2$，楼面活载标准值 $q_k = 3.5 \text{kN/m}^2$。

承载能力极限状态下，荷载设计值：

$$p = g + q = 1.3 g_k + 1.5 q_k = 1.3 \times 4.89 + 1.5 \times 3.5 \approx 11.61 \ (\text{kN/m}^2)$$

正常使用极限状态下，荷载代表值：

$$p_q = g_k + 0.3 q_k = 4.89 + 0.3 \times 3.5 = 5.94 \ (\text{kN/m}^2)$$

5.8.3 板区格一内力计算（双向板）

5.8.3.1 板区格一的计算跨度

按弹性理论计算，板的计算跨度应取两端支承梁截面形心之间的距离。

对板区格一，$l_{0x} = 4250 \text{mm}$

$l_{0y} = 8300 - (300 - 200)/2 - (300 - 200)/2 = 8200 (\text{mm})$

根据支承情况，考虑为三边固定、一边简支的双向板，计算简图如图 5.8.2 所示。

$l_{0x}/l_{0y} = 4250/8200 \approx 0.52$

5.8.3.2 板区格一的内力计算（双向板）

（1）弯矩系数。查《实用建筑结构静力计算手册》表 5.1，对三边固定一边简支的双向矩形板，在均布荷载作用下单位板宽的弯矩系数如下：

$m_x = 0.0405$，$m_y = 0.0033$，$m_x^0 = -0.0832$，$m_y^0 = -0.0563$

支座弯矩：$M_{x(y)}^0 = m_{x(y)}^0 \times q l^2$

跨中弯矩考虑泊松比的影响：$M_{x(y)}^v = M_{x(y)} + \nu M_{y(x)}$，$M_{x(y)} = m_{x(y)} q l^2$，$\nu = 0.2$，

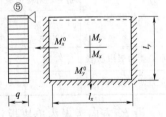

图 5.8.2 楼板区格一计算简图

板的计算跨度▶

扩展 5.39

概念 5.21

$$l = \min(l_x, l_y) = \min(4.25, 8.2) = 4.25\text{m}$$

（2）支座弯矩 M_x^0、M_y^0。各荷载效应组合下，单位板宽支座弯矩计算见表 5.8.1。

表 5.8.1　　　　　　　　　板区格一单位板宽支座弯矩计算表

极限状态	截面位置	均布荷载 p /(kN/m²)	短跨长度 l /m	弯矩系数 m	弯矩值 $M = mpl^2$ /(kN·m)
承载能力 极限状态	l_y 方向	9.16	4.25	−0.0563	−9.31
	l_x 方向	9.16	4.25	−0.0832	−13.77
正常使用 极限状态	l_y 方向	5.41	4.25	−0.0563	−5.50
	l_x 方向	5.41	4.25	−0.0832	−8.13

扩展 5.40

（3）折算荷载。由于 l_x 方向实际为连续板，求跨中弯矩 M_x 时，考虑活荷载最不利布置时周边支承梁的扭转影响，采用折算荷载进行计算。折算的对称荷载为 $g + q/2$，折算的反对称荷载为 $q/2$。

折算荷载见表 5.8.2。

表 5.8.2　　　　　　　板区格一求跨中弯矩 M_x 时的折算荷载

极限状态	恒载 g /(kN/m²)	活载 q /(kN/m²)	折算的对称荷载 $p_1 = g + q/2$ /(kN/m²)	折算的反对称荷载 $p_2 = q/2$ /(kN/m²)
承载能力极限状态	1.3×4.16	1.5×2.5	7.28	1.88
正常使用极限状态	4.16	0.5×2.5	4.79	0.63

（4）跨中弯矩 M_x、M_y（$\nu = 0$）。沿 l_x 方向将两种折算荷载作用下的跨中弯矩叠加，即求得跨中最大正弯矩 M_x，见表 5.8.3。

折算的对称荷载作用下，按三边固定一边简支计算：弯矩系数 $m_x = 0.0405$。

折算的反对称荷载作用下，按三边简支一边固定计算：弯矩系数 $m_x = 0.0845$。

扩展 5.41

表 5.8.3　　　　　　板区格一单位板宽跨中弯矩 M_x（$\nu = 0$）

极限状态	折算的对称荷载作用下		折算的反对称荷载作用下		短跨长度 l/m	跨中弯矩 $M_x = m_{x1}p_1l^2 + m_{x2}p_2l^2$ /(kN·m)
	p_1 /(kN/m²)	弯矩系数 m_{x1}	p_2 /(kN/m²)	弯矩系数 m_{x2}		
承载能力极限状态	7.28	0.0405	1.88	0.0845	4.25	8.19
正常使用极限状态	4.79	0.0405	0.63	0.0845	4.25	4.47

沿 l_y 方向考虑为单块板，按实际荷载满布计算，见表 5.8.4。

表 5.8.4　　　　　　　板区格一单位板宽跨中弯矩 M_y（$\nu = 0$）

极限状态	均布荷载 p /(kN/m²)	短跨长度 l /m	弯矩系数 m_y	弯矩值 $M_y = m_y pl^2$ /(kN·m)
承载能力极限状态	9.16	4.25	0.0033	0.55
正常使用极限状态	5.41	4.25	0.0033	0.32

（5）跨中弯矩 M_x^ν、M_y^ν。考虑泊松比 ν 的影响，板区格一单位板宽跨中弯矩计算见表 5.8.5。

表 5.8.5　　　板区格一考虑泊松比后单位板宽跨中弯矩计算表

极限状态	M_x /(kN·m)	M_y /(kN·m)	ν	$M_x^\nu = M_x + \nu M_y$ /(kN·m)	$M_y^\nu = M_y + \nu M_x$ /(kN·m)
承载能力极限状态	8.19	0.55	0.2	8.30	2.19
正常使用极限状态	4.47	0.32	0.2	4.53	1.21

（6）内力折减。l_x 方向板区格一为中间区格，考虑板的内拱效应，对计算出的支座弯矩 M_x^0 及跨中弯矩 M_x^ν 进行内力折减，折减系数为 0.8。板区格一 l_x 方向板宽弯矩折减见表 5.8.6。

概念 5.22

表 5.8.6　　　板区格一 l_x 方向单位板宽弯矩折减

极限状态	支座弯矩 M_x^0 /(kN·m)	跨中弯矩 M_x^ν /(kN·m)	折减系数	折减后支座弯矩 M_x^0 /(kN·m)	折减后跨中弯矩 M_x^ν /(kN·m)
承载能力极限状态	−13.77	8.30	0.8	−11.02	6.64
正常使用极限状态	−8.13	4.53	0.8	−6.50	3.62

综上，板区格一单位板宽弯矩汇总见表 5.8.7。

表 5.8.7　　　　　板区格一单位板宽弯矩汇总表　　　　单位：kN·m

极限状态	截面位置	跨中弯矩	支座弯矩
承载能力极限状态	l_y 方向	2.19	−9.31
	l_x 方向	6.64	−11.02
正常使用极限状态	l_y 方向	1.21	−5.50
	l_x 方向	3.62	−6.50

5.8.4　板区格二内力计算（单向板）

5.8.4.1　板区格二的计算跨度

按弹性理论计算，板的计算跨度取两端支承梁截面形心之间的距离。

$$l_0 = 2500 + (300 - 200)/2 + (300 - 200)/2 = 2600 (\text{mm})$$

取单位板宽，根据支承情况，考虑为一端固定一端简支的单跨梁，计算简图如图 5.8.3 所示。

5.8.4.2　板区格二的内力计算（单向板）

查《实用建筑结构静力计算手册》表 3.4，一端固定一端简支的单跨梁，在均布荷载作用下的弯矩如下：

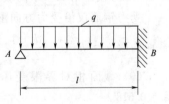
图 5.8.3　板区格二计算简图

扩展 5.42

固定端支座弯矩：$M = -\dfrac{1}{8}pl^2$

跨中最大正弯矩：$M = \dfrac{9}{128}pl^2$

各荷载效应组合下，单位板宽弯矩计算见表 5.8.8。

表5.8.8   板区格二单位板宽支座弯矩计算表

极限状态	均布荷载 p /(kN/m²)	计算跨度 l_0 /m	固定端弯矩 $M=-\dfrac{1}{8}pl^2$ /(kN·m)	跨中弯矩 $M=\dfrac{9}{128}pl^2$ /(kN·m)
承载能力极限状态	11.61	2.6	−9.81	5.52
正常使用极限状态	5.94	2.6	−5.02	2.82

5.8.5 承载能力极限状态下楼板配筋计算

5.8.5.1 材料及截面尺寸

规范 5.47

（1）钢筋。如第3.2节所述，板受力筋及构造筋均选用 HRB400 钢筋，查《混凝土结构设计规范》（GB 50010—2010）（2015年版）第4.2节：$f_y=f'_y=360\text{N/mm}^2$，$E_s=2\times10^5\text{N/mm}^2$。

（2）混凝土。板混凝土等级为 C30，查《混凝土结构设计规范》（GB 50010—2010）（2015年版）第4.1节：$f_c=14.3\text{N/mm}^2$，$f_t=1.43\text{N/mm}^2$，$f_{tk}=2.01\text{N/mm}^2$。

（3）混凝土保护层厚度。如第2.3节所述，按一类环境，设计使用年限为50年，查《混凝土结构设计规范》（GB 50010—2010）（2015年版）第8.2.1条，板最外层钢筋的混凝土保护层厚度 $c=15\text{mm}$。

（4）截面尺寸。如第3.3.1节所述，板厚 $h=120\text{mm}$。取单位板宽进行设计，则 $b=1000\text{mm}$。

（5）截面有效高度。初估板受力筋选用 $\Phi 8$。

规范 5.48

1）对板区格一（双向板）：

跨中截面因双向受力，考虑将 l_x 短跨方向受力筋放置在 l_y 长跨方向受力筋外侧。则 l_x 短跨方向跨中截面有效高度 $h_0=h-c-\dfrac{d}{2}=120-15-\dfrac{8}{2}=101(\text{mm})$。$l_y$ 长跨方向跨中截面有效高度 $h_0=h-c-d-\dfrac{d}{2}=120-15-8-\dfrac{8}{2}=93(\text{mm})$。

考虑支座负弯矩钢筋向跨内延伸一定长度后截断，故各支座截面板顶均只配置受力方向钢筋（角部除外），$h_0=h-c-\dfrac{d}{2}=120-15-\dfrac{8}{2}=101(\text{mm})$。

规范 5.49

2）对板区格二（单向板）：

受力钢筋仅沿受力方向配置，且板底受力钢筋放在分布钢筋外侧，故跨中及支座截面均取 $h_0=h-c-\dfrac{d}{2}=120-15-\dfrac{8}{2}=101(\text{mm})$。

（6）截面相对界限受压区高度。如第5.5.2.2节所述，相对界限受压区高度 $\xi_b=0.518$。

5.8.5.2 板区格一配筋计算（双向板）

两个方向跨中及支座截面，均按单筋矩形截面进行配筋计算。下面以 l_x 短跨方向支座截面为例说明计算过程，其他截面列表进行。

（1）计算钢筋截面面积 A_s。

$$\gamma_0M=-11.02\times1.1\approx-12.12(\text{kN}\cdot\text{m})$$

$$\alpha_s = \frac{M}{\alpha_1 f_c b h_0} = \frac{12.12\times10^6}{1.0\times14.3\times1000\times101^2} \approx 0.083$$

$$\xi = 1-\sqrt{1-2\alpha_s} = 1-\sqrt{1-2\times0.083} \approx 0.087 < 0.518$$

$$x = \xi h_0 = 0.087\times101 \approx 8.79(\mathrm{mm})$$

$$A_s = \frac{\alpha_1 f_c b x}{f_y} = \frac{1.0\times14.3\times1000\times8.79}{360} \approx 349.16(\mathrm{mm}^2)$$

（2）钢筋选用及构造要求。根据《混凝土结构设计规范》（GB 50010—2010）（2015 年版）第 8.5.1 条规定，板类构件采用 HRB400 级钢筋时，纵向受拉钢筋最小配筋率

规范 5.50

$$\rho_{\min} = \max\left[0.15\%, \left(\frac{45 f_t/f_y}{100}\right)\times100\%\right]$$

$$= \max\left[0.15\%, \left(\frac{45\times1.43/360}{100}\right)\times100\%\right] = 0.18\%$$

截面计算配筋率 $\rho = \dfrac{A_s}{bh_0} = \dfrac{348}{1000\times101} \approx 0.34\% > \rho_{\min}$

故按计算配筋，选用 $\underline{\Phi}$ 8@140，实际 $A_s = 359\mathrm{mm}^2$。满足《混凝土结构设计规范》（GB 50010—2010）（2015 年版）第 9.1.3 条构造要求。

规范 5.51

受力钢筋间距不大于 200mm。采用分离式配筋，支座负弯矩钢筋自梁边缘向跨内延伸长度：$1100\mathrm{mm} > l_1/4 = 4250/4 = 1062.5(\mathrm{mm})$。

1 层楼面板区格一正截面承载能力计算详见表 5.8.9。

规范 5.52

表 5.8.9　　　　1 层楼面板区格一正截面承载能力计算表（单位板宽）

截面位置		M /(kN·m)	$\gamma_0 M$ /(kN·m)	b /mm	h_0 /mm	$\alpha_s = \frac{M}{\alpha_1 f_c b h_0^2}$	$\xi = 1-\sqrt{1-2\alpha_s}$ $\xi\leqslant0.518$	$x=\xi h_0$ /mm	$A_s = \frac{\alpha_1 f_c b x}{f_y}$ /mm²	钢筋选配	实际配筋	
											A_s /mm²	配筋率 /%
支座	l_x 方向	−11.02	−12.12	1000	101	0.083	0.087	8.77	349	$\underline{\Phi}$ 8@140	359	0.36
	l_y 方向	−9.31	−10.24	1000	101	0.070	0.073	7.36	292	$\underline{\Phi}$ 8@170	296	0.29
跨中	l_x 方向	6.64	7.30	1000	101	0.050	0.051	5.19	206	$\underline{\Phi}$ 8@200	251	0.25
	l_y 方向	2.19	2.41	1000	93	0.019	0.020	1.83	73	$\underline{\Phi}$ 8@200	251	0.27

注　1. $\rho_{\min}=0.2\%$；$\gamma_0=1.1$；$\alpha_1=1.0$；$f_c=14.3\mathrm{N/mm}^2$；$f_y=360\mathrm{N/mm}^2$。

　　2. 采用分离式配筋，板底钢筋全部伸入支座；支座负弯矩钢筋自梁边缘向跨内延伸 1100mm 后截断。受力钢筋间距不大于 200mm。

　　3. 弯矩值来源于表 5.8.7。

（3）构造钢筋配置。根据《混凝土结构设计规范》（GB 50010—2010）（2015 年版）第 9.1.6 条规定，在与混凝土梁整体浇筑的简支边（即图 5.8.1 中板区格一 AB 边），设置板面构造钢筋 $\underline{\Phi}$ 8@200，钢筋从梁边伸入板内 1100mm。

规范 5.53

单位宽度内的板面构造钢筋配筋面积与跨中相应方向（即 l_y 方向）板底钢筋面积之比 $\dfrac{A_{st}}{A_{sb}} = \dfrac{251}{251} = 1 > \dfrac{1}{3}$，满足要求。

5.8.5.3　板区格二配筋计算（单向板）

（1）受力钢筋计算。板区格二受力钢筋计算方法同板区格一，计算见表5.8.10。

表5.8.10　　　　1层楼面板区格二正截面承载能力计算表（单位板宽）

截面位置	M /(kN·m)	$\gamma_0 M$ /(kN·m)	b /mm	h_0 /mm	$\alpha_s=\dfrac{M}{\alpha_1 f_c b h_0^2}$	$\xi=1-\sqrt{1-2\alpha_s}$ $(\xi\leqslant 0.518)$	$x=\xi h_0$ /mm	$A_s=\dfrac{\alpha_1 f_c bx}{f_y}$ /mm²	钢筋选配	实际配筋	
										A_s /mm²	配筋率 /%
支座	−9.81	−10.79	1000	101	0.074	0.077	7.77	309	⌀8@160	314	0.31
跨中	5.52	6.07	1000	101	0.042	0.043	4.30	171	⌀8@200	251	0.25

注　1．$\rho_{min}=0.2\%$；$\gamma_0=1.1$；$\alpha_1=1.0$；$f_c=14.3\text{N/mm}^2$；$f_y=360\text{N/mm}^2$。

　　2．采用分离式配筋，板底钢筋全部伸入支座；支座负弯矩钢筋自梁边缘向跨内延伸1100mm后截断。受力钢筋间距不大于200mm。

　　3．弯矩值来源于表5.8.8。

（2）构造钢筋配置。

1）板面构造钢筋。根据《混凝土结构设计规范》（GB 50010—2010）（2015年版）第9.1.6条规定，在与混凝土梁整体浇筑的简支边及非受力边（即图5.8.1中板区格二除D轴外其他三边），设置板面构造钢筋⌀8@200，钢筋从梁边伸入板内1100mm。

单位宽度内的板面构造钢筋配筋面积与受力方向跨中板底钢筋面积之比$\dfrac{A_{st}}{A_{sb}}=\dfrac{251}{251}=1>\dfrac{1}{3}$，满足要求。

规范5.54

2）板底分布钢筋。根据《混凝土结构设计规范》（GB 50010—2010）（2015年版）第9.1.7条规定，在板底垂直于受力的方向布置分布钢筋，设置分布钢筋⌀8@200。单位宽度分布钢筋配筋率与板底受力钢筋相同，且$\rho=0.25\%>0.15\%$，满足要求。

5.8.6　正常使用极限状态下裂缝宽度验算

板裂缝宽度验算与框架裂梁缝宽度验算相同，$\omega_{max}=\alpha_{cr}\psi\dfrac{\sigma_{sq}}{E_s}\left(1.9c_s+0.08\dfrac{d_{eq}}{\rho_{te}}\right)\leqslant\omega_{lim}$

下面针对板区格一、区格二分别列表进行（表5.8.11和表5.8.12）。

表5.8.11　　　　　　　　　一层楼面板区格一裂缝宽度验算

截面位置		M_{sq} /(kN·m)	h_0 /m	A_s /mm²	$A_{te}=0.5bh$ /mm²	$\rho_{te}=\dfrac{A_s}{A_{te}}$	$\sigma_{sq}=\dfrac{M_{sq}}{0.87h_0 A_s}$ /(N/mm²)	$\psi=1.1-\dfrac{1.31}{\rho_{te}\sigma_{sq}}$	d_{eq} /mm	c_s /mm	$\omega_{max}=\alpha_{cr}\psi\dfrac{\sigma_{sq}}{E_s}\times\left(1.9c_s+0.08\dfrac{d_{eq}}{\rho_{te}}\right)$ /mm
支座	l_x 方向	6.5	101	359	60000	0.01	206.05	0.46	8	20	0.09
	l_y 方向	5.5	101	296	60000	0.01	211.46	0.48	8	20	0.10

截面位置	M_{sq} /(kN·m)	h_0 /m	A_s /mm²	$A_{te}=0.5bh$ /mm²	$\rho_{te}=\dfrac{A_s}{A_{te}}$	$\sigma_{sq}=\dfrac{M_{sq}}{0.87h_0A_s}$ /(N/mm²)	$\psi=1.1-\dfrac{1.31}{\rho_{te}\sigma_{sq}}$	d_{eq} /mm	c_s /mm	$\omega_{max}=\alpha_{cr}\psi\dfrac{\sigma_{sq}}{E_s}\times\left(1.9c_s+0.08\dfrac{d_{eq}}{\rho_{te}}\right)$ /mm
跨中 l_x 方向	3.62	101	251	60000	0.01	164.13	0.30	8	20	0.05
跨中 l_y 方向	1.21	93	251	60000	0.01	59.58	0.2	8	23	0.01

注 1. $b=1000$mm，$h=120$mm，$\alpha_{cr}=1.9$，$E_s=2\times10^5$N/mm²。

2. 当 $\rho_{te}<0.01$ 时，取为 0.01。

3. 当 $\psi<0.2$ 时，取为 0.2；当 $\psi>1.0$ 时，取为 1.0。

4. 板截面只配一种钢筋直径，$d_{eq}=d=8$mm。

5. c_s 为最外层纵向受拉钢筋外边缘至受拉区底边的距离。对跨中 l_y 长跨方向受力钢筋因放在短跨方向受力钢筋内侧，则 $c_s=c+d=15+8=23$mm，对其他方向 $c_s=c=15$mm。当 $c_s<20$ 时，取为 20；当 $c_s>65$ 时，取为 65。

规范 5.55

由表 5.8.11 可知，一层楼面板区格一各截面最大裂缝宽度 ω_{max} 均小于 $\omega_{lim}=0.3$mm，符合要求。

由表 5.8.12 可知，一层楼面板区格二各截面最大裂缝宽度 ω_{max} 均小于 $\omega_{lim}=0.3$mm，符合要求。

表 5.8.12　　　　　　　　一层楼面板区格二裂缝宽度验算

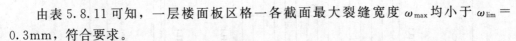

截面位置	M_{sq} /(kN·m)	h_0	A_s /mm²	$A_{te}=0.5bh$ /mm²	$\rho_{te}=\dfrac{A_s}{A_{te}}$	$\sigma_{sq}=\dfrac{M_{sq}}{0.87h_0A_s}$ /(N/mm²)	$\psi=1.1-\dfrac{1.31}{\rho_{te}\sigma_{sq}}$	d_{eq} /mm	c_s /mm	$\omega_{max}=\alpha_{cr}\psi\dfrac{\sigma_{sq}}{E_s}\times\left(1.9c_s+0.08\dfrac{d_{eq}}{\rho_{te}}\right)$ /mm
支座	5.02	101	314	60000	0.01	181.94	0.38	8	20	0.07
跨中	2.82	101	251	60000	0.01	127.86	0.20	8	20	0.02

注 1. $b=1000$mm，$h=120$mm，$\alpha_{cr}=1.9$，$E_s=2\times10^5$N/mm²。

2. 当 $\rho_{te}<0.01$ 时，取为 0.01。

3. 当 $\psi<0.2$ 时，取为 0.2；当 $\psi>1.0$ 时，取为 1.0。

4. 板截面只配一种钢筋直径，$d_{eq}=d=8$mm。

5. c_s 为最外层纵向受拉钢筋外边缘至受拉区底边的距离，$c_s=c=15$mm<20mm，取为 20mm。

5.9　楼梯结构设计及构造措施

本工程设有楼梯一和楼梯二两部平行双跑楼梯，楼梯的平面布置、踏步尺寸、栏杆形式等由建筑设计确定。

楼梯的结构设计包括以下内容：

(1) 根据建筑要求和施工条件，确定楼梯的结构型式和结构布置。

(2) 根据建筑构造和建筑类别，进行楼梯的荷载统计。

(3) 进行楼梯各部件的内力计算和截面设计。

(4) 绘制施工图，处理好连接部位的配筋构造。

下面以楼梯一的2层结构为例进行阐述。

5.9.1 楼梯结构布置

根据建筑施工图可知该楼梯开间为4200mm，梯段宽度为1800mm，进深为9900mm，结构型式采用板式楼梯，楼梯平面布置图如图5.9.1所示。

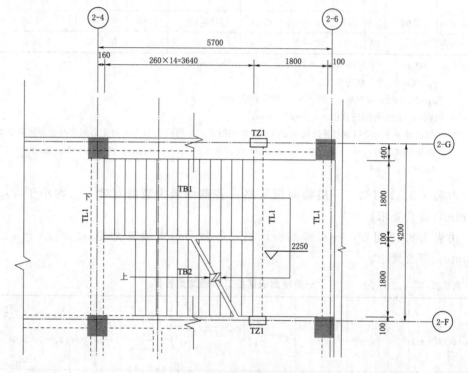

图5.9.1 2层楼梯结构布置图

本工程楼底层层高4.5m，二层以上为3.6m，踏步宽度$b=260$mm，高度$h=150$mm，底层梯段踏步数$N=30$，梯段水平投影长度$L_1=14\times260=3640$（mm），二层以上梯段踏步数$N=24$，踏步的水平投影长度$L_2=11\times260=2860$（mm），板倾斜角$\alpha=\arctan\dfrac{150}{260}=30°$，$\cos\alpha=0.866$。

材料选择为混凝土C30，钢筋为HRB400。

5.9.2 梯板设计

考虑到梯板两端与混凝土梯梁的固结作用，斜板跨度近似可按净跨计算。对斜板取1m宽作为其计算单元。

5.9.2.1 确定梯板厚度

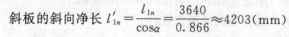

底层梯板水平投影净长$l_{1n}=3640$mm

斜板的斜向净长$l'_{1n}=\dfrac{l_{1n}}{\cos\alpha}=\dfrac{3640}{0.866}\approx4203$（mm）

梯板厚度$t_1=\left(\dfrac{1}{30}\sim\dfrac{1}{25}\right)l'_{1n}=\left(\dfrac{1}{30}\sim\dfrac{1}{25}\right)\times4203\approx140\sim168$（mm），取$t_1=140$mm

5.9.2.2 荷载统计

(1) TB1（直跑式梯段）。

永久荷载标准值计算：

防滑地砖面层	$(0.26+0.15)\times1\times0.70/0.3\approx0.96(kN/m)$
踏步（三角形截面面积×容重）	$0.5\times0.26\times0.15\times25/0.3=1.625（kN/m）$

斜板（斜板的垂直厚度×容重×$\cos\alpha$）换算为水平投影面的荷载

$$0.14\times1\times25/0.866\approx4.402(kN/m)$$

混合砂浆涂料顶棚	$0.21kN/m$
栏杆自重	$0.3kN/m$

合计：$7.497kN/m$

可变荷载标准值 $\qquad$ $3.5\times1=3.5(kN/m)$

恒荷载分项系数 $\gamma_G=1.3$，活荷载分项系数 $\gamma_Q=1.5$

总荷载设计值：$p=1.3\times7.497+1.5\times3.5\approx14.996(kN/m)$

(2) TB2（折板式梯段）。

TB2 为折线式梯板，两端均与梯梁整浇，斜板的厚度 $t_1=140mm$，水平段板厚与斜板取相同厚度 $140mm$。

永久荷载标准值计算

锯齿形斜板：

防滑地砖面层	$(0.26+0.15)\times1\times0.70/0.3\approx0.96(kN/m)$
踏步（三角形截面面积×容重）	$0.5\times0.26\times0.15\times25/0.3=1.625(kN/m)$

斜板（斜板的垂直厚度×容重×$\cos\alpha$）换算为水平投影面的荷载

$$0.14\times1\times25/0.866\approx4.402(kN/m)$$

混合砂浆涂料顶棚	$0.21kN/m$
栏杆自重	$0.3kN/m$

小计：$g_1=7.497kN/m$

水平段板：

防滑地砖面层	$0.70kN/m$
水平段板自重	$25\times0.14=3.50(kN/m)$
混合砂浆涂料顶棚	$0.21kN/m$

小计：$g_2=4.41kN/m$

可变荷载标准值 $\qquad$ $3.5\times1=3.5(kN/m)$

恒荷载分项系数 $\gamma_G=1.3$，活荷载分项系数 $\gamma_Q=1.5$

总荷载设计值：$p_1=1.3\times7.497+1.5\times3.5\approx14.996(kN/m)$

$$p_2=1.3\times4.41+1.5\times3.5=10.983(kN/m)$$

规范 5.57

5.9.2.3　内力计算

（1）TB1（直跑式梯段）。梯板 TB1 计算简图如图 5.9.2 所示。

计算跨度：$l_0 = l_{1n} = 3640\text{mm}$

跨中弯矩：

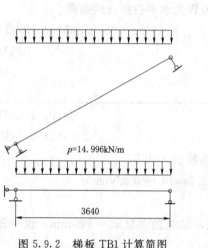

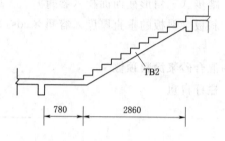

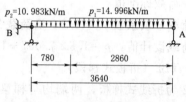

图片 5.4

概念 5.25

图 5.9.2　梯板 TB1 计算简图　　　　图 5.9.3　梯板 TB2 计算简图

$$M_{\max} = \frac{1}{10} p l_0^2 = \frac{1}{10} \times 14.996 \times 3.64^2 \approx 19.87 (\text{kN} \cdot \text{m})$$

（2）TB2（折板式梯段）。梯板 TB2 计算简图如图 5.9.3 所示。

TB2 计算跨度 $l_0 = l_1 + l_2 = 11 \times 260 + 780 = 3640 (\text{mm})$

支座反力 $R_A = \dfrac{p_1 l_1 (l_1/2 + l_2) + p_2 l_2^2 / 2}{l}$

$$= \frac{14.996 \times 2.86 \times (2.86/2 + 0.78) + 10.983 \times 0.78^2 / 2}{3.64}$$

$$\approx 26.96 (\text{kN})$$

l_1 和 l_2 分别为 p_1 和 p_2 的分布长度。

最大弯矩截面到 A 点的距离：$x = R_A / p_1 = 26.96 / 14.996 \approx 1.798 (\text{m})$

$M_{\max} = R_A x - 0.5 p_1 x^2 = 26.96 \times 1.798 - 0.5 \times 14.996 \times 1.798^2 \approx 24.23 (\text{kN} \cdot \text{m})$

5.9.2.4　配筋计算

（1）TB1 计算。

$$h_0 = h - 20 = 140 - 20 = 120 (\text{mm})$$

$$\alpha_s = \frac{M}{\alpha_1 f_c b h_0} = \frac{22.11 \times 10^6}{1.0 \times 14.3 \times 1000 \times 120^2} \approx 0.107$$

$$\xi = 1 - \sqrt{1 - 2\alpha_s} = 1 - \sqrt{1 - 2 \times 0.107} \approx 0.102 < \xi_b = 0.518$$

$$\gamma_s = 1 - 0.5\xi = 1 - 0.5 \times 0.1134 \approx 0.943$$

$$A_s = \frac{M}{f_y\gamma_s h_0} = \frac{22.11 \times 10^6}{360 \times 0.943 \times 120} \approx 542.74(\text{mm}^2)$$

$$A_{s,\min} = bh\rho_{\min} = 1000 \times 140 \times 0.002 = 280(\text{mm}^2) < 485\text{mm}^2$$

受力钢筋用$\Phi 8@100$，$A_s = 503\text{mm}^2$；分布筋采用$\Phi 8@250$。

规范 5.58

（2）TB2 计算。

$$h_0 = h - 20 = 140 - 20 = 120(\text{mm})$$

$$\alpha_s = \frac{M}{\alpha_1 f_c bh_0^2} = \frac{24.23 \times 10^6}{1.0 \times 14.3 \times 1000 \times 120^2} \approx 0.118$$

$$\xi = 1 - \sqrt{1-2\alpha_s} = 1 - \sqrt{1-2\times0.118} \approx 0.126 < \xi_b = 0.518$$

$$\gamma_s = 1 - 0.5\xi = 1 - 0.5 \times 0.126 = 0.937$$

$$A_s = \frac{M}{f_y\gamma_s h_0} = \frac{24.23 \times 10^6}{360 \times 0.937 \times 120} = 599(\text{mm}^2)$$

$$A_{s,\min} = bh\rho_{\min} = 1000 \times 140 \times 0.002 = 280(\text{mm}^2) < 599\text{mm}^2$$

受力钢筋用$\Phi 10@130$，$A_s = 604\text{mm}^2$；分布筋采用$\Phi 8@250$。

梯板正截面承载能力计算见表 5.9.1。

表 5.9.1　梯板正截面承载能力计算表（单位板宽）

梯板	$M_{\max}$ /(kN·m)	b /mm	h_0 /mm	$\alpha_s = \frac{M}{\alpha_1 f_c bh_0^2}$	$\xi = 1-\sqrt{1-2\alpha_s}$ $\xi \leq 0.518$	$\gamma_s = 1-0.5\xi$	$A_s = \frac{M}{f_y\gamma_s h_0}$ /mm²	钢筋选配	实际配筋 A_s /mm²	配筋率 /%
TB1	19.87	1000	120	0.0965	0.102	0.949	485	$\Phi 8@110$	503	0.42
TB2	24.23	1000	120	0.118	0.126	0.937	599	$\Phi 10@130$	604	0.50

注　$\rho_{\min} = 0.2\%$；$\alpha_1 = 1.0$；$f_c = 14.3\text{N/mm}^2$；$f_y = 360\text{N/mm}^2$。

5.9.3　平台板设计

PTB1 为四边支承板，长宽比 $l_x/l_y = 4200/1800 \approx 2.33 > 2$，近似按短跨方向的简支单向板计算，取 1m 宽作为计算单元。梯梁的截面取 $b \times h = 200\text{mm} \times 400\text{mm}$。平台板 PTB1 的计算简图如图 5.9.4 所示。

由于平台板两端均与梁整浇，计算跨度取净跨 $l_n = 1800 - 200 - 200 = 1400(\text{mm})$，平台板厚度取 $t_2 = 80\text{mm}$。

5.9.3.1　荷载计算

永久荷载标准值计算（按简支板进行计算，取 1m 宽板带作为计算单元，板厚取 80mm）：

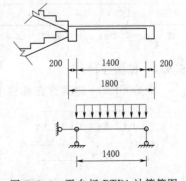
图 5.9.4　平台板 PTB1 计算简图

图片 5.5

防滑地砖面层	0.70 kN/m
平台板重量	$25\times0.08=2.00(\text{kN/m})$
混合砂浆涂料顶棚	0.21kN/m

合计：2.91kN/m

可变荷载标准值　　　　　　　　　　　　　　　　　　　　$3.5\times1=3.5(\text{kN/m})$

恒荷载分项系数 $\gamma_G=1.3$，活荷载分项系数 $\gamma_Q=1.5$

总荷载设计值：$p=1.3\times2.91+1.5\times3.5=9.033(\text{kN/m})$

5.9.3.2　内力计算及配筋

弯矩设计值：

$$M=\frac{1}{10}pl_0^2=\frac{1}{10}\times9.033\times1.4^2\approx1.77(\text{kN}\cdot\text{m})$$

板有效高度：

$$h_0=h-20=80-20=60(\text{mm})$$

$$\alpha_s=\frac{M}{\alpha_1f_cbh_0}=\frac{1.77\times10^6}{1.0\times14.3\times1000\times60^2}\approx0.034$$

$$\xi=1-\sqrt{1-2\alpha_s}=1-\sqrt{1-2\times0.034}\approx0.035<\xi_b=0.518$$

$$\gamma_s=1-0.5\xi=1-0.5\times0.035\approx0.983$$

$$A_s=\frac{M}{f_y\gamma_sh_0}=\frac{1.77\times10^6}{360\times0.983\times60}\approx83(\text{mm}^2)$$

$$A_{s,\min}=bh\rho_{\min}=1000\times80\times0.002=160(\text{mm}^2)$$

受力钢筋用 $\Phi 8@200$，$A_s=251\text{mm}^2$。分布钢筋为 $\Phi 8@300$。

平台板正截面承载能力计算见表 5.9.2。

表 5.9.2　　　　　　　平台板正截面承载能力计算表（单位板宽）

平台板	$M_{\max}$ /(kN·m)	b /mm	h_0 /mm	$\alpha_s=\dfrac{M}{\alpha_1f_cbh_0^2}$	$\xi=1-\sqrt{1-2\alpha_s}$ $\xi\leqslant0.518$	$\gamma_s=$ $1-0.5\xi$	$A_s=\dfrac{M}{f_y\gamma_sh_0}$ /mm²	钢筋选配	实际配筋	
									A_s /mm²	配筋率 /%
PTB1	1.77	1000	60	0.034	0.035	0.983	83	$\Phi 8@200$	251	0.42

注　$\rho_{\min}=0.2\%$；$\alpha_1=1.0$；$f_c=14.3\text{N/mm}^2$；$f_y=360\text{N/mm}^2$。

5.9.4　梯梁设计

图片 5.6

梯梁 TL1 一端搁置在梯柱上，一端搁置在边梁上，计算跨度取净跨 $l_n=1800+$ $1800+100=3700(\text{mm})$，梯梁 TL1 计算简图如图 5.9.5 所示。梯梁的截面高度 $h=l/12=3700/12\approx$ 308mm，取 $h=400\text{mm}$，$b=h/3\sim h/2\approx133\sim$ 200mm，取宽度 $b=200\text{mm}$。

3700

图 5.9.5　梯梁 TL1 计算简图

5.9.4.1 荷载计算

梯段板传递荷载	$14.996\times3.64/2\approx27.293(\text{kN/m})$
平台板传递荷载	$9.033\times1.8/2\approx8.130(\text{kN/m})$
梁自重	$1.3\times25\times0.20\times(0.4-0.08)=2.08(\text{kN/m})$
梁侧抹灰	$1.3\times0.21\times(0.4-0.08)\times2\approx0.175(\text{kN/m})$

合计：37.678kN/m

5.9.4.2 内力计算

梯梁弯矩设计值：

$$M=\frac{1}{8}\times pl_0^2=\frac{1}{8}\times37.678\times3.7^2\approx64.48(\text{kN}\cdot\text{m})$$

梯梁剪力设计值：

$$V=\frac{1}{2}pl_n=0.5\times37.678\times3.7\approx69.70(\text{kN})$$

5.9.4.3 配筋及构造要求

按倒 L 形截面计算，梁受压区有效翼缘计算宽度按规范所列情况的最小值取用：

$$b'_f=\frac{1}{6}l_0=\frac{1}{6}\times3700\approx617(\text{mm})<(b+S_n/2)=200+1400/2=900(\text{mm})$$

规范 5.59

故取受压翼缘计算宽度 $b'_f=617$mm

梁的有效高度：

$$h_0=h-40=400-40=360(\text{mm})$$

$$M'_f=\alpha_1 f_c b'_f h'_f\left(h_0-\frac{h'_f}{2}\right)=1.0\times14.3\times617\times80\times\left(360-\frac{80}{2}\right)/10^6$$

$$\approx225.87(\text{kN}\cdot\text{m})>64.48\text{kN}\cdot\text{m}$$

属于第一类 T 形截面。

$$\alpha_s=\frac{M}{\alpha_1 f_c b h_0^2}=\frac{64.48\times10^6}{1.0\times14.3\times200\times360^2}\approx0.174$$

$$\xi=1-\sqrt{1-2\alpha_s}=1-\sqrt{1-2\times0.174}\approx0.192<\xi_b=0.518$$

$$X=\xi h_0=0.192\times360=69.12(\text{mm})$$

$$A_s=\frac{\alpha_1 f_c b x}{f_y}=\frac{1.0\times14.3\times200\times69.12}{360}\approx549(\text{mm}^2)$$

$$A_{s,\min}=bh\rho_{\min}=200\times400\times0.002=160(\text{mm}^2)$$

考虑到梯梁两边受力不均匀，会使梯梁受扭，所以在梯梁内宜适当增加纵向受力钢筋和箍筋的用量，故纵向受力钢筋选用 3 Φ 20，$A_s=628\text{mm}^2$。

$$0.25\beta_c f_c bh_0=0.25\times1.0\times14.3\times200\times360=257.4(\text{kN})>V=69.70\text{kN}$$

截面尺寸满足要求。

$$0.7f_t bh_0=0.7\times1.43\times200\times360\approx72.07(\text{kN})>V=69.70\text{kN}$$

仅需按构造要求配置箍筋，加密区配Φ 8@100 双肢箍筋，非加密区配Φ 8@200 双肢箍筋。

规范 5.60

5.9.5　楼梯抗震构造

发生强烈地震时，楼梯是重要的竖向紧急逃生通道。楼梯间（包括楼梯板）的破坏会延误人员撤离及救援工作，从而造成严重伤亡。根据《建筑抗震设计规范》（GB 50011—2010）（2016 年版）6.1.15 条及其说明：对于框架结构，楼梯构件与主体结构整浇时，楼梯应参与抗震计算，并采取相应的抗震措施。

框架结构楼梯抗震构造措施的一般规定具体参见标准图集《混凝土结构施工图平面整体表示方法制图规则和构造详图（现浇混凝土板式楼梯）16G101—2》（以下简称"图集 16G101—2"）。

5.10　基础设计及构造措施

独立基础
设计▶

本工程采用柱下独立基础，基础设计包括：

（1）根据岩土工程勘察报告，选择持力层，并初步确定基础埋深。

（2）根据上部结构传至基础顶面的荷载及地基承载力，初估基础底面尺寸；进行地基持力层承载力验算，确定基础底面尺寸。

（3）本工程地基基础设计等级为乙级，应进行地基变形验算。

（4）根据抗冲切承载力验算，进行基础剖面设计。

（5）根据底板正截面受弯承载能力计算及构造要求，确定底板受力钢筋配置。

5.10.1　基本信息

规范 5.61

依据《建筑地基基础设计规范》（GB 50007—2011）第 3.0.1 条，拟建建筑物工程的地基基础设计等级为乙级。根据岩土工程勘察报告，本项目拟采用柱下独立基础，选取第二层粉质黏土作为持力层，持力层的承载力特征值 $f_{ak}=150kPa$，基础底面标高为 $-1.5m$。根据建筑施工图，室内外高差 0.3m，室外地平高同自然地面，则基础埋深为 1.2m。钢筋混凝土柱下独立基础选用混凝土强度等级为 C30，钢筋型号为 HRB400。

扩展 5.43

5.10.2　内力组合

规范 5.62

地基基础设计时，所采用的作用效应与相应的抗力限值应符合《建筑地基基础设计规范》（GB 50007—2011）第 3.0.5 条相关规定。按地基承载力确定基础底面积时，传至基础的作用效应应按正常使用极限状态下作用的标准组合，相应的抗力应采用地基承载力特征值。计算地基变形时，传至基础底面上的作用效应按正常使用极限状态下作用的准永久组合，不应计入风荷载和地震作用。确定基础高度及基础配筋时，应按承载能力极限状态下作用的基本组合，采用相应的分项系数。

规范 5.63

不超过 8 层且高度在 24m 以下的一般民用框架结构，地基主要受力层范围内不存在软弱黏性土层，可不进行基础的抗震验算。本项目共 5 层，总高度为 19.65m，故基础设计时可不进行地震作用下的荷载效应组合。

（1）标准组合：①1.0 永久荷载＋1.0 可变荷载；②1.0 永久荷载＋1.0 可变荷载＋0.6 左风；③1.0 永久荷载＋1.0 可变荷载＋0.6 右风。

规范 5.64

（2）准永久组合：④1.0 永久荷载＋0.5 可变荷载（0.2 雪荷载）。

（3）基本组合：⑤1.3 永久荷载＋1.5 可变荷载；⑥1.3 永久荷载＋1.5 可变荷载＋1.5×0.6 左风；⑦1.3 永久荷载＋1.5 可变荷载＋1.5×0.6 右风。

基础设计计算以 A 柱下基础为例，D 柱和 E 柱下基础的计算方法相同。

查柱内力组合表 5.4.10 中各底层柱柱底截面内力，得基础设计内力组合结果见表 5.10.1。

规范 5.65

表 5.10.1　　　　　　　　　　　　基础设计内力组合表

| 柱号 | 内　力 | 标准组合 | | | | 基　本　组　合 | | |
		①	②	③	④	⑤	⑥	⑦
A柱	弯矩 $M/(\text{kN}\cdot\text{m})$	-17.99	-58.06	22.09	-15.24	-24.48	-84.60	35.63
	轴力 N/kN	2570.97	2550.11	2591.83	2365.75	3424.34	3393.05	3455.64
	剪力 V/kN	-10.38	1.66	-22.42	-8.79	-14.13	3.94	-32.19
D柱	弯矩 $M/(\text{kN}\cdot\text{m})$	13.17	-29.48	55.82	11.23	17.89	-46.08	81.87
	轴力 N/kN	2835.61	2805.77	2865.45	2564.50	3794.74	3749.98	3839.49
	剪力 V/kN	7.60	22.51	-7.31	6.48	10.32	32.69	-12.05
E柱	弯矩 $M/(\text{kN}\cdot\text{m})$	0.35	-20.35	21.06	0.40	0.44	-30.61	31.50
	轴力 N/kN	1015.32	1066.02	964.62	941.11	1349.59	1425.65	1273.55
	剪力 V/kN	0.20	7.45	-7.03	0.23	0.25	11.13	-10.60

注　弯矩以绕基础底面顺时针转动为正，剪力 V 以向右为正，轴力以受压为正。

扩展 5.44

5.10.3　基础底面尺寸设计

基础底面积确定时，传至基础的作用效应应按正常使用极限状态下作用的标准组合。根据内力组合结果，选择标准组合③：$M=22.09\text{kN}\cdot\text{m}$，$N=2591.83\text{kN}$，$V=-22.42\text{kN}$。

基础埋深 1.2m，先假定基础宽度小于 3m，则只要考虑埋深对地基承载力特征值的修正，根据《建筑地基基础设计规范》（GB 50007—2011）第 5.2.4 条，持力层为粉质黏土，则埋深承载力修正系数 $\eta_d=1.6$，

则 $f_a=f_{ak}+\eta_d\gamma_m(d-0.5)=150+1.6\times17.61\times(1.2-0.5)\approx169.72(\text{kPa})$

规范 5.66

先按照轴心受力估算基础面积，再考虑偏心受力对基底面积进行放大。

$$A\geqslant\frac{N_k}{f_a-\gamma_G d}=\frac{2591.83}{169.72-20\times(1.2+0.3/2)}\approx18.16（\text{m}^2）$$

基底形状选用正方形，$b=\sqrt{A}\geqslant4.26\text{m}$。

规范 5.67

放大基底面积，基础尺寸初步确定为 4.5m×4.5m，由于基底宽度大于 3m，因此需要再进行基础宽度的地基承载力特征值修正及基底面积计算。

根据《建筑地基基础设计规范》（GB 50007—2011）第 5.2.4 条，基础宽度的地基承载力修正系数 $\eta_b=0.3$。

$$f_a=f_{ak}+\eta_b\gamma(b-3)+\eta_d\gamma_m(d-0.5)=150+0.3\times18.1\times(4.5-3)$$
$$+1.6\times17.61\times(1.2-0.5)$$
$$\approx177.87(\text{kPa})$$

$$A \geqslant \frac{N_k}{f_a - \gamma_G d} = \frac{2591.83}{177.87 - 20 \times (1.2 + 0.3/2)} \approx 17.18 (\text{m}^2)$$

实际采用基底面积为 $4.5\text{m} \times 4.5\text{m} = 20.25\text{m}^2 > 17.18\text{m}^2$，符合要求。

规范 5.68

5.10.4　地基持力层承载力验算

基础自重和基础上的土重为 $G_k = \gamma_G A d = 20 \times 4.5 \times 4.5 \times (1.2 + 0.3/2) = 546.75 (\text{kN})$。

偏心距

扩展 5.45

$$e = \frac{M_k + V_k h}{N_k + G_k} = \frac{22.09 - 22.42 \times 0.8}{2591.83 + 546.75} \approx 0.001(\text{m}) < \frac{l}{6} = \frac{4.5}{6} = 0.75(\text{m})$$

因此为小偏心情况。

基底平均压力 $p_k = \dfrac{N_k + G_k}{A} = \dfrac{2591.83 + 546.75}{4.5 \times 4.5} \approx 155.0(\text{kPa}) \leqslant f_a = 177.87\text{kPa}$

基底最大压力

$$p_{k,\max} = \frac{N_k + G_k}{A}\left(1 + \frac{6e}{l}\right) = \frac{2591.83 + 546.75}{4.5 \times 4.5}\left(1 + \frac{6 \times 0.001}{4.5}\right) = 155.21(\text{kPa}) \leqslant 1.2 f_a$$
$$= 213.44\text{kPa}$$

基底平均压力和基底最大压力均满足持力层承载力要求，所以最终确定基础底面尺寸为 $4.5\text{m} \times 4.5\text{m} = 20.25\text{m}^2$。

规范 5.69

5.10.5　地基变形计算

根据《建筑地基基础设计规范》（GB 50007—2011）第 5.3.3 条，对于框架结构地基变形应由相邻柱基的沉降差控制。由于篇幅有限，本算例仅介绍规范法计算 A 柱下基础沉降量，将相邻柱下基础的沉降量相减，即可得到沉降差，并与规范允许的框架结构相邻柱基沉降差限值进行比较。

规范 5.70

传至基础顶面的内力，取正常使用极限状态下作用的准永久组合值：$M = -15.24\text{kN} \cdot \text{m}$，$N = 2365.75\text{kN}$，$V = -8.79\text{kN}$。

偏心距

$$e = \frac{M + Vh}{N + G} = \frac{|-15.24 - 8.79 \times 0.8|}{2365.75 + 546.75} \approx 0.008(\text{m}) < \frac{l}{6} = \frac{4.5}{6} = 0.75(\text{m})$$

因此为小偏心情况。

基础底面处的附加压力

$$p_{\max} = \frac{N + G}{A}\left(1 + \frac{6e}{l}\right) = \frac{2365.75 + 546.75}{4.5 \times 4.5}\left(1 + \frac{6 \times 0.008}{4.5}\right) \approx 145.37(\text{kPa})$$

$$p_{\min} = \frac{N + G}{A}\left(1 - \frac{6e}{l}\right) = \frac{2365.75 + 546.75}{4.5 \times 4.5}\left(1 - \frac{6 \times 0.008}{4.5}\right) \approx 142.29(\text{kPa})$$

基底压力最大压力和最小压力相近，因此，可采用均布基底压力进行地基变形计算。

$$p = \frac{N + G}{A} = \frac{2365.75 + 546.75}{4.5 \times 4.5} = 143.83(\text{kPa})$$

基底附加压力 $p_0 = p - \gamma_m d = 143.83 - 17.61 \times 1.2 \approx 122.70(\text{kPa})$

坐标轴 z 轴建在基底，因此基底位置 $z=0$。

采用规范法计算地基土的沉降量，对基底以下地基土进行分层，每层厚度宜小于 $0.4b=1.8m$。

结合本项目岩土工程勘察报告中的场地地层结构，③层全风化花岗片麻岩在浅基础变形计算中可视为基岩，压缩层计算深度 z_n 取至基岩表面，即压缩层计算深度取②层粉质黏土的平均厚度 1.47m，该厚度小于地基土分层最大厚度 1.8m，地基变形计算时可不对粉质黏土进行分层。

本算例为使地基变形计算更准确，且更好展示规范法计算地基变形的过程，将粉质黏土层分成 2 层，从上至下土层厚度分别为 0.7m 和 0.77m。

地基变形计算见表 5.10.2。

扩展 5.46

规范 5.71

表 5.10.2 　　　　　　　　　　地 基 变 形 计 算 表

z_i /m	l/b	z/b	$\overline{\alpha}_i$	$\overline{\alpha}_i z_i$ /m	$\overline{\alpha}_i z_i - \overline{\alpha}_{i-1} z_{i-1}$ /m	E_{si} /kPa	$\Delta s_i'$ /mm	s' /mm
0	1	0	0.25	0	0.18	5540	15.95	
0.7	1	0.16	0.25	0.18				31.01
1.47	1	0.33	0.24	0.35	0.17	5540	15.06	

规范 5.72

规范 5.73

由于只有一层压缩土层，变形计算深度范围内压缩模量的当量值为②粉质黏土层的压缩模量值，即 $\overline{E_s}=5540kPa$。

由于 $p_0=122.70kPa$ 小于 f_{ak}（150kPa），大于 $0.75f_{ak}$（112.5kPa），查《建筑地基基础设计规范》（GB 50007—2011）表 5.3.5，得沉降计算经验系数 $\phi_s=1.0$。

地基变形量 $s=\phi_s s'=\phi_s\sum_{i=1}^{n}\Delta s_i'=31.01mm$，小于《建筑地基基础设计规范》（GB 50007—2011）规定的体型简单的高层建筑基础的平均沉降量允许值 200mm，满足规范要求。

规范 5.74

规范 5.75

5.10.6 基础剖面设计

初定基础高度为 800mm，选用二阶基础，每阶高度为 400mm，选取钢筋保护层的厚度为 80mm。基础剖面如图 5.10.1 所示。

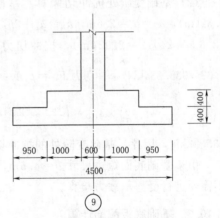

图 5.10.1 基础剖面图

规范 5.76

确定基础高度时，应按承载能力极限状态下作用的基本组合，采用相应的分项系数。根据内力组合结果，选择基本组合⑦：$M=35.63kN\cdot m$，$N=3455.64kN$，$V=-32.19kN$。

图片 5.7

基本组合⑦时，偏心距

$$e=\frac{M+Vh}{N+G}=\frac{35.63-32.19\times0.8}{3455.64+546.75}=0.002\text{（m）}<\frac{l}{6}=\frac{4.5}{6}=0.75\text{（m）}$$

因此为小偏心情况。

扣除基础自重及其上土重后相应于作用的基本组合时的地基土单位面积净反力为

$$p_{\max} = \frac{N}{A}\left(1+\frac{6e}{l}\right) = \frac{3455.64}{4.5 \times 4.5}\left(1+\frac{6 \times 0.002}{4.5}\right) = 171.11 (\text{kPa})$$

$$p_{\min} = \frac{N}{A}\left(1-\frac{6e}{l}\right) = \frac{3455.64}{4.5 \times 4.5}\left(1-\frac{6 \times 0.002}{4.5}\right) = 170.19 (\text{kPa})$$

对偏心受压基础取基础边缘处最大地基土单位面积净反力，即

$$p_j = p_{\max} = 171.10 \text{kPa}$$

规范 5.77

（1）柱与基础交接处抗冲切验算。基础冲切破坏锥体的有效高度 $h_0 = 0.8 - 0.08 = 0.72\text{m}$，冲切破坏锥体最不利一侧斜截面的上边长 $a_t = b_t = 0.6\text{m}$，冲切破坏锥体最不利一侧斜截面在基础底面积范围内的下边长 $a_b = a_t + 2h_0 = 0.6 + 2 \times 0.72 = 2.04(\text{m})$，冲切破坏锥体最不利一侧计算长度 $a_m = (a_t + a_b)/2 = (0.6 + 2.04)/2 = 1.32(\text{m})$，抗冲切力 $0.7\beta_{hp}f_t a_m h_0 = 0.7 \times 1.0 \times 1.43 \times 10^3 \times 1.32 \times 0.72 \approx 951.35$ (kN)，冲切力 $F_l = p_j A_l = p_j\left[\left(\frac{b}{2}-\frac{b_t}{2}-h_0\right)l - \left(\frac{l}{2}-\frac{a_t}{2}-h_0\right)^2\right] = 171.10 \times \left[\left(\frac{4.5}{2}-\frac{0.6}{2}-0.72\right) \times 4.5 - \left(\frac{4.5}{2}-\frac{0.6}{2}-0.72\right)^2\right] \approx 688.18$ (kN) $< 0.7\beta_{hp}f_t a_m h_0 = 951.351\text{kN}$，因此，柱与基础交接处的抗冲切承载力满足要求。

（2）基础变阶处抗冲切验算。基础冲切破坏锥体的有效高度 $h_0 = 0.4 - 0.08 = 0.32(\text{m})$，$a_t = b_t = 2.6\text{m}$，$a_b = a_t + 2h_0 = 2.6 + 2 \times 0.32 = 3.24(\text{m})$，$a_m = (a_t + a_b)/2 = (2.6 + 3.24)/2 = 2.92(\text{m})$，抗冲切力 $0.7\beta_{hp}f_t a_m h_0 = 0.7 \times 1.0 \times 1.43 \times 10^3 \times 2.92 \times 0.32 \approx 935.33(\text{kN})$，冲切力 $F_l = p_j A_l = p_j\left[\left(\frac{b}{2}-\frac{b_t}{2}-h_0\right)l - \left(\frac{l}{2}-\frac{a_t}{2}-h_0\right)^2\right] = 171.10 \times \left[\left(\frac{4.5}{2}-\frac{2.6}{2}-0.32\right) \times 4.5 - \left(\frac{4.5}{2}-\frac{2.6}{2}-0.32\right)^2\right] = 417.16$ (kN) $< 0.7\beta_{hp}f_t a_m h_0 = 935.33\text{kN}$，因此，基础变阶处的抗冲切承载力满足要求。

由于基础底面短边尺寸 $b = 4.5\text{m}$，大于 $b_t + 2h_0 = 0.6 + 2 \times 0.72 = 2.04(\text{m})$，故不需要进行受剪承载力验算。

5.10.7 基础底板配筋计算

规范 5.78

确定基础配筋时，应按承载能力极限状态下作用的基本组合，采用相应的分项系数。根据内力组合结果，选择基本组合⑦，$M = 35.63\text{kN} \cdot \text{m}$，$N = 3455.64\text{kN}$，$V = -32.19\text{kN}$。

偏心距 $e = \frac{M + Vh}{N + G} = \frac{35.63 - 32.19 \times 0.8}{3455.64 + 546.75} \approx 0.002$ （m）$< \frac{l}{6} = \frac{4.5}{6} = 0.75$ （m）。

因此为小偏心情况。

相应于作用的基本组合时的基础底面边缘最大和最小地基反力设计值为

$$p_{\max} = \frac{N + G}{A}\left(1+\frac{6e}{l}\right) = \frac{3455.64 + 546.75}{4.5 \times 4.5}\left(1+\frac{6 \times 0.002}{4.5}\right) \approx 198.18(\text{kPa})$$

$$p_{min} = \frac{N+G}{A}\left(1-\frac{6e}{l}\right) = \frac{3455.64+546.75}{4.5\times4.5}\left(1-\frac{6\times0.002}{4.5}\right) \approx 197.12(\text{kPa})$$

由于基础底面为正方形，可任意选取Ⅰ—Ⅰ或Ⅱ—Ⅱ方向进行基本组合时的弯矩设计值计算。

柱与基础交接处Ⅱ—Ⅱ方向弯矩设计值为

$$M_{\text{Ⅱ}} = \frac{1}{48}(l-a')^2(2b+b')\left(p_{max}+p_{min}-\frac{2G}{A}\right)$$

规范 5.79

$$= \frac{1}{48}(4.5-0.6)^2(2\times4.5+0.6)\left(198.18+197.12-\frac{2\times1.35\times546.75}{4.5\times4.5}\right)$$

$$\approx 980.74(\text{kN}\cdot\text{m})$$

基础底板配筋为

$$A_{s,\text{Ⅱ}} = \frac{M_{\text{Ⅱ}}}{0.9f_yh_0} = \frac{980.74\times10^6}{0.9\times360\times720} \approx 4204.13(\text{mm}^2)$$

验算最小配筋率时，阶形基础截面，将其折算成矩形截面，折算后截面有效高度为

规范 5.80

$$h_{01}+h_{02} = 320+400 = 720(\text{mm})$$

折算后截面宽度为

$$b_0 = \frac{b_1h_{01}+b_2h_{02}}{h_{01}+h_{02}} = \frac{4500\times320+2600\times400}{320+400} \approx 3444.44(\text{mm})$$

规范 5.81

折算后的矩形截面面积为

$$b_0(h_{01}+h_{02}) = 3444.44\times720 = 2480000(\text{mm}^2)$$

最小配筋面积为

$$\rho_{min}b_0(h_{01}+h_{02}) = 0.15\%\times2480000 = 3720(\text{mm}^2)$$

最小配筋面积小于$A_{s,\text{Ⅱ}}$，因此，配筋已经满足最小配筋率要求。

选用 21 ⨁ 16，$A_s = 4221.1\text{mm}^2$，设置方式为⨁ 16@150。

满足以下构造要求：

(1) 底板受力钢筋的最小直径不应小于10mm。

(2) 间距不应大于200mm，也不应小于100mm。

考虑到纵向框架传力，实际配置双向⨁ 16@150。

规范 5.82

D柱和E柱下独立基础均按照以上方法进行设计。

概述▶

建筑识图▶

结构布置1▶

结构布置2▶

建模前准备▶

扩展6.1

任务6
利用 PKPM 系列软件进行框架结构设计（电算部分）

6.1　利用 PMCAD 建立计算模型

利用 PMCAD 进行结构建模，主要包括网格输入、构件布置、楼梯输入、修改板厚、荷载输入和模型组装等 6 个步骤。

为方便建模顺利完成，应仔细阅读建筑图，完成结构布置，并建议在建模之前先完成楼板面荷载、梁上线荷载统计等准备工作。

6.1.1　进入软件

本工程电算设计采用的版本是 PKPM2010 结构设计软件 V5.1.2.1。选择 SATWE 核心的集成设计（图 6.1.1），完成本框架结构的模型建立、内力分析、构件设计、基础设计、楼梯设计及施工图绘制。

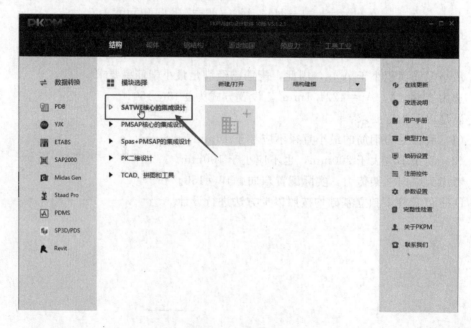

图 6.1.1　模块选择

首先添加一个工作目录，点击加号（图 6.1.2）。

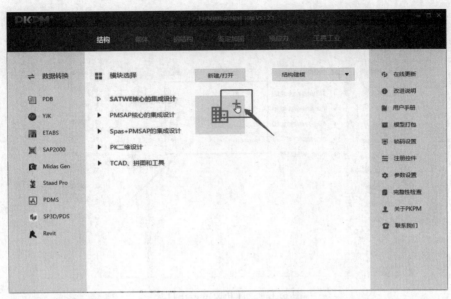

图 6.1.2　添加工作目录

选择一个工作目录，单击确定（图 6.1.3）。

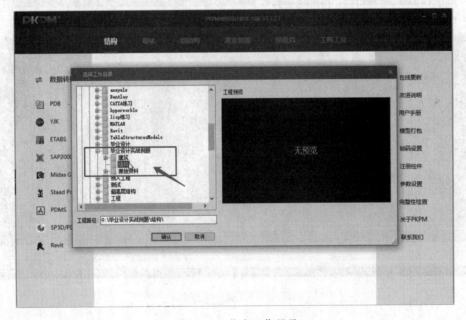

图 6.1.3　指定工作目录

目录添加完成后，再次双击选定的工作目录图标，进入工作界面（图 6.1.4）。

进入工作界面，首先给本次设计的工程取一个名字，然后点击确定（图 6.1.5）。

工作界面几个常用的主菜单主要包括：

（1）轴网（图 6.1.6），主要完成针对网格输入的操作，包括绘制、编辑及辅助设置等。

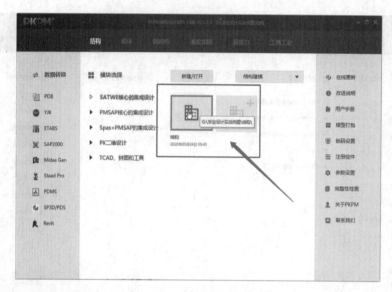

图 6.1.4　打开选定工作目录

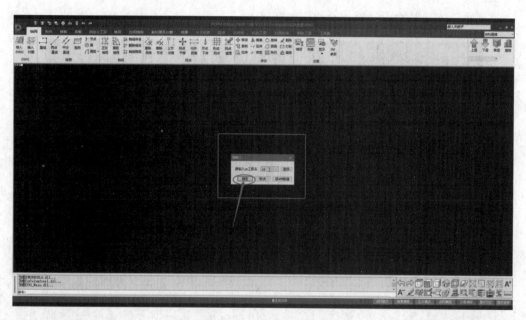

图 6.1.5　确定工程名

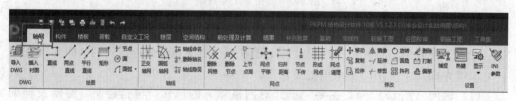

图 6.1.6　轴网主菜单

（2）构件（图 6.1.7），主要完成针对梁、柱、墙、斜杆等构件布置的操作。

图 6.1.7 构件主菜单

（3）楼板（图 6.1.8），主要完成针对楼板的各种操作以及楼梯的布置。

图 6.1.8 楼板主菜单

（4）荷载（图 6.1.9），主要完成针对荷载输入的相关操作。

图 6.1.9 荷载主菜单

（5）自定义工况（图 6.1.10），主要完成针对需要自定义工况的操作，如自定义荷载组合。

图 6.1.10 自定义工况主菜单

（6）楼层（图 6.1.11），主要完成针对楼层组装相关操作。

图 6.1.11 楼层主菜单

（7）空间结构（图 6.1.12），基本是其他菜单命令的整合。

图 6.1.12　空间结构主菜单

（8）前处理及计算（图 6.1.13），主要完成计算参数的设置，并进行结构分析设计。

图 6.1.13　前处理及计算主菜单

（9）结果（图 6.1.14），主要进行计算结果的查看，结构设计需要提交的计算书在此生成。

图 6.1.14　结果主菜单

网格输入与
构件布置▶

6.1.2　网格输入与构件布置

软件提供两种方式生成网格和构件布置：一是在本软件直接绘制网格，并进行构件布置；二是通过导入 DWG 文件，生成网格，识别构件。

6.1.2.1　直接绘制网格

可以通过"轴网"主菜单（图 6.1.15）下"绘图""轴线"等命令，逐条或者批量直接绘制网格；再通过"网点"和"修改"等命令，进行网格的编辑等相关操作。

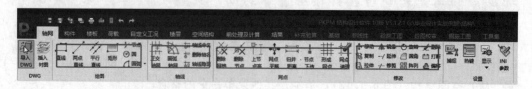

图 6.1.15　轴网主菜单

6.1.2.2 通过导入 DWG，生成网格，识别构件

利用 AutoCAD、探索者 TSSD 等专业绘图软件强大的绘图和编辑功能，绘制好结构平面布置图。

点击 "轴网" 主菜单下 "导入 DWG" 子菜单（图 6.1.16）。

图 6.1.16 导入 DWG

点击 "装载 DWG 图" 命令（图 6.1.17）。

图 6.1.17 装载 DWG 图

选择需要的 CAD 图（图 6.1.18）。

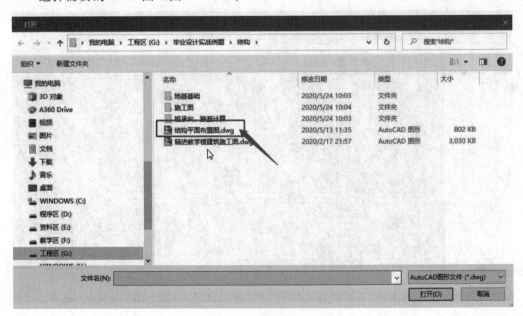

图 6.1.18 选择 CAD 图

点击 "选择部分"（图 6.1.19），选择需要导入的楼层，装载完毕。如布置第一层，框选第一层图纸，右键选择完毕。

进行图形识别（图 6.1.20）：点击 "轴网" 命令，选中 CAD 图中轴网，单击确

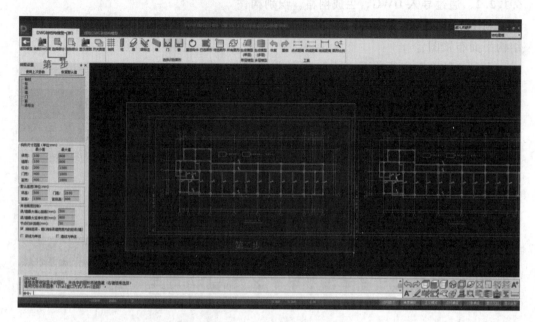

图 6.1.19　选择装载图形

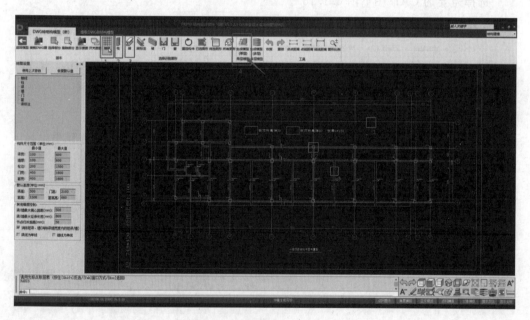

图 6.1.20　识别轴网、柱、梁

定。再分别点击"柱""梁"命令，分别选中 CAD 图中柱、梁，单击确定。点击"生成模型"，输入基准点（图 6.1.21）（至关重要，务必选择准确，以后插图时均以此为基准点）。

　　点击"单层"组装按钮，可通过三维模型查看，对杆件关系进行直观检查。点击窗口右下角的投影图标，可以返回二维模型（图 6.1.22）。

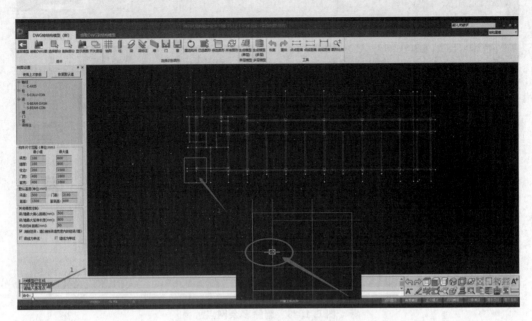

图 6.1.21　指定基准点

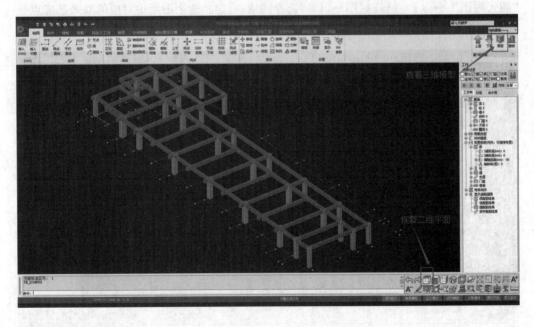

图 6.1.22　查看三维模型及返回二维模型

　　点击"删除"命令，对多余网点进行删除，以免影响后续结构分析计算（图 6.1.23）。可通过框选外围无用点，进行快速选择。

　　插入衬图（图 6.1.24）（作为底图，以备后面对构件布置进行对照修改）：（1）点击

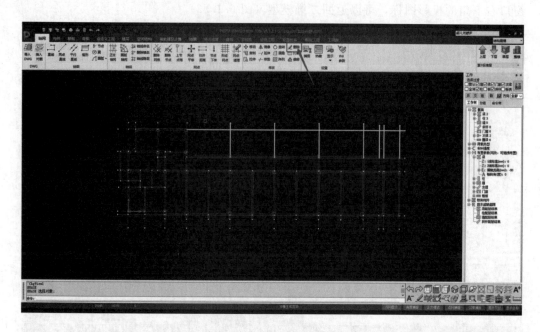

图 6.1.23　删除多余网点

"插入衬图"→（2）插新衬图→（3）选择区域→（4）选定图纸中对应的原来基准点→
（5）点击叉号关闭。

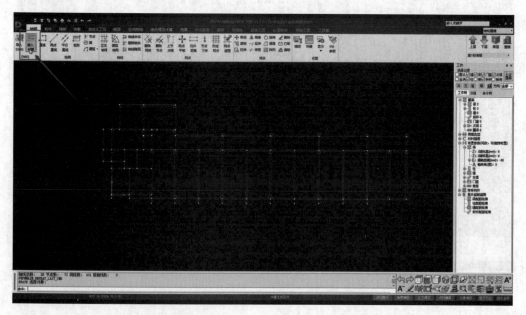

图 6.1.24　插入衬图

点击窗口右下角"查看构件"图标，查看构件截面信息（图 6.1.25）。

6.1.2.3 查改构件信息

通过上述构件截面信息查询，对照衬图，对发现构件截面尺寸不一致的，进行修改。

（1）梁的修改：点击"梁"子菜单（图 6.1.26）→"增加"（图 6.1.27）→输入需要修改的截面尺寸→"确定"→以"点选"（选择方式可灵活选用）的方式修改梁截面（图 6.1.28）（梁如需偏移，可在"梁布置参数"进行设置）。

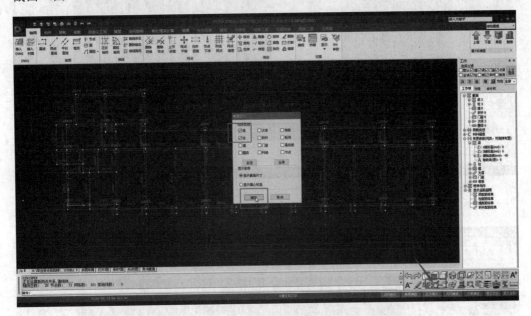

图 6.1.25　查看构件截面信息

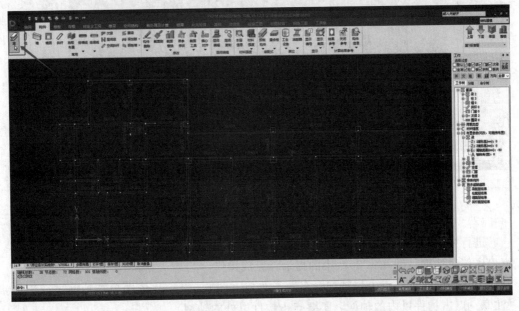

图 6.1.26　"梁"子菜单

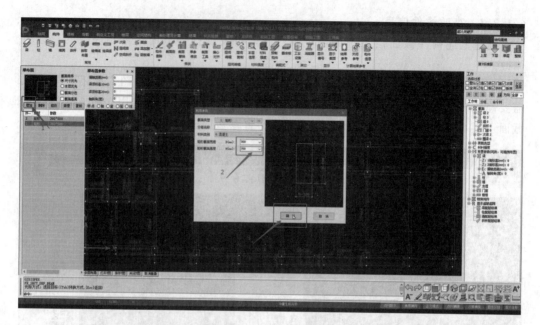

图 6.1.27 "增加"页面

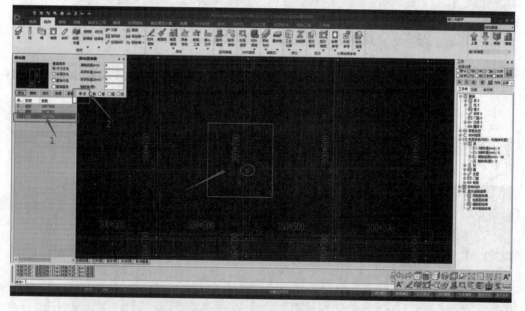

图 6.1.28 选择布置梁截面

（2）柱的修改：柱截面尺寸修改操作与梁相同。

进行柱对齐命令修改时，点击"偏心对齐"→"柱与梁齐"（图 6.1.29）→按照窗口底部对话框（图 6.1.30）中的提示，完成操作。

（3）轴网布置。点击"轴线命名"子菜单（图 6.1.31），依次单击轴网进行添加（注意：点击构件以内的轴网，不要点击构件以外的轴网）。

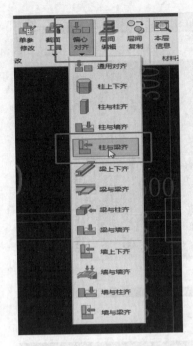

图 6.1.29 柱与梁齐

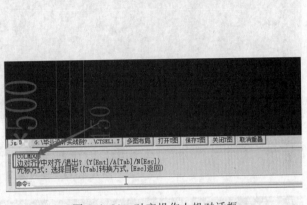

图 6.1.30 对齐操作人机对话框

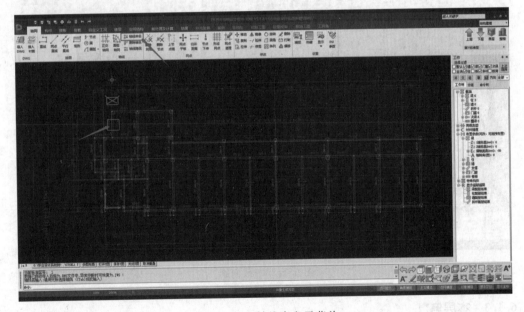

图 6.1.31 轴线命名子菜单

轴网添加完成之后，可以点击"轴线隐现"（图 6.1.32），控制是否显示轴网。

批量修改构件，可使用"构件"主菜单下的"截面刷"子菜单，操作类似 OFFICE 软件中的格式刷，点击目标构件，去刷其他需要更改为与之相同参数的构件（图 6.1.33），方便快捷。

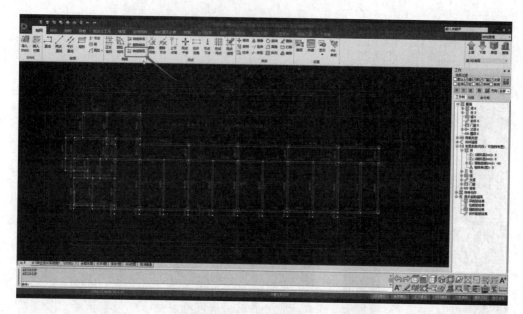

图 6.1.32 轴线隐现

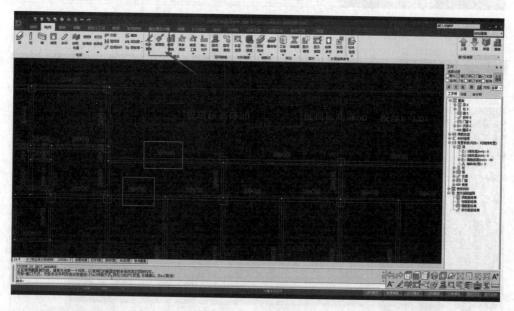

图 6.1.33 截面刷

6.1.3 本层信息

点击"构件"主菜单下的"本层信息"子菜单。打开"本标准层信息"对话框（图 6.1.34），输入本层拟采用的板厚、板的混凝土强度、保护层厚度等基本信息。

修改板的厚度为 120mm，板的混凝土强度为 C30，保护层厚度根据《钢筋混凝土结构设计规范》（GB 50010—2010）的规定选取。

根据本工程的建筑设计，板位于室内，属一类环境，混凝土保护层厚度取

本层信息▶

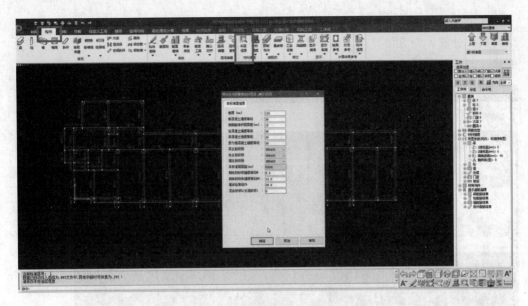

图 6.1.34　本标准层信息对话框

15mm。一般来说，走廊属于室外环境，但本例中走廊在平面中所占比例较小。由于 PKPM 软件的限制，无法修改局部区域的保护层厚度，故只输入 15mm。

关于钢筋信息，梁、柱的主筋级别，统一采用 HRB 400。本层层高，对一层而言，应取为建筑层高加上一层室内地坪到基础顶面之间的高度，本工程取为 5.2m。

6.1.4　楼板布置

点击"生成楼板"（图 6.1.35），本层信息中板厚设为 120mm，可见生成楼板厚均为 120mm。

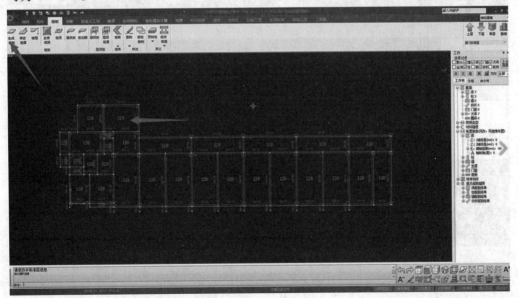

图 6.1.35　生成楼板

点击"修改板厚"（图 6.1.36），对楼梯间板厚进行修改。本工程考虑楼梯参与结构整体计算，为方便导荷，将楼梯间的板厚修改为 0。对话框中输入 0 后，点击需要修改的楼板即可。

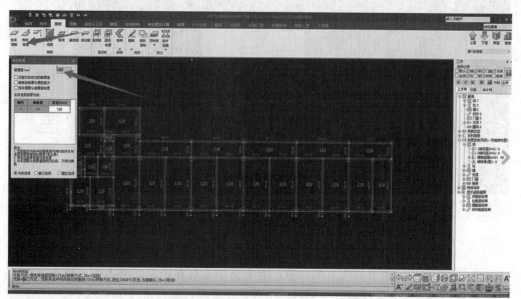

图 6.1.36   修改板厚

点击"错层"，设置降板（图 6.1.37）。从建筑图上可以看出，走廊、楼梯间的降板厚度为 30mm，卫生间降板厚度为 50mm，故需对这两部分进行错层设置。错层设置以下降为正，输入下降高度，再点击需要修改的楼板，依次修改。

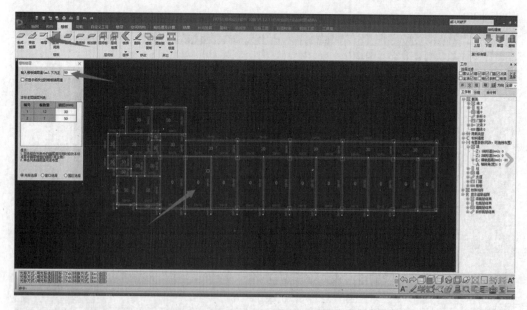

图 6.1.37   设置降板

点击"全房间洞",设置管道井(图6.1.38)。点击"全房间洞",再点击需要修改的楼板,即可自动生成洞口。

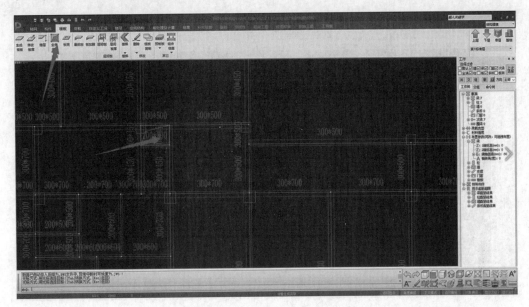

图 6.1.38 设置管道井

点击"悬挑板",对悬挑板进行定义。本工程中 A 轴外为悬挑板,首先点击"悬挑板",再点击"增加"定义一个新的悬挑板。选择形状为"矩形",宽度取与区网格齐,挑出长度为 800mm,板厚按照 1/10 估算取为 80mm,点击确认(图6.1.39)。设置完毕,即可进行点选、窗选等选择布置。

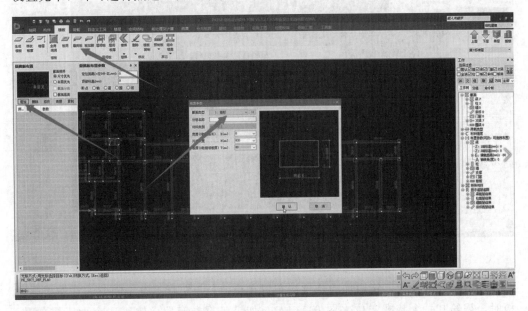

图 6.1.39 设置悬挑板参数

对于悬挑板宽度没有布满区格的情况，如本例中最后一块悬挑板的宽度只有2700mm。悬挑板须单独进行定义（图6.1.40）。

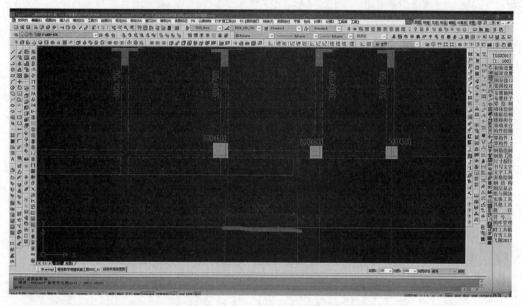

图6.1.40　悬挑板未布满区格情况

重新增加一块悬挑板（图6.1.41）。点击"增加"，在宽度信息中输入2700。

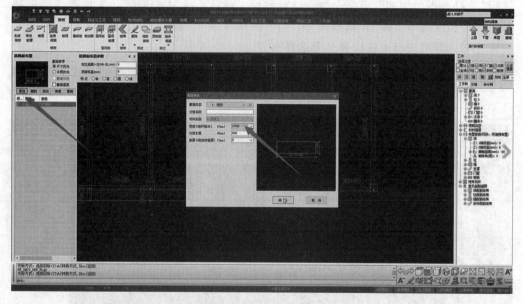

图6.1.41　增加定义悬挑板

点击布置时发现，新增加的悬挑板布置在跨中，与实际不符。因此，在布置悬挑板时，需给其一个基准定位（图6.1.42）。如果是靠左布置，输入一个大于零的数，居中布置为0，靠右输入负数。本例根据建筑图，输入"1"。

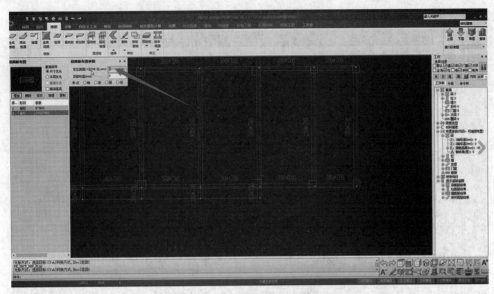

图 6.1.42 设置悬挑板定位距离

根据建筑立面线条，这部分悬挑板应为上下两层形成洞口。受 PKPM 软件限制，此处只能布置上面一层悬挑板，因此需要自行在结构施工图中单独绘制大样图，但在布置悬挑板的荷载时，必须要考虑两块板重。悬挑板构造如图 6.1.43 所示。

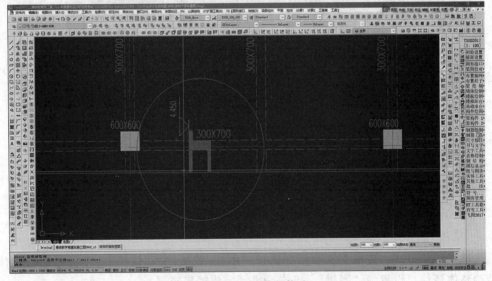

图 6.1.43 悬挑板构造

6.1.5 楼梯布置

点击"楼梯"，选择楼梯间网格，在页面会弹出选择"楼梯类型"的对话框（图 6.1.44）。本例为两跑，点击"平行两跑楼梯"，进行楼梯参数的设置。

设置楼梯参数时，需注意"起始高度"（图 6.1.45）。模型输入的首层结构层高为 5.2m，而从室内地坪起算的建筑层高为 4.5m，因此起始高度应为 700mm。踏步宽度等数据，根据建筑施工图的楼梯大样图进行修改。

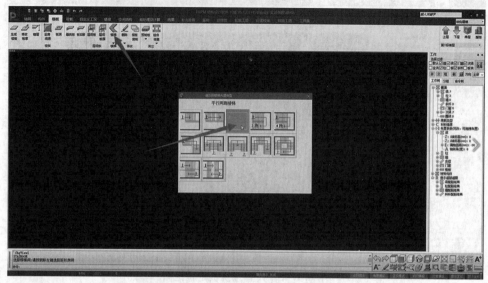

图 6.1.44 选择"楼梯类型"对话框

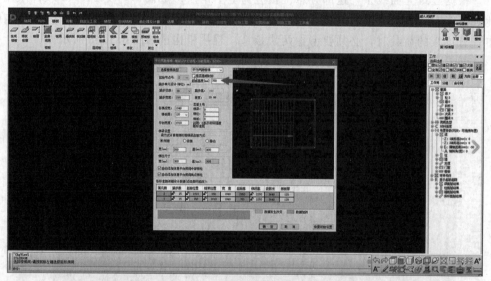

图 6.1.45 楼梯起始高度

梯梁连接方式，应根据实际情况选择"刚接/铰接/滑动铰接"。本例楼梯与主体结构整体浇注，设置为"刚接"。点击确定，完成楼梯布置。

为防止输入错误或误操作等，导致休息平台的宽度或者踏步宽度等数据有误，最好检查测量下距离。在窗口底端对话框输入查询命令"di"，可以看到相差 50mm。对照建筑楼梯大样图再次确定数据，重新修改数据即可设置成功。查询楼梯数据如图 6.1.46 所示。

需要说明的是，PKPM 这种对楼梯的建模方法并不是很精确。点击"楼梯"下拉子菜单"画法"，点击后显示模型中对梯段仅考虑了斜板，而板上的台阶、面板装

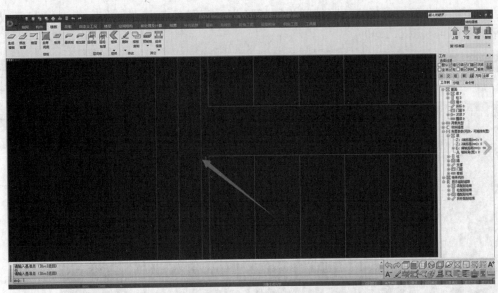

图 6.1.46　查询楼梯数据

修层及栏杆等荷载均无考虑（图 6.1.47）。对于这些没有考虑的荷载，通过将楼梯间楼板厚度设置为 0，然后将荷载输入到楼板上（图 6.1.48）。

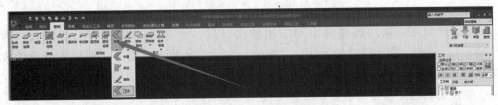

图 6.1.47　画法子菜单

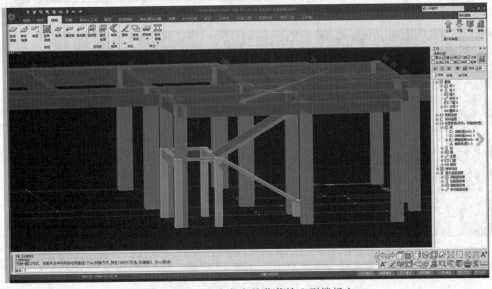

图 6.1.48　没有考虑的荷载输入到楼板上

下面制作第二部楼梯。将楼梯视图切换为平面图，点击"画法"，待楼梯显示成平面图即可（图 6.1.49）。

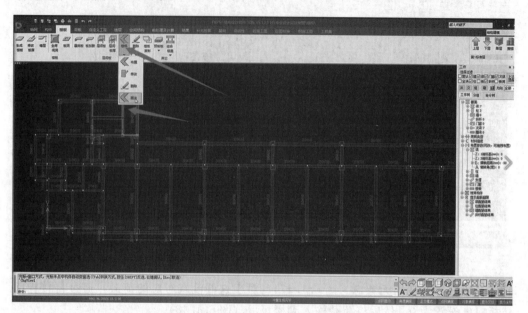

图 6.1.49　画法显示楼梯平面图

根据建筑图，第二部楼梯上到二楼楼面以后，距离 D 轴线还有一段距离，为 2180mm。因此，在使用"轴网"→"偏移"命令，复制出一根梁。根据开间设置成 200mm×400mm 的梁。在构件中点击梁，新建一个 200mm×400mm 的梁，布置在相应位置上。再把楼梯间楼板处板厚改成 120mm（图 6.1.50）。

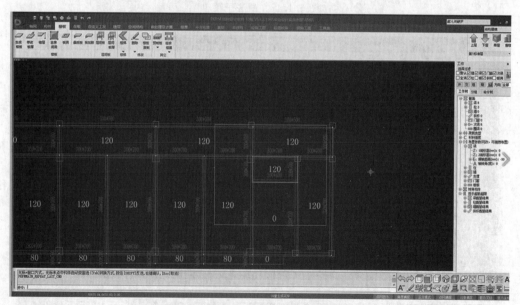

图 6.1.50　楼梯间楼板处板厚

接下来就可以用同样的方法进行楼梯布置。在布置时要注意楼梯的起点，通过调整"起始节点号"，确保楼梯的起始方向与建筑图一致（图 6.1.51）。

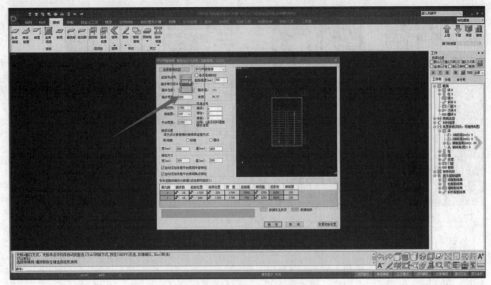

图 6.1.51 调整楼梯起跑方向

从三维图中可以看出，楼梯梁将柱打断了，形成了短柱（图 6.1.52），做柱施工图时要注意沿柱全高进行加密。

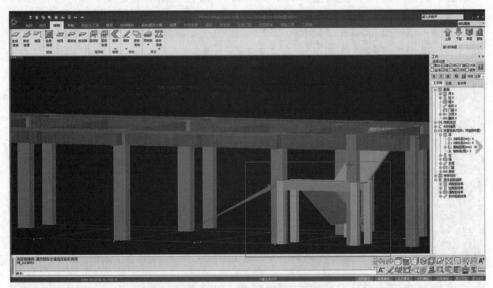

图 6.1.52 框架柱形成短柱

观察三维图，可以发现框架柱处多余布置了 2 个梯柱。

点击"楼梯"→"修改"命令，在图中点选确定需要修改的楼梯，调出楼梯设计对话框。将"自动添加休息平台房间角点梯柱"取消，点击确定即修改完成，形成与实际相符的梯柱布置（图 6.1.53）。

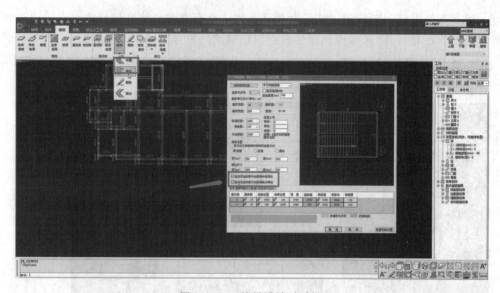

图 6.1.53　楼梯设计对话框

荷载输入▶

6.1.6　荷载输入

6.1.6.1　楼面荷载输入

1. 恒活设置

点击"荷载"→"恒活设置"（图 6.1.54），进行楼面荷载定义。

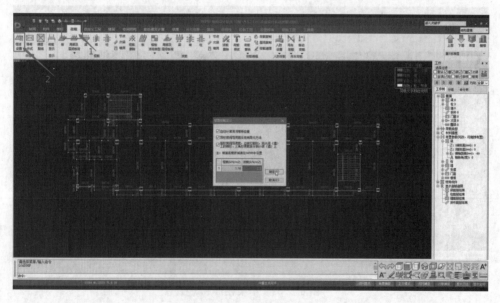

图 6.1.54　恒活设置

勾选"自动计算现浇楼板自重"，以便让软件自动计算楼板自重并进行自动导荷。这样做的好处在于，若因楼板挠度、裂缝验算满足不了，而修改了楼板的厚度，则软件会进行自动计算，而不必再手动修改荷载。如果不打勾，输入荷载的时候则需要自行统计楼板的自重。

勾选"异形房间导荷载采用有限元方法",以便让导荷更加精确。

勾选"矩形房间导荷载,边被打断时,将大梁(墙)上的梯形、三角形荷载拆分到小梁(墙)上",这样导荷的时候,将不会考虑边被节点打断的影响,导荷结果更接近实际。

2. 荷载布置

在"楼面荷载定义"对话框中,录入本楼层的楼面恒载和活载标准值,点击"确定"后完成楼面恒载和活载布置。

注意录入楼面恒载时,如果已经勾选了"自动计算现浇楼板自重",则此处仅录入楼面找平层、装饰层、板底吊顶等建筑构造层的自重。

根据 4.1.2 节计算结果,扣除软件自动计算的现浇楼板自重后,本层需录入的现浇水磨石楼面恒载为 $1.16kN/m^2$。

活载根据《建筑结构荷载规范》(GB 50009—2012)相关规定,各房间功能不同,活荷载也不一样。这里先按教室楼面活载 $2.5kN/m^2$ 录入。

3. 查改恒载

点击"荷载"→"恒载"→"板",可以查看已经布置好的楼面恒载值(图 6.1.55)。

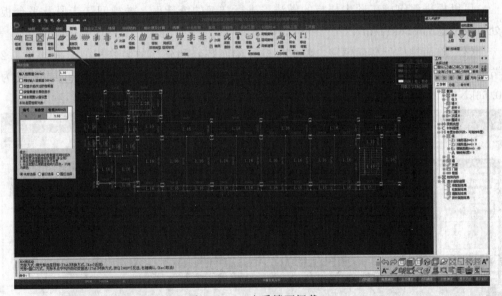

图 6.1.55 查看楼面恒载

连廊、卫生间、楼梯间等处恒载与教室不一样,可在此处进行局部修改。

(1)连廊处楼面恒载。根据 4.1.2 节计算结果,扣除软件自动计算的现浇楼板自重后,连廊、露天走廊处楼面恒载为 $1.89kN/m^2$。

输入正确的恒载值,点击确定需要修改荷载的楼板位置(图 6.1.56),完成修改。

(2)卫生间处楼面恒载。根据 4.1.2 节计算结果,扣除软件自动计算的现浇楼板自重后,卫生间处楼面恒载为 $5.97kN/m^2$。

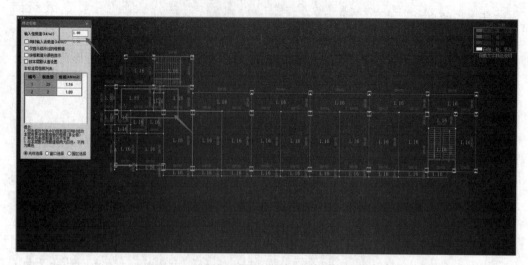

图 6.1.56　修改连廊、露天走廊等处楼面恒载

输入正确的恒载值，点击确定需要修改荷载的楼板位置，完成修改。

（3）楼梯间处楼面恒载。扣除软件自动计算的斜板自重后，楼梯间处需要考虑的恒载包括三角形台阶、装修面层及板底抹灰的自重。

可以根据建筑施工图中楼梯的做法，进行详细的统计后，楼梯间踏步段及平台板处恒载考虑为 $3.6 \mathrm{kN/m^2}$。

（4）前面挑檐处楼面恒载。考虑挑檐处楼面装修和外墙的装修相似，根据 4.1.2 节计算结果，扣除软件自动计算的现浇楼板自重后，挑檐处楼面装修层恒载为 $0.66 \mathrm{kN/m^2}$（图 6.1.57）。

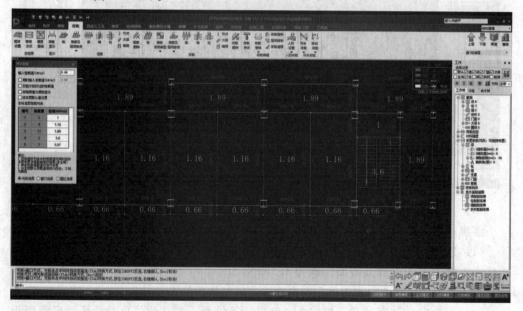

图 6.1.57　挑檐处楼面恒载

4. 查改活载

点击"荷载"→"活载"→"板",可以查看已经布置好的楼面活载值(图 6.1.58)。

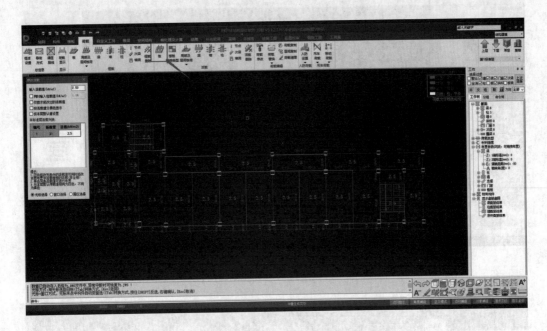

图 6.1.58 查看楼面活载

连廊、卫生间等处活载与教室不一样,也需要进行局部修改。软件提供两种方法,一种是在图 6.1.58 对话框中进行逐个修改。另外也可以通过指定房间功能,软件自动按照《建筑结构荷载规范》(GB 50009—2012)的取值进行活载布置。

(1)活载布置。点击"楼板活荷类型"(图 6.1.59)→根据房间功能选定相应的"楼板活荷载属性"→点击"布置"→选择需要布置的区域,依次完成教室、走廊、办公室、盥洗室、楼梯间等处的活荷载布置(图 6.1.60)。

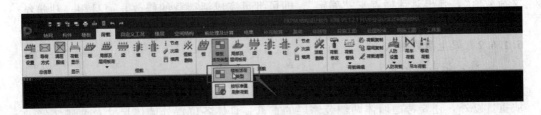

图 6.1.59 楼板活荷类型

(2)按标准值刷新荷载。点击"按标准值刷新荷载"(图 6.1.61),软件自动根据楼板功能,按规范规定的活荷载标准值进行活荷载布置。

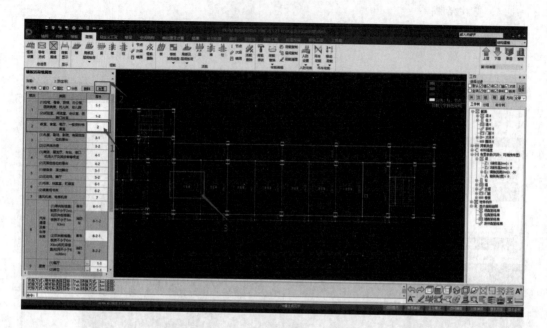

图 6.1.60　选择楼板功能布置活荷载

图 6.1.61　按标准值刷新荷载

在"楼板活荷载属性"对话框中，勾选刚才布置的所有活荷载类型（图 6.1.62）。

再点击图 6.1.63 中 1 位置处按钮"根据板的属性，用下表中的标准值替换自定义荷载值"，弹出对话框点击"确定"，即可批量完成活荷载的修改，而且跟《建筑结构荷载规范》（GB 50009—2012）的要求取值完全一致。

6.1.6.2　梁上荷载输入

1. 统计梁上线荷载

梁上的线荷载，主要就是梁上墙、窗的自重。其中，墙的自重，除墙体自身的砌块重量以外，还要考虑墙体两侧装修层的重量。具体各位置处墙体尺寸及两侧装修做法、窗的尺寸及做法，根据建筑施工图中可以进行详细计算。

2. 布置梁上线荷载

点击"荷载"→"梁"→在"梁：恒载布置"对话框中点击"添加"→选择荷载类型→输入荷载值→"确定"，完成线荷载定义（图 6.1.64）。

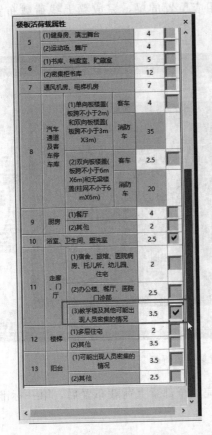

图 6.1.62 勾选需要刷新的活荷载类型

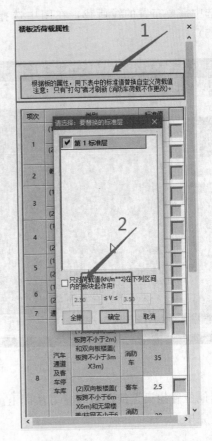

图 6.1.63 刷新活荷载标准值

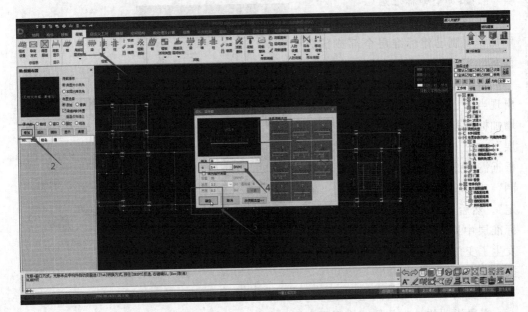

图 6.1.64 梁上线荷载定义

选中需要布置的线荷载，在图中选择相应位置的梁，完成梁上线荷载布置（图6.1.65）。

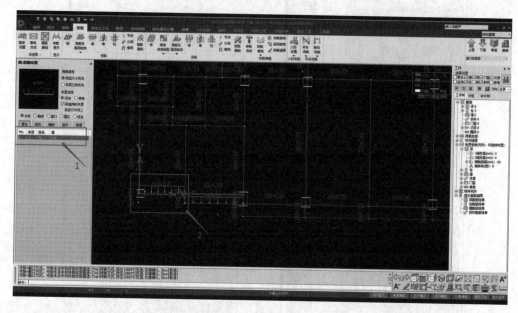

图 6.1.65 布置梁上线荷载

其他位置的梁上线荷载布置方法同上。完成全部梁上荷载布置后，第一标准层模型建立完毕。

6.1.7 楼层组装

1. 添加全部标准层

建好第 1 标准层后，可以通过添加、复制已建标准层全部或部分信息，实现其他标准层的快速建模。

点击窗口右边标准层下拉箭头，出现当前已建的全部标准层。需要增加标准层时，点击"添加新标准层"（图 6.1.66），弹出对话框后，根据需要选择"全部复制""局部复制"或"只复制网格"，点击"确定"。然后，再针对新建标准层与源标准层中网格、结构平面、荷载等发生了变化的信息，进行局部修改，操作方法同前。

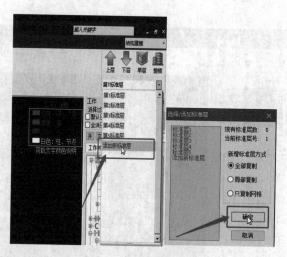

图 6.1.66 添加新标准层

重复以上步骤，直到完成全部的标准层。

需要说明的是，凡是结构平面布置（包括开洞）不一样，或者荷载不同的层，均应按新的标准层进行添加。

如果不小心建了多余的标准层，点击"楼层"→"标准层"→"删除"，弹出对话框后，选择不需要的标准层，点击"确定"，即可完成标准层删除（图 6.1.67）。

图 6.1.67 删除标准层

2. 确定结构设计参数

点击"楼层"→"设计参数"，在这里完成设计参数定义（图 6.1.68）。对各参数取值依据，可参看第 2 章中的具体描述。

图 6.1.68 设计参数

（1）设置总信息（图 6.1.69）。

结构体系选择"框架结构"，结构主材选择"钢筋混凝土"。结构重要性系数，这里主要考虑本工程为乙类建筑，根据《建筑结构可靠性设计统一标准》（GB 50068—2018）第 3.2.1 条，其安全等级宜规定为一级，结构重要性系数相应取 1.1。

地下室层数为 0，没有地下室。

与基础相连构件的最大底标高，当基础埋深都一样时，直接取默认数值 0，把结构的最低标高处作为基础，在计算时当做嵌固边界条件。如果在这里设置一个

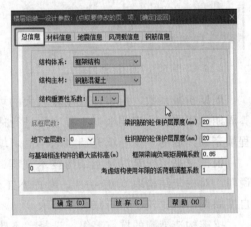

图 6.1.69 总信息

值，程序会把低于此数值的构件节点设为嵌固，这样就能兼顾不同基础埋深的情况，比如建筑在坡地的建筑。

梁、柱钢筋的混凝土保护层厚度，框架梁端负弯矩调幅系数，均按规范取值，一般程序默认值就可以。

考虑结构使用年限的活荷载调整系数，《高层建筑混凝土结构技术规程》（JGJ 3—2010）第 5.6.1 条、《建筑结构可靠性设计统一标准》（GB 50068—2018）第 8.2.10 条都有提到，当结构设计使用年限为 100 年时，取 1.1；对设计使用年限为 50 年时，

取 1.0。

（2）设置材料信息（图 6.1.70）。

混凝土容重，程序默认 25，由于软件在自动计算梁柱自重时仅按输入断面考虑，而没有考虑梁和柱的抹灰层重量，故将混凝土容重稍微增大，取为 26。

未提及的选项，取默认值。

（3）设置地震信息（图 6.1.71）。

第 2 章已述及，本工程设计地震分组为第 3 组，地震烈度 7 度，场地类别二类，混凝土框架抗震等级二级。

计算振型个数，一般一层取 3 个，总振型数不少于 9 个，以参与质量系数是否达到 0.9 为准。本工程取 3×5=15 个。

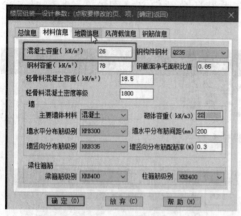

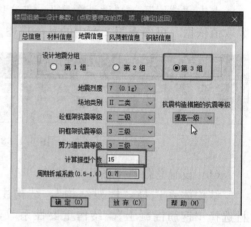

图 6.1.70　材料信息

图 6.1.71　地震信息

规范 6.1

周期折减系数，用于体现刚度较大的填充墙的存在导致的建筑物实际周期小于计算周期的影响。一定要根据工程实际进行适度折减，否则使地震作用偏小。根据本工程填充砌体墙的多少，填充墙多取小值，填充墙少取大值。

根据《高层建筑混凝土结构技术规程》（JGJ 3—2010）第 4.3.17 条规定及条文说明，对框架结构取 0.6～0.7，考虑本工程填充墙体比较少，砌体墙对框架结构的自振周期影响比较小，折减少一点取 0.7。

扩展 6.3

抗震构造措施的抗震等级，选择"不改变"。根据《建筑工程抗震设防分类标准》（GB 50223—2008）第 3.0.3 条，本工程属重点设防类（乙类建筑），应按高于本地区抗震设防烈度一度的要求加强其抗震措施。这个抗震措施，既包括内力调整措施，也包括构造措施。因为前面确定抗震等级时，乙类建筑已经按提高 1 度进行确定了，因此这里"抗震构造措施的抗震等级"不再重复提高。

（4）设置风荷载信息（图 6.1.72）。

第 2 章已述及，修正后的基本风压取 0.4kN/m²，地面粗糙程度 C 类。

沿高度体型分段数，反映建筑物从下到上有可能分成平面形状不同的几个段，从而各段有不同的体型系数。本工程由于体型没有变化，默认填 1，体型系数按规范取值。如果有地下室，则至少分 2 段，对第一段地下室这一层体型系数取 0，也就是对地下室不考虑风荷载作用。

（5）设置钢筋信息（图 6.1.73）。各级别钢筋强度设计值，取软件默认值即可。

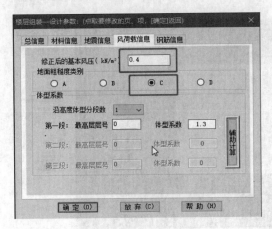

图 6.1.72　风荷载信息　　　　　　　　　　图 6.1.73　钢筋信息

3. 检查全楼信息

点击"楼层"→"全楼信息"（图 6.1.74），在这里检查各层板厚、荷载、材料强度、混凝土保护层厚度等信息。如果有错误的话，可以修改，如果没错误，点击"确定"。

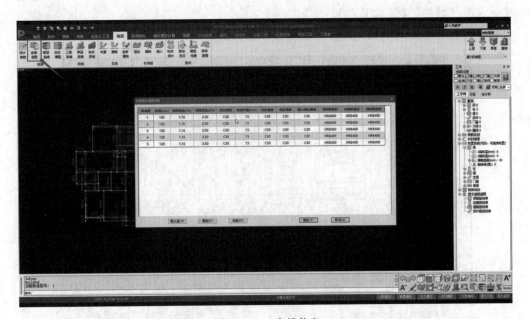

图 6.1.74　全楼信息

4. 进行楼层组装

点击"楼层"→"楼层组装"（图 6.1.75），指定各自然层与标准层的对应关系及层高。楼层组装完成后，整个结构的层数必然等于自然层数。

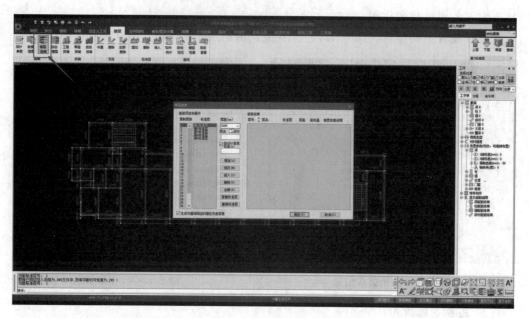

图 6.1.75 楼层组装

根据自然层自下而上，依次选择对应的标准层→指定其对应层高，如第一层层高 5200mm，其他层层高 3600mm→层名与自然层对应，可以勾选"自动"，也可自行定义→点击"增加"（图 6.1.76）。

自下而上重复此步骤，即可完成所有楼层的组装。

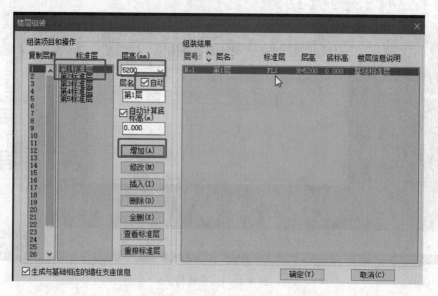

图 6.1.76 增加楼层

组装完成以后，可以点击窗口右上方"整楼"按钮，查看本工程的三维结构模型（图 6.1.77）。

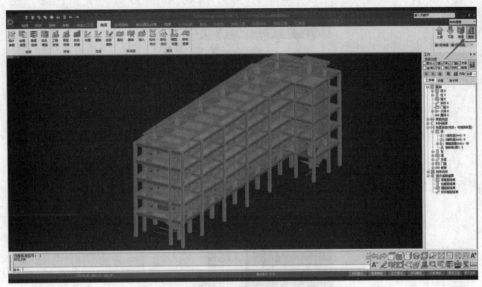

图 6.1.77 查看整楼三维模型

5. 检查楼层组装模型

由于标准层都是复制形成的，但楼梯在各标准层可能存在变化。因此复制标准层的时候，楼梯模型特别容易出错。

点击"楼板"→"楼梯"→"画法"（图 6.1.78），隐藏楼梯的台阶部分，再次点击窗口右上方"整楼"按钮，重新组装。此时可以清晰地看到楼梯模型是否存在错误。

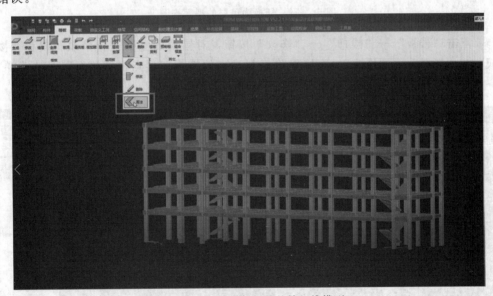

图 6.1.78 楼梯斜板的整楼三维模型

点击窗口右上方"单层"按钮→选择需要修改的楼层→切换为平面视图（图 6.1.79）。

图 6.1.79 切换为单层的平面视图

点击"楼板"→"楼梯"→"修改"按钮，对错误的参数进行修改。或者"楼板"→"楼梯"→"修改"，直接删除复制过来的楼梯；再点击"楼板"→"楼梯"→"修改"，按正确的参数重新布置楼梯（图 6.1.80）。

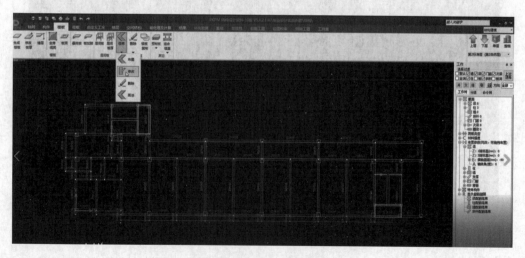

图 6.1.80 修改或删除后重新布置楼梯

6.2 SATWE 前处理参数定义

PKPM 模型建立完毕，利用 SATWE 模块进行计算之前，首先要进行一些前处理的工作，对软件分析时要用到的设计参数进行定义。

前处理参数 ▶

在模型组装完毕以后，点击"前处理及计算"→"参数定义"，出现"分析和设计参数补充定义"面板对话框，进入 SATWE 分析计算模块。

需要说明的是，在利用 PMCAD 模块建模时也定义了一些设计参数。因受模型限制，有些参数是 PMCAD 无法表达的，需要在 SATWE 三维空间模型中进行补充定义。其中若与 SATWE 设计参数重复的，应保持数据一致。

6.2.1 总信息参数设置

点击"分析和设计参数补充定义"面板对话框左边第一个选项"总信息"，在这里进行总体信息参数设置（图 6.2.1）。

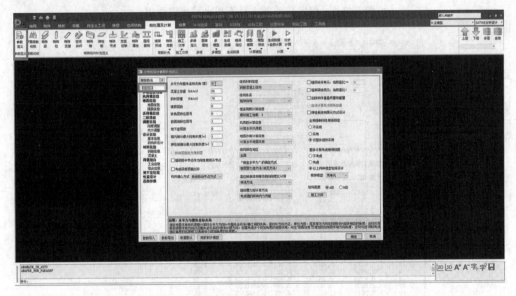

图 6.2.1 总体信息参数设置

（1）水平力与整体坐标的夹角。该参数为地震力作用方向或风荷载作用方向与结构整体坐标的夹角，逆时针方向为正。一般会在"地震信息"中勾选"程序自动考虑最不利水平地震作用"，此处夹角采用程序默认值，进行初始计算（图 6.2.2）。

经第一次计算后，在 SATWE 结果文件 WZQ.OUT 中可以查到"地震作用最大的方向"（图 6.2.3），当这个方向角绝对值大于 15°时，应将该值填入此处进行重新计算。

（2）混凝土容重。这个参数与 PMCAD 中定义的一致，考虑梁柱抹灰的重量，取 26。

钢材信息，主要针对钢结构，不需要修改。裙房、转换层，对本工程均无。

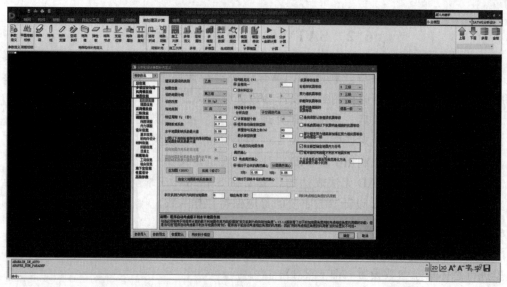

图 6.2.2　程序自动考虑最不利水平地震作用

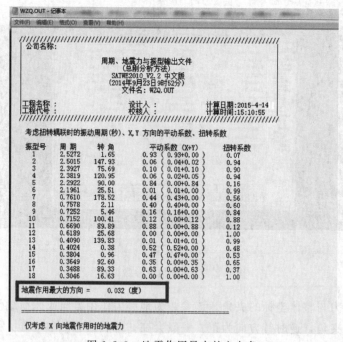

图 6.2.3　地震作用最大的方向角

　　（3）嵌固端所在层号。指定嵌固端所在层号，则结构在指定层的底端嵌固。对于无地下室且嵌固在基础顶面时，嵌固端所在层号为 1；对于有地下室且嵌固在地下室顶板处时，嵌固端所在层号为地下室层数 +1，比如 3 层地下室，则输入 4。

　　（4）地下室层数。地下室层数是指与上部结构同时进行内力分析的地下室部分的层数。地下室层数影响风荷载和地震作用计算、内力调整、底部加强区的判断等众多内容，是一项重要参数。地下部分有几层地下室，在程序的"地下室层数"中应真实填写。当一面或多面临空时，要注意填土侧压力。

（5）结构材料信息，与 PMCAD 中定义的一致，钢筋混凝土结构。

（6）结构体系，与 PMCAD 中定义的一致，框架结构。

（7）恒活荷载计算信息。恒活荷载计算信息是竖向荷载计算控制参数，这里所指的竖向荷载也可以理解为是以结构自重为主的永久荷载和施工荷载。在下拉栏可以看到 5 个选项：一次性加载、模拟施工加载 1、模拟施工加载 2、模拟施工加载 3，还有构件级施工次序。一般选择"模拟施工加载 3"，即按分层计算各层的刚度、分层施加竖向荷载，最接近真实的施工过程和加载顺序。

（8）风荷载计算信息。对一般钢筋混凝土框架结构，选择"计算水平风荷载"。

（9）地震作用计算信息。对一般钢筋混凝土框架结构，选择"计算水平地震作用"。9 度时的高层建筑，还应计算竖向地震作用。

（10）结构所在地区。结构所在地区决定了结构设计执行的规范版本。对上海或者广东的工程，因为上海和广东都有地方规范，则在下拉栏选择"上海"或者"广州"。除了这两个地方以外的工程，其余均执行国家规范，此处选择"全国"。

（11）"规定水平力"的确定方式。默认选择"楼层剪力差方法"，即按照规范规定的方法。

（12）全楼强制刚性楼板假定。全楼强制刚性楼板假定有 3 个选项：不采用，采用，仅整体指标采用。一般选择"仅整体指标采用"，即程序自动完成强刚和非强刚两个模型的计算分析和计算结果，计算位移、周期等整体指标的时候，采用强刚模型；计算配筋时，采用非强刚模型。

（13）整体计算考虑楼梯刚度及楼梯模型。整体计算考虑楼梯刚度有 3 个选项：不考虑，考虑，以及考虑以上两种模型包络设计。选择"两种模型包络设计"，其整体内力分析的计算模型应考虑楼梯构件的影响，并与不计楼梯构件影响的计算模型进行比较，按最不利内力进行配筋。

在楼梯模型里面，分为梁单元和壳单元。相较于梁单元，壳单元更符合实际情况，模拟更准确，所以一般选择壳单元。

6.2.2　风荷载信息参数设置

（1）地面粗糙度类别，与 PMCAD 中定义的一致，为 C 类，即有密集建筑群的城市市区。

（2）修正后的基本风压，与 PMCAD 中定义的一致，为 $0.4kN/m^2$。

（3）X 向、Y 向结构基本周期

在初始第一次计算时，这个值是不知道的。可以直接采用程序默认的估算值，也可以按照《建筑结构荷载规范》（GB 50009—2012）规定的经验公式或者（$0.1\sim$ 0.15）n（n 为层数）进行考虑。

采用估算值完成整体结构的第一次分析计算后，在 SATWE 结果文件 WZQ. OUT 中可以查到结构的自振周期，将第一振型的周期填在 X 向，第二振型的周期填在 Y 向，重新再进行一次计算（图 6.2.4）。

（4）风荷载作用下结构的阻尼比，钢筋混凝土结构为 0.05。

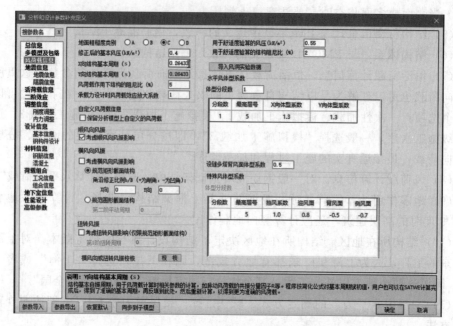

图 6.2.4　X 向、Y 向结构基本周期

（5）承载力设计时风荷载效应放大系数，一般取 1.0。60m 以上的高层或高耸建筑及其他对风荷载敏感的高层建筑取 1.1。

（6）顺风向风振。一般均勾选，考虑顺风向风振影响。《建筑结构荷载规范》（GB 50009—2012）规定：对于高度大于 30m 且高宽比大于 1.5 的房屋，以及基本自振周期 T_1 大于 0.25s 的各种高耸结构，应考虑风压脉动对结构产生顺风向风振的影响。

其余内容适用于高层建筑，按照《高层建筑混凝土结构技术规程》（JGJ 3—2010）及《建筑结构荷载规范》（GB 50009—2012）中相应规定进行设置。

6.2.3　地震信息参数设置

（1）建筑抗震设防类别及地震信息。建筑抗震设防类别，第 2 章已述及，选择乙类（重点设防类）。

地震信息参数设置如图 6.2.5 所示。设防地震分组、设防烈度、场地类别，这三个参数与 PMCAD 中定义的一致，分别为第三组、7 度、Ⅱ类。特征周期、周期折减系数、水平地震影响系数最大值，点击"抗规（修订）"按钮后，数据就会自动生成。注意周期折减系数应与 PMCAD 中定义的一致。12 层以下规则混凝土框架结构薄弱层验算地震影响系数最大值，即罕遇地震影响系数最大值，取软件默认值 0.5。

（2）结构阻尼比，与 PMCAD 中定义的一致，直接选用 5%，全楼统一。

（3）特征值分析参数的分析类型，采用默认值。

计算振型个数可以指定，注意与 PMCAD 中定义的一致；或者选择让程序自动确定振型个数，振型个数最多不超过层数的 3 倍，本工程为 15 个，质量参与系数之和要达到 90%。

图 6.2.5　地震信息参数

（4）双向地震作用。由于本工程形状有些 L 型，属于稍微不规则，所以勾选"考虑双向地震作用"。偶然偏心按照程序默认值，符合规范要求。

（5）抗震等级信息与 PMCAD 中的设置一致，为二级。

因为确定框架抗震等级时，乙类建筑已经按提高 1 度进行考虑了，因此这里"抗震构造措施的抗震等级"不再重复提高，选择"不改变"。

（6）其他。勾选"悬挑梁默认取框架梁抗震等级""按主振型确定地震内力符号""程序自动考虑最不利水平地震作用"，其他与本结构无关的参数，不作处理。

6.2.4　活荷载信息参数设置

活荷载信息参数设置如图 6.2.6 所示。

（1）楼面活荷载折减方式。楼面活荷载折减软件提供两种方式，第一种是按荷载属性确定构件折减系数，第二种是按照传统方式，即按照《建筑结构荷载规范》（GB 50009—2012）第 5.1.2 条的规定。该条作为强制性条文，规定的梁、墙、柱及基础时的楼面均布活荷载的折减系数，为设计时必须遵守的最低要求。

规范 6.2

本工程按照传统方式，强柱不折减，传给基础折减。折减系数一般不需要进行调整，默认的数值也是按照荷载规范的规定。

（2）梁楼面活荷载折减设置一般也不进行折减。

（3）活荷载不利布置的最高层号，按自然层号，填入 5。考虑结构使用年限的活荷载调整系数，设计使用年限 50 年，为 1。

（4）消防车荷载折减，本工程不涉及，不用操作。

6.2.5　二阶效应

这里的二阶效应，是整体结构分析的重力二阶效应，即 $P-\Delta$ 效应。对钢筋混凝

扩展 6.4

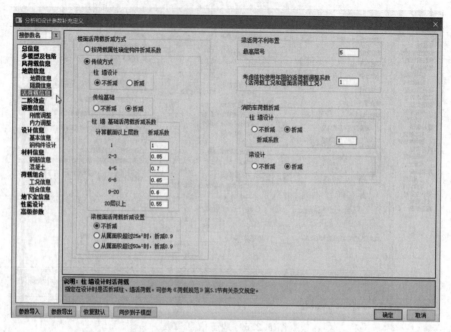

图 6.2.6 活荷载信息参数

土多层建筑，一般选择一阶弹性设计方法，可以不考虑二阶效应，或者按照"直接几何刚度法"计算二阶效应（图6.2.7）。

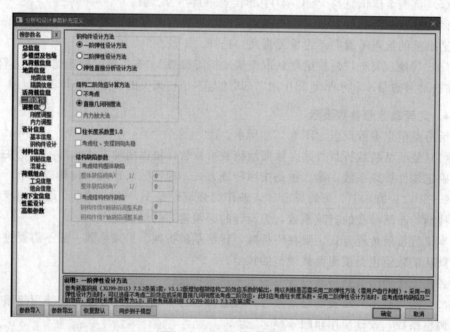

图 6.2.7 二阶效应参数

扩展6.5

计算完毕，可以在 SATWE 的结果文件——建筑结构的总信息 WMASS.OUT 中，查看软件对"该结构是否需要考虑二阶效应"的提示。

6.2.6 刚度调整信息

刚度调整信息设置如图 6.2.8 所示。

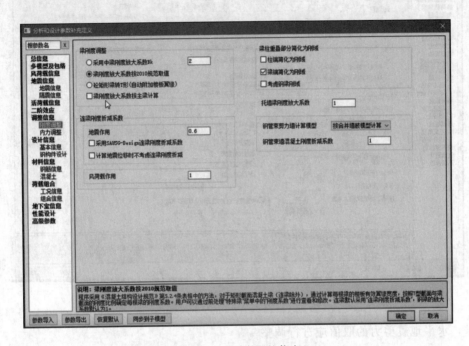

图 6.2.8 刚度调整信息

（1）梁刚度调整。对现浇楼盖和装配整体式楼盖，楼板形成的梁翼缘作用导致梁的真实刚度要远大于按矩形截面计算的刚度，宜考虑楼板作为翼缘对梁刚度和承载力的影响。

梁刚度调整有 3 种方法：第一种是直接给出刚度放大系数的经验取值，如中梁 2.0，边梁 1.5。第二种是根据《混凝土结构设计规范》（GB 50010—2010）（2015 年版）第 5.2.4 条的规定确定。第三种混凝土矩形梁转 T 形梁，这种计算模型要求实现相应的构造措施，施工麻烦。

一般选择第二种方法"梁刚度放大系数按 2010 规范取值"。

（2）梁柱重叠部分简化为刚域。若选择"柱端简化为刚域"，也就意味着柱变短了，柱配筋随之变少。考虑"强柱弱梁"的原则，一般勾选"梁端简化为刚域"，意味着将梁的设计截面算到柱边，从而梁的负弯矩可以减小，减少梁支座负弯矩钢筋。

扩展 6.6

6.2.7 内力调整信息

内力调整信息设置如图 6.2.9 所示。

（1）剪重比调整。剪重比，规范中称剪力系数，为对应于水平地震作用标准值的楼层剪力与重力荷载代表值的比值。《建筑抗震设计规范》（GB 50011—2010）第 5.2.5 条明确规定了楼层最小剪力系数值。若楼层水平地震剪力小于规范对剪重比的

扩展 6.7

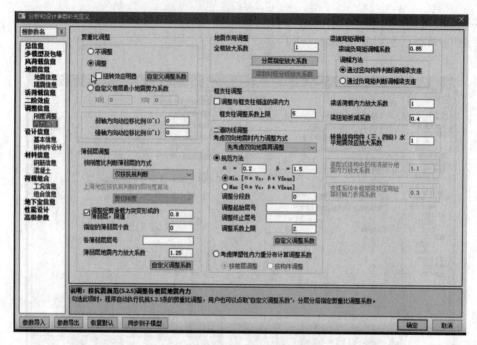

图 6.2.9　内力调整信息

要求，水平地震剪力的取值应进行调整。

因此，这里选择"调整"，即按照规范去调整。

（2）薄弱层调整。按刚度比判断薄弱层的方式，对于多层结构，选择"仅按抗规判断"。勾选"调整受剪承载力突变形成的薄弱层限值"，设置为"0.8"，程序将自动判断薄弱层。"薄弱层地震内力放大系数"，取 1.25。

（3）梁端弯矩调幅。梁端负弯矩调幅系数，取 0.85。调幅方法选择"通过竖向构件判断调幅梁支座"。

6.2.8　设计基本信息

设计基本信息如图 6.2.10 所示。

（1）结构重要性系数，与 PMCAD 中定义的一致，取 1.1。

（2）柱配筋计算原则。柱配筋，一般都采用"按双偏压计算"，配筋方式选择"迭代优化"。

（3）柱剪跨比计算原则。柱的剪跨比选择"按通用方式"计算，计算更准确。

勾选"《建筑结构可靠性设计统一标准》GB 50068—2018"。

保护层厚度，与 PMCAD 中定义的一致。箍筋间距、超配系数，取默认值。

6.2.9　材料信息

钢筋信息（图 6.2.11），面板框罗列了所有楼层各种构件钢筋的强度等级等信息。可以在此核对检查，如果发现有错误的地方需要修改，点击单元格可以输入正确的数值。

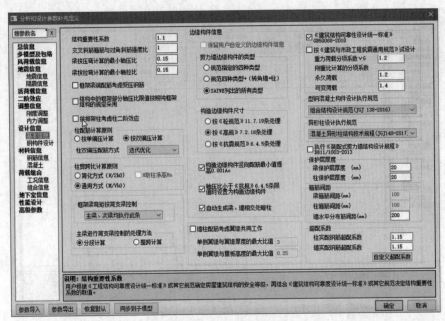

图 6.2.10 设计基本信息

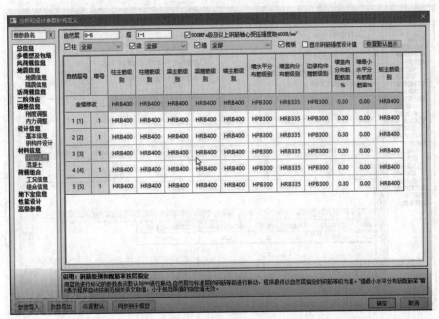

图 6.2.11 钢筋信息

混凝土信息（图 6.2.12），也在此核对检查，有错误可以修改。

6.2.10 荷载组合信息

（1）工况信息（图 6.2.13）。因为是软件计算，可以充分考虑所有可能同时出现的荷载组合。建议勾选"地震与风同时组合"，点选"屋面活荷载与雪荷载和风荷载同时组合"。

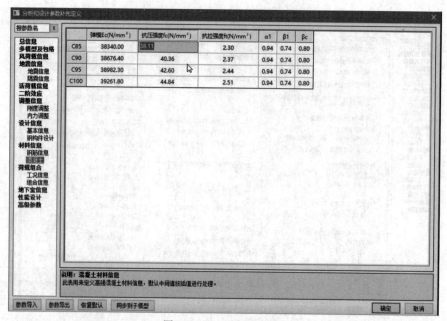

图 6.2.12　混凝土信息

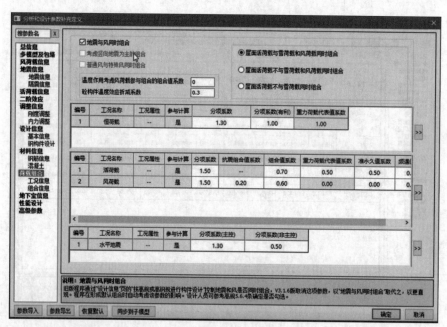

图 6.2.13　工况信息

（2）组合信息（图 6.2.14），可以在此浏览各种设计工况下，软件考虑了哪些组合，组合方式"采用程序默认组合"。

6.2.11　地下室信息

因为本结构没有地下室，无需进行设置。点击地下室信息各项参数（图 6.2.15），会在面板下部显示对应的参数说明。如果想更详细了解这些参数，可以参考软件自带的《SATWE 用户手册》。

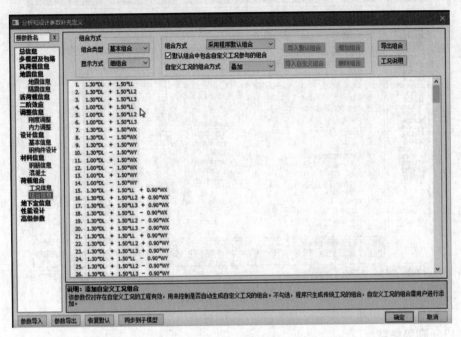

图 6.2.14 组合信息

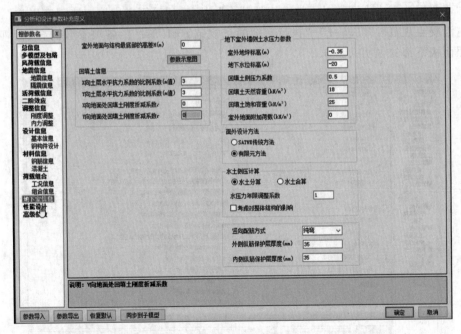

图 6.2.15 地下室信息

6.2.12 性能设计

一般情况下，如果没有特殊要求，就不进行性能设计（图 6.2.16）。

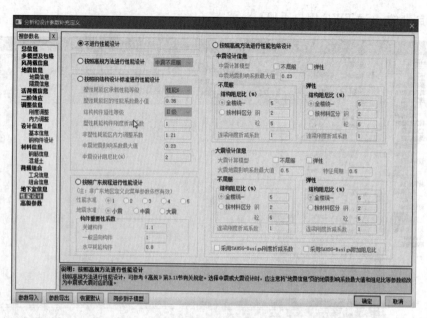

图 6.2.16　性能设计

6.2.13　高级参数

高级参数一般采用默认值，有特别的设计考虑时，可对相应参数项进行勾选。比如"薄弱层地震内力调整时不放大构件轴力""刚重比验算考虑填充墙刚度影响""执行《混凝土规范》9.2.6.1""执行《混凝土规范》11.3.7"。各项参数的含义，可以参照面板下部的说明（图 6.2.17）。

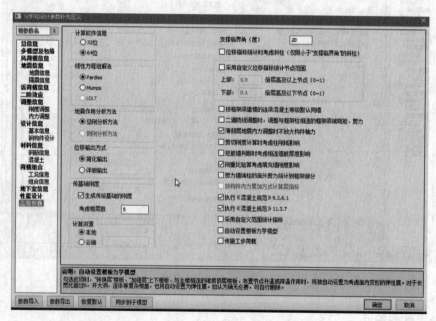

图 6.2.17　高级参数

6.3 SATWE 计算分析与调整

6.3.1 特殊梁处理

次梁与主梁的连接，可以有两种考虑：刚接和铰接。

设计按刚接，也就是充分利用钢筋抗拉强度，则对锚固长度、连接位置等有比较高的限制要求，实际条件往往难以实现。设计按铰接时，则都有所放宽。根据《混凝土结构施工图平面整体表示方法制图规则和构造详图（现浇混凝土框架、剪力墙、梁、板）16G101—1》（以下简称"图集 16G101—1"）中关于非框架梁配筋构造（图 6.3.1），当充分利用钢筋的抗拉强度的时候，伸入支座水平段必须大于 $0.6L_{ab}$。以 C30 混凝土、钢筋 HRB400 考虑，取 $L_{ab}=40d$，则伸入支座水平段为 $24d$。而主梁宽仅为 300mm，显然是无法满足这个水平段锚固长度要求的，除非钢筋直径不超过 10mm。而按铰接考虑时，伸入支座水平段只需大于 $0.35L_{ab}=14d$。

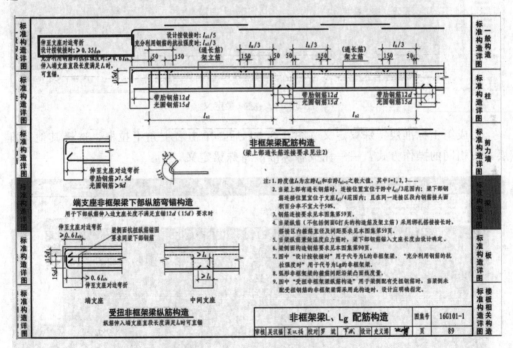

图 6.3.1 非框架梁配筋构造

次梁固接将带来主梁所受的扭矩较大，容易造成主梁抗扭超筋或抗扭配筋较大问题。而主梁的抗扭实际刚度较小，在主梁发生微小转动后即将扭矩卸荷，从而导致次梁边支座负弯矩变小，而形成实际接近铰支座的情况。

因此，一般情况下次梁边支座宜按铰接计算，中间支座应该是固接。

当然，刚接和铰接只是一个相对的概念，主要是看主梁与次梁之间的相对线刚度比。主梁的刚度相对较大，能够约束住次梁不让其发生角位移，那按刚接考虑。如果相对刚度不是很大，主梁对次梁的约束不够，那就按铰接考虑。无论设计按刚接或铰接考虑，都应该在设计图纸中说明。

点击"前处理及计算"→"特殊梁"，将出现"特殊构件定义"选项及第 1 标准层构件布置图。分别选择"一端铰接"或"两端铰接"，再单击相应需要定义的梁构件，即可完成设置（图 6.3.2）。

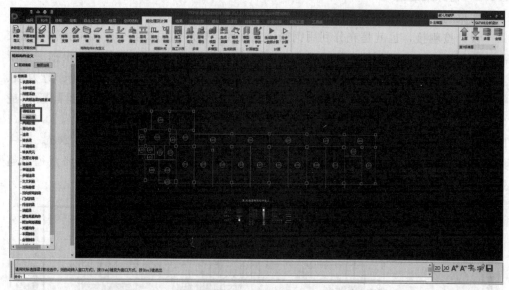

图 6.3.2   特殊梁定义

完成第 1 标准层特殊梁定义（图 6.3.3）后，单击右上角下拉框，选择其他标准层，按相同的操作方式，一一完成各标准层特殊梁定义。

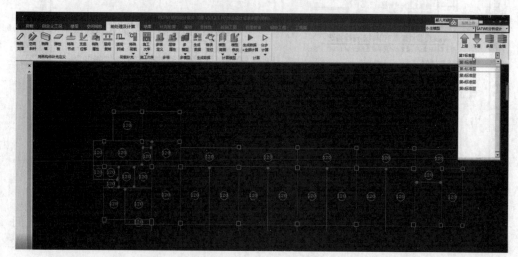

图 6.3.3   第 1 层特殊梁定义

6.3.2   特殊柱处理

由于角柱承受双向地震作用，属双向偏心受力构件，扭转效应对内力影响较大，且受力复杂。地震时，角柱的破坏程度大于一般柱，需要在结构设计时注意给予加强，抗震设计中对其抗震措施和抗震构造措施有一些专门的要求。所以要在特殊构件定义中标出角柱，以将角柱从一般柱子区分开来，特别给予关注。

　　抗震规范中的角柱，是指位于建筑角部、柱的正交两个方向各只有一根框架梁与之相连接的框架柱。因此位于建筑平面凸角处的框架柱一般均为角柱，而位于建筑平面凹角处的框架柱，若柱的四边各有一根框架梁与之相连则可不按角柱对待。如果框架柱三边有梁，其中一边是悬挑梁的柱子，也按"角柱"考虑。

规范 6.3

　　点击"前处理及计算"→"特殊柱"，将出现"特殊构件定义"选项及标准层构件布置图。选择"角柱"，再单击相应需要定义的柱构件，即可完成设置（图6.3.4）。

　　单击右上角下拉框，依次选择其他标准层，按相同的操作方式，一一完成各标准层特殊柱定义。

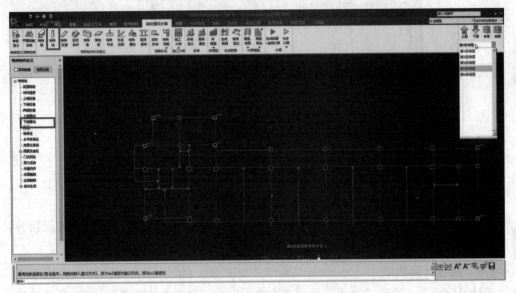

图 6.3.4　角柱定义

6.3.3　多塔定义

　　对于有变形缝的结构，需要点击"前处理及计算"→"多塔定义"，做多塔定义（图 6.3.5）。

图 6.3.5　多塔定义

6.3.4　生成数据及计算

　　点击"前处理及计算"→"生成数据＋全部计算"（图 6.3.6），弹出"包络设计"对话框（图 6.3.7），提示程序将按带楼梯、不带楼梯两个子模型，进行包络设计。

图6.3.6 生成数据＋全部计算

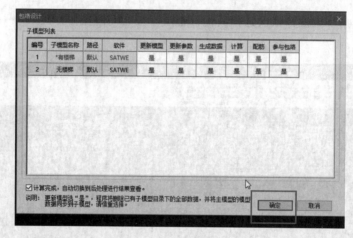

图6.3.7 包络设计

点击"确定"，程序将进入计算过程。完成计算需要的时间，视工程规模而异。如果是一个大工程，可能要进行几十分钟，甚至更久。

6.3.5 查看计算结果

计算完成后，点击"结果"→"文本查看"→"新版文本查看"，查看计算结果。"文本查看"中的内容与计算书类似，目的在于快速查看各单项结果的内容（图6.3.8）。

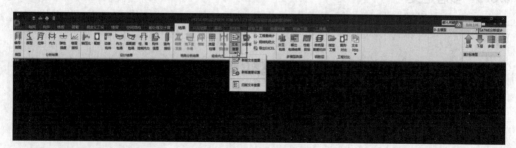

图6.3.8 文本查看

查看计算结果时，重点需要关注到红色字体醒目提示的内容，表示此部分为超限信息，不满足规范要求。蓝色字体为对应的规范条文，黑色字体为计算结果。

（1）质量信息。点击左侧面板框中"质量信息"→"结构质量分布"，查看楼层质量沿高度是否均匀分布，无超限提示（图 6.3.9）。

该功能主要用于判断结构的竖向规则性。根据《高层建筑混凝土结构技术规程》（JGJ 3—2010）第 3.5.6 条规定：楼层质量沿高度宜均匀分布，楼层质量不宜大于相邻下部楼层质量的 1.5 倍。如果不满足，则应按照薄弱层进行处理。

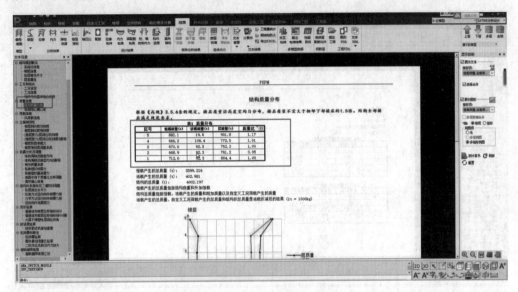

图 6.3.9　结构质量分布信息

点击左侧面板框中"质量信息"→"各层刚心、偏心率"，查看各楼层刚心、偏心率等信息，无超限提示（图 6.3.10）。

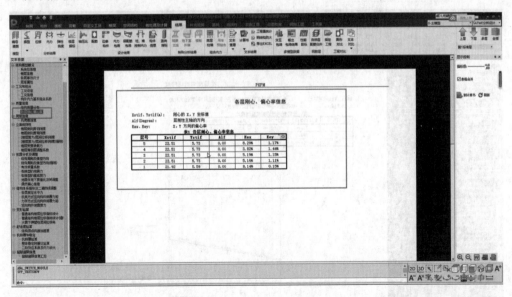

图 6.3.10　各层刚心、偏心率信息

这里的偏心率，阐述的是同一层质心和刚心的偏心情况，即结构布置的平面刚度分布均匀性问题，属于平面规则性问题。该偏心率太大会不利于控制扭转，一般经验控制在 20％以内。

　　（2）风荷载信息（图 6.3.11）。检查风荷载作用下内外力是否平衡，需手算核对外力。

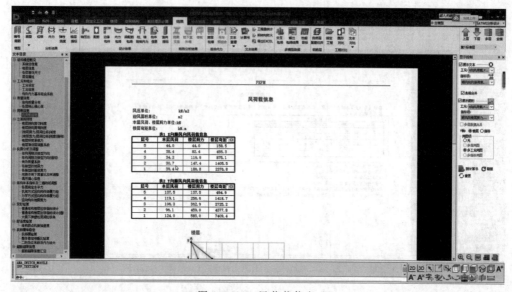

图 6.3.11　风荷载信息

　　（3）立面规则性。

　　1）楼层侧向剪切刚度（图 6.3.12）。$K=GA/h$，其大小为结构竖向构件的剪切

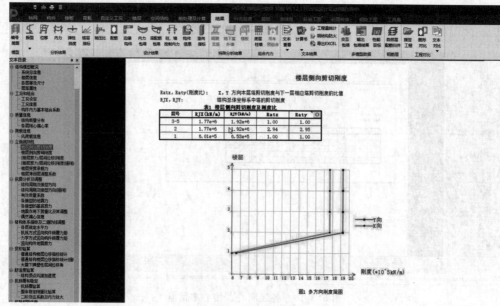

图 6.3.12　楼层侧向剪切刚度

面积与相应层高的比值,用于转换层的刚度比控制。《高层建筑混凝土结构技术规程》(JGJ 3—2010)第E.0.1条规定,转换层设置在1、2层时,转换层与其相邻上层结构的剪切刚度比 γ_{e1} 宜接近1,非抗震设计时 γ_{e1} 不应小于0.4,抗震设计时 γ_{e1} 不应小于0.5。

2)侧向剪弯刚度(图6.3.13)。$K_M = H/\Delta$,实际上是单位力作用下的层间位移角的倒数,能同时考虑剪切变形和弯曲变形的影响,用于转换层的刚度比控制。《高层建筑混凝土结构技术规程》(JGJ 3—2010)第E.0.3条规定,当转换层设置在第2层以上时,尚宜计算转换层下部结构与上部结构的等效侧向刚度比 γ_{e2}。γ_{e2} 宜接近1,非抗震设计时 γ_{e2} 不应小于0.5,抗震设计时 γ_{e2} 不应小于0.8。

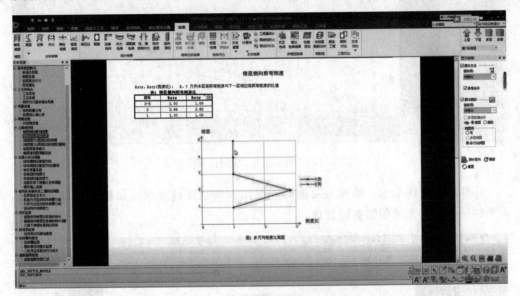

图6.3.13 楼层侧向剪弯刚度

3)[楼层剪力/层间位移]刚度(图6.3.14)。$K_V = V/\Delta$,其大小为地震作用下层间剪力与层间位移的比值,用于楼层与其相邻上层的刚度比控制,以及转换层设置在第2层以上时,转换层与其相邻上层的刚度比控制。《建筑抗震设计规范》(GB 50011—2010)(2016年版)第3.4.3条、《高层建筑混凝土结构技术规程》(JGJ 3—2010)第3.5.2条规定:抗震设计时,对框架结构,楼层与其相邻上层的侧向刚度比 γ_1 不宜小于0.7,与相邻上部三层刚度平均值的比值不宜小于0.8。《高层建筑混凝土结构技术规程》(JGJ 3—2010)第E.0.2条规定:当转换层设置在第2层以上时,转换层与其相邻上层的侧向刚度比 γ_1 不应小于0.6。

计算结果显示:结构1层侧向刚度比不满足规范要求,属侧向刚度不规则,需要将第1层作为薄弱层进行处理。

4)[楼层剪力/层间位移]刚度(强刚)(图6.3.15)。概念同上,此时选择"强制刚性楼板假定"来计算层刚度(即使没有定义弹性楼板,楼板开洞也可能产生不与楼板相连的弹性节点,选择"强制刚性楼板假定"后,楼层内所有节点被强制同步)。

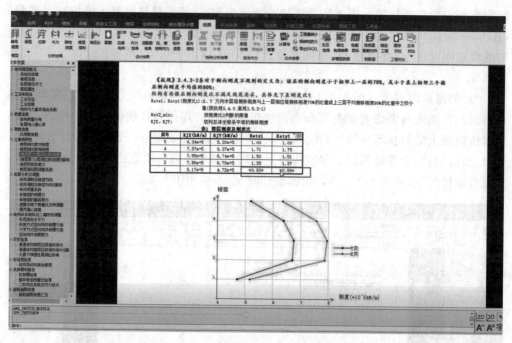

图 6.3.14　［楼层剪力/层间位移］刚度

计算结果同样显示：结构 1 层侧向刚度比不满足规范要求，属侧向刚度不规则，需要将第 1 层作为薄弱层进行处理。

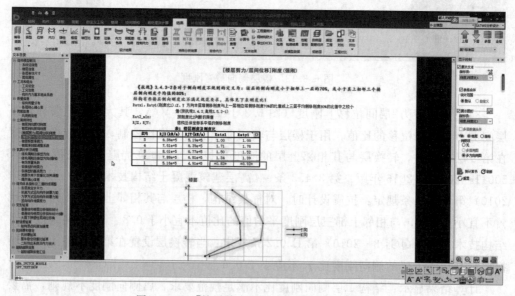

图 6.3.15　［楼层剪力/层间位移］刚度（强刚）

5）楼层受剪承载力（图 6.3.16）。用于判定是否属楼层承载力突变。根据《建筑抗震设计规范》（GB 50011—2010）（2016 年版）第 3.4.3 条规定：抗侧力结构的层间受剪承载力，不应小于相邻上一楼层的 80%。否则相应楼层按薄弱层处理。

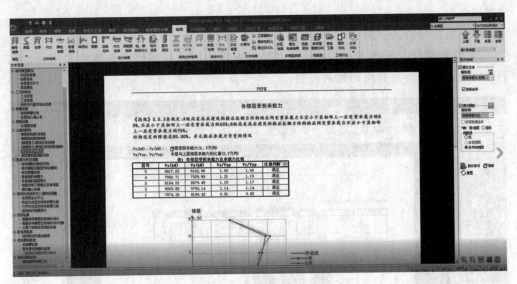

图 6.3.16　楼层受剪承载力

6) 楼层薄弱层调整系数 (图 6.3.17)。程序针对前面侧向刚度不规则形成的软弱层 (如本工程为第 1 层)、承载力突变导致的薄弱层,采用 1.25 的楼层剪力增大系数,调整其地震力。

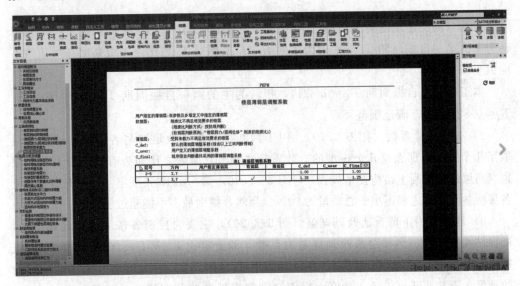

图 6.3.17　楼层薄弱层调整系数

根据《高层建筑混凝土结构技术规程》(JGJ 3—2010) 第 3.5.8 条规定:侧向刚度变化、承载力变化、竖向抗侧力构件连续性不符合本规程要求的楼层,其对应于地震作用标准值的剪力应乘以 1.25 的增大系数。程序通过自动计算楼层刚度比,来决定是否采用 1.25 的楼层剪力增大系数;并且允许用户强制指定薄弱层位置,对用户指定的薄弱层也采用 1.25 的楼层剪力增大系数 (参见本书 6.2 节,SATWE 前处理参数定义）。

（4）抗震分析及调整。

1）结构周期及振型方向（图6.3.18）。查看结构的自振周期及地震作用的最不利方向角，特别要注意周期比的控制。

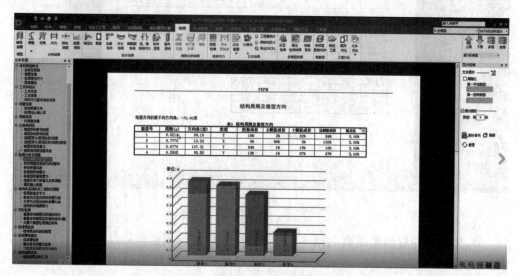

图6.3.18 结构周期及振型方向

扩展6.9

根据《高层建筑混凝土结构技术规程》（JGJ 3—2010）第3.4.5条规定：结构扭转为主的第一自振周期 T_t 与平动为主的第一自振周期 T_1 之比，A级高度高层建筑不应大于0.9。

本工程第一自振周期 $T_1 = 0.8214$，扭转为主的第一自振周期 $T_t = 0.6770$；$T_t / T_1 \approx 0.82 < 0.9$，满足规范要求。

2）有效质量系数（图6.3.19）。用于判断参与振型数足够与否。如果计算时只取了几个振型，那么这几个振型的有效质量之和与总质量之比即为有效质量系数。根据《高层建筑混凝土结构技术规程》（JGJ 3—2010）第5.1.13条规定：计算振型数应使各振型参与质量之和不小于总质量的90%。当然，振型最多不能超过层数的3倍。

扩展6.10

3）地震作用下剪重比及其调整（图6.3.20）。主要为控制各楼层最小地震剪力，确保结构安全性。各楼层最小地震剪力系数，即剪重比 $\lambda = V_{EKi} / \sum G_j$，根据《建筑抗震设计规范》（GB 50011—2010）（2016年版）第5.2.5条规定，7度（0.1g）设防地区 λ 不应小于0.016，对第1层侧向刚度不规则的薄弱层，λ 不应小于 $0.016 \times 1.15 = 0.0184$。

从计算结果可知，各楼层剪力系数均满足要求。

（5）变形验算。

扩展6.11

1）普通结构楼层位移指标统计（图6.3.21）。重点检查各工况下位移比、层间位移比是否满足规范要求，主要为控制结构平面规则性，以免形成扭转，对结构产生不利影响。同时检查楼层最大层间位移角是否满足规范要求，保证结构足够的刚度。

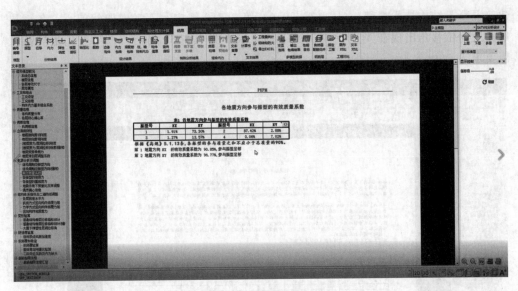

图 6.3.19 有效质量系数

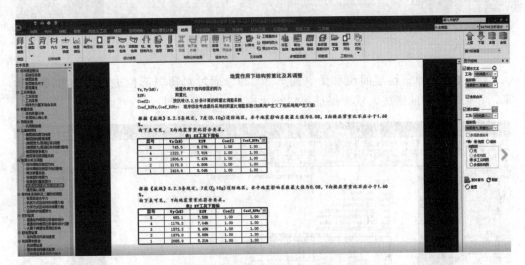

图 6.3.20 地震作用下剪重比及其调整

位移比是控制结构扭转效应的参数，取楼层最大节点位移与该楼层平均位移的比值。层间位移比，取楼层最大节点层间位移与该楼层平均层间位移的比值。

根据《建筑抗震设计规范》（GB 50011—2010）（2016年版）第3.4.3-1条规定，考虑偶然偏心，各楼层在各种工况下的水平位移比、层间位移比均小于1.2，不属于扭转不规则建筑。

根据《高层建筑混凝土结构技术规程》（JGJ 3—2010）第3.4.5条规定，考虑偶然偏心，各楼层在各种工况下的水平位移比、层间位移比均小于1.5，也小于1.2，满足规范限值要求。

根据《建筑抗震设计规范》（GB 50011—2010）（2016年版）第5.5.1条、《高层建筑混凝土结构技术规程》（JGJ 3—2010）第3.7.3规定，不考虑偶然偏心，各楼层最大层间位移角出现在Y向地震工况下的2层，为1/856，小于1/550，满足规范限值要求。

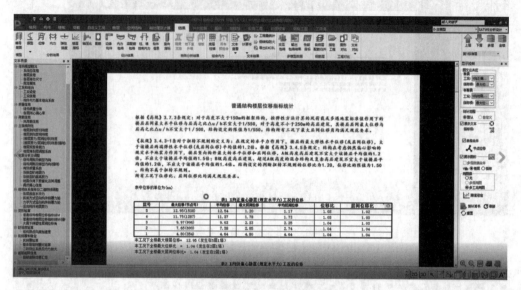

图6.3.21 普通结构楼层位移指标统计

2）大震下弹塑性层间位移角（图6.3.22）。通过对薄弱部位进行弹塑性变形验算，并采取必要的措施，从而保证第三个水准——大震不倒。

扩展6.12

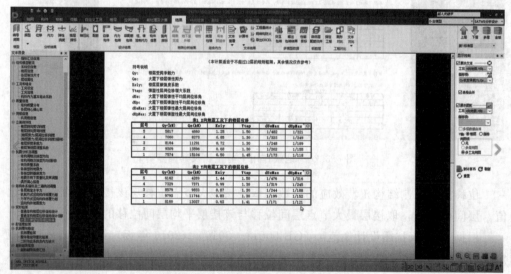

图6.3.22 大震下弹塑性层间位移角

根据《建筑抗震设计规范》（GB 50011—2010）（2016年版）第5.5.5条规定，本工程薄弱层1层在各种工况下的弹塑性最大层间位移角为1/118，小于1/50，满足规范要求。

（6）舒适度。根据《高层建筑混凝土结构技术规程》（JGJ 3—2010）第 3.7.6 条规定，房屋高度不小于 150m 的高层混凝土建筑结构应满足风振舒适度要求。在现行国家标准《建筑结构荷载规范》（GB 50009—2012）规定的 10 年一遇的风荷载标准值作用下，结构顶点的顺风向和横风向振动最大加速度计算值不应超过规定限值，对住宅、公寓为 0.15，对办公、旅馆为 0.25。

从计算结果可见，本工程满足规范要求（图 6.3.23）。

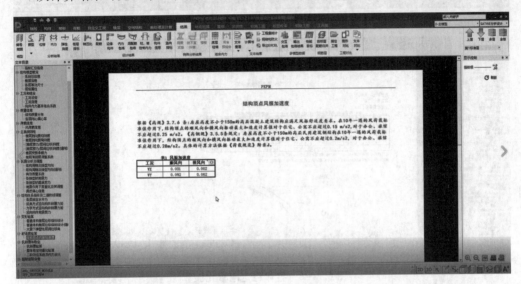

图 6.3.23　结构顶点风振加速度

（7）抗倾覆和稳定。

1）抗倾覆验算（图 6.3.24）。为保证结构的抗倾覆能力具有足够的安全储备，《高层建筑混凝土结构技术规程》（JGJ 3—2010）第 12.1.7 条规定：在重力荷载与水

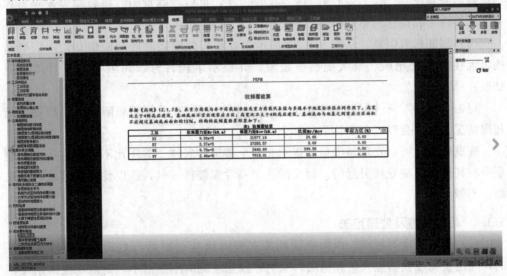

图 6.3.24　抗倾覆验算

平荷载标准值或重力荷载代表值与多遇水平地震标准值共同作用下，高宽比大于 4 的高层建筑，基础底面不宜出现零应力区；高宽比不大于 4 的高层建筑，基础底面与地基之间零应力区面积不应超过基础底面面积的 15%。

扩展 6.13

2）整体稳定刚重比验算（图 6.3.25）。主要为控制结构的稳定性，以免结构产生滑移和倾覆。同时，刚重比还是影响重力 $P-\Delta$ 效应的主要参数。

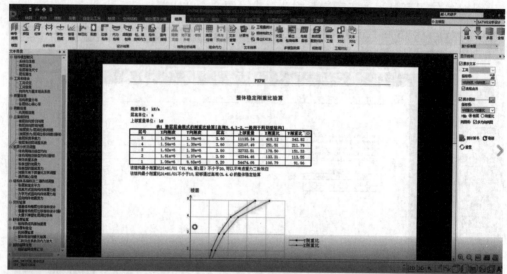

图 6.3.25   整体稳定刚重比验算

根据《高层建筑混凝土结构技术规程》（JGJ 3—2010）第 5.4.4 条规定，本框架结构最小刚重比（1 层 Y 向）91.96，不小于 10，整体稳定性符合要求。

根据《高层建筑混凝土结构技术规程》（JGJ 3—2010）第 5.4.1 条规定，本框架结构最小刚重比（1 层 Y 向）91.96，不小于 20，可以忽略重力二阶效应对水平力作用下结构内力和位移的不利影响。

（8）超筋超限信息。从图 6.3.26 所示中查看构件配筋时的超限信息，本框架结构出现柱剪压比超限、最大配筋率超限，并提示了构件号、超限类型及具体超限情况。

点击"结果"→"配筋"（图 6.3.27），可以逐层查看超筋超限情况。如有超筋超限情况，图上会以红色字体醒目标识（图 6.3.28）。

拖曳视图，可以发现超限信息提示在两个楼梯的底柱，剪压比不够。这是由于模型中将其作为短柱处理引起的。而实际这里将设置楼梯基础，所以此超限信息可以忽略，不做处理。

6.3.6   超限调整及处理方法

（1）侧向刚度不规则。因为底层柱考虑嵌固到基础顶面，尤其当基础埋深较深时，底层层高往往明显大于其他层，从而导致底层侧向刚度偏小，而出现侧向刚度不规则的情况。

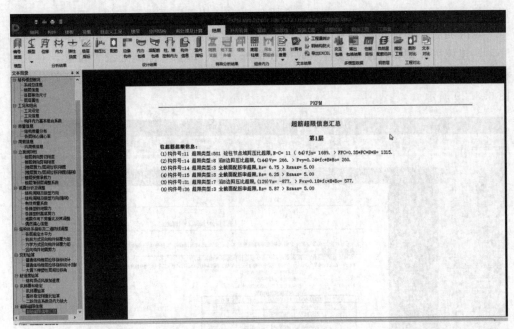

图 6.3.26　超筋超限信息汇总

图 6.3.27　查看配筋

图 6.3.28　第 1 层超筋超限信息

本框架结构即提示底层刚度比超限，底层 X 向侧移刚度 $D_1 = 5.17e^5$，二层 X 向侧移刚度 $D_2 = 7.86e^5$，$D_1/D_2 \approx 0.66$，小于 0.7，但大于 0.5，属于一般不规则。

对此，程序中已自动将底层判断为薄弱层，对其地震剪力乘以 1.25 的增大系数，并进行了薄弱层弹塑性层间位移角验算，薄弱层 1 层在各种工况下的弹塑性最大层间

规范 6.4

位移角为 1/118，小于 1/50，满足规范限值要求。故无需再进行其他处理。

若薄弱层弹塑性位移验算满足不了，或者薄弱层侧向刚度小于其相邻上一层的50%，建议可以调整柱断面或者采取工程措施，在±0.000 标高处设置拉梁，对底层柱形成支撑，从而降低底层柱的计算高度，提高底层侧移刚度。侧向刚度超限信息如图 6.3.29 所示。

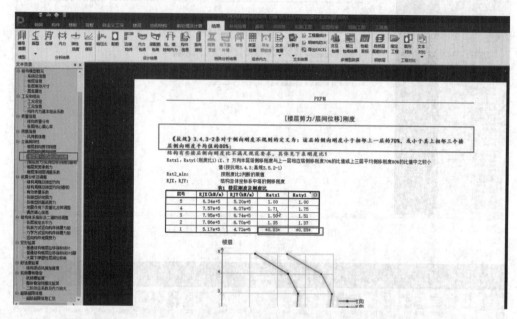

图 6.3.29 侧向刚度超限信息

如果要调整柱断面，点击"结果"→"轴压比"，可以查看各层柱的轴压比。
可以发现第 2 层柱轴压比（图 6.3.30）仅 0.45 甚至更小，上面楼层柱轴压比更

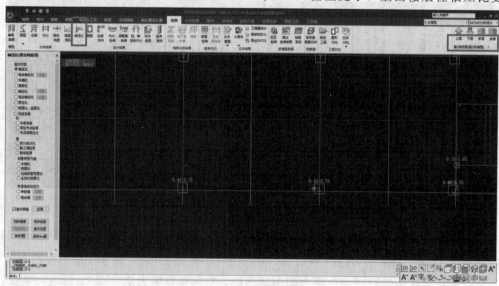

图 6.3.30 第 2 层柱轴压比

小，而且柱不超筋。因此，可以把上面各层的柱断面减小，比如从 $600mm \times 600mm$ 改成 $550mm \times 500mm$，对结构模型进行调整后再次计算，直到满足要求。这样调整的结果，可以增加第 1 层的相对侧向刚度，从而避免第 1 层出现薄弱层。

（2）柱轴压比超限。如果柱子的轴压比超了，有两种解决方法：一是加大柱截面面积，二是提高混凝土强度等级。

（3）梁配筋超限。如果梁配筋超限，提高强度等级或者加大截面面积，特别是增加截面高度，对于提高抗弯能力是显著的。一般情况下，不会因为个别梁超限而提高整层的混凝土强度等级，选择加大相应梁截面高度会更合适。

总之，如果出现超限问题，就对应想办法去解决问题。有些涉及结构方案整体不好，那就要调整结构布置，甚至建筑设计方案。

6.4 绘 制 柱 施 工 图

点击"砼施工图"→"柱"，进入柱施工图绘制模块（图 6.4.1）。其主要功能为：读取 SATWE 的计算结果，完成钢筋混凝土柱的配筋设计与施工图绘制。

柱施工图 ▶

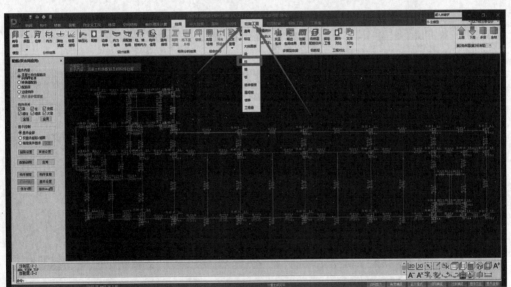

图 6.4.1 进入柱施工图

6.4.1 参数设置

首先进行配筋设计与施工图绘制所必需的参数设置。

点击"参数"→"设计参数"（图 6.4.2），完成"图面布置""绘图参数""选筋归并参数""选筋库"的设置。

（1）图面布置。点击"图面布置"（图 6.4.3）左边的"+"号展开，明确拟选用的图纸号（根据结构尺寸和规定的绘图比例计算确定）、图纸放置方式（横放/竖放）、图纸加长/加宽信息（一般加长不加宽）、平面图比例、剖面图比例（根据需要

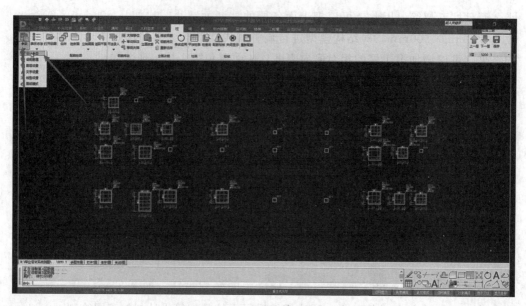

图 6.4.2 设计参数

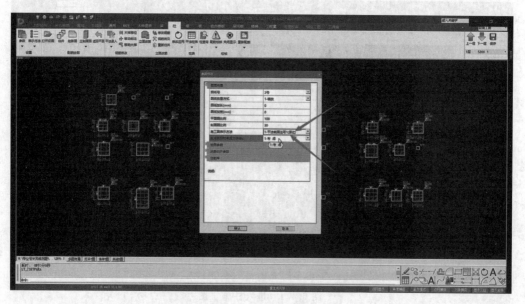

图 6.4.3 图面布置

并符合结构制图标准）。施工图表示方法，一般选择"1-平法截面注写 1（原位）"。
生成图形时考虑文字避让，一般选择"1-考虑"，以保持图面尽可能清爽整洁。

（2）绘图参数。点击"绘图参数"（图 6.4.4）左边的"＋"号展开，明确图名
前缀（如 ZPF，则第 1 层柱施工图文件名为 ZPF1.dwg），其他参数一般取默认值较
多。钢筋间距符号一般用"@"，箍筋拐角开关一般选择"1-直角"，纵筋、箍筋长
度取整精度一般为 5mm。图层设置可以根据个人绘图习惯，对层名、颜色、线型、

线宽等进行自定义，也可以采用默认设置。

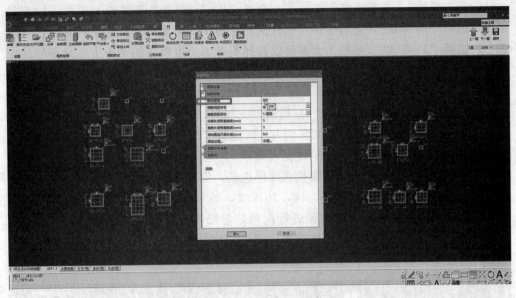

图 6.4.4　绘图参数

（3）选筋归并参数。点击"选筋归并参数"（图 6.4.5）左边的"＋"号展开，配筋计算结果、内力计算结果均来自"SATWE"，连续柱编号方式选择"1-全楼归并编号"。归并系数，PKPM 默认取 0.2，即将截面相同、配筋相差 20％以内的柱子归为一类。归并系数小，分类多，施工不便，图面混乱，但经济性好；归并系数大，分类少，施工简便，图面简洁，但不经济。主筋、箍筋放大系数默认 1.0，柱名称前缀"KZ-"（柱的平法表达方式），箍筋形式一般选择"2-矩形井字箍"。因施工不

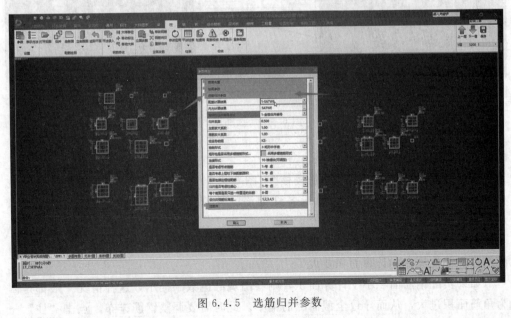

图 6.4.5　选筋归并参数

便，矩形柱一般不采用多螺箍筋形式。连接形式，一般选"10-锥螺纹（可调型）"，也可选择"焊接"。是否考虑节点箍筋，选择"1-考虑"。是否考虑上层柱下端配筋面积，选择"1-考虑"。是否包括边框柱配筋，用于框架剪力墙结构。归并是否考虑偏心，选择"1-考虑"（如种类太多可以选择不考虑，但要在图中按实际情况标注定位尺寸）。每个截面是否只选一种直径的纵筋，选择"0-否"。设归并钢筋标准层，默认即可。

（4）选筋库。点击"选筋库"左边的"＋"号，展开。是否考虑优选钢筋直径，选择"1-是"。优选影响系数，如果为0，则选择实配钢筋面积最小的那组；如果大于0，则在设定范围内考虑纵筋库的优选顺序，一般默认取0.2。该系数与归并系数类似，该系数越大，越能按纵筋库优选顺序选筋，但配筋也可能越大。纵筋库（按优选顺序）可以自行设置，如"16，18，20，22，25"或"20，18，25，22，16"，程序将优先选用排在前面的钢筋直径进行配筋。箍筋库也可以自行设置，如"8，10，12"。点击"确认"，弹出对话框中选择"是"，程序将按照上面确定的参数，自动完成柱钢筋配筋和归并，形成施工图（图6.4.6）。

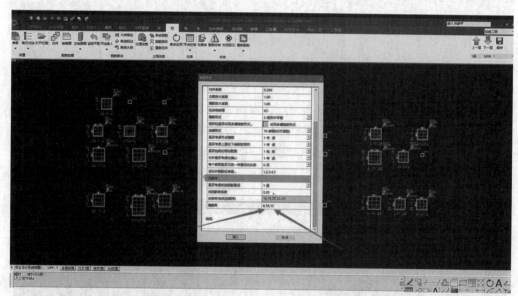

图6.4.6　选筋库

6.4.2　配筋校核

生成柱施工图后，点击"配筋校核"（图6.4.7）→"计算面积"，或者"配筋校核"→"实配面积"，可以分别显示各柱钢筋的计算面积或者实配面积（图6.4.8），从而检查钢筋配置是否合适。

实配面积图中的配筋比例，即实配钢筋面积与计算钢筋面积的比值。可以看出，配筋面积都比原先的计算面积要大。

如果实配钢筋面积小于计算面积，则会出现红色数字提示，这种情况一般都是因为角筋面积过大，从而导致全截面配筋偏小。此时需要调整钢筋排布，点击"柱"→

扩展6.14

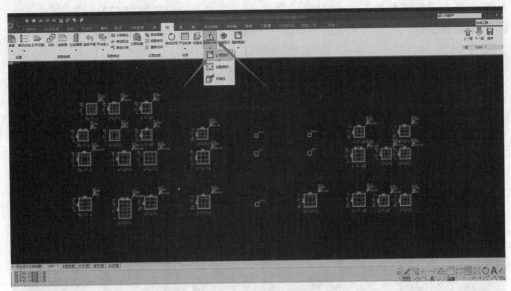

图 6.4.7　配筋校核

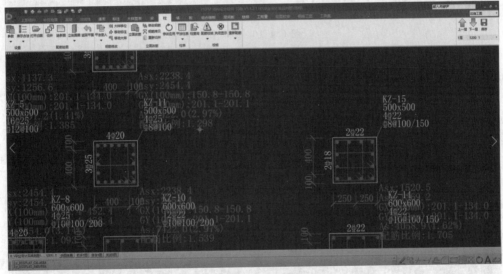

图 6.4.8　实配面积

"修改钢筋"（图 6.4.9），调整角筋和中间钢筋的直径和分布。钢筋修改完成后，程序会自动重新校核，直到满足全截面配筋的要求。

图 6.4.9　修改钢筋

校核通过后，点击"关闭显示"，仅显示柱钢筋的截面注写表达。

6.2 节参数设置中，如果柱配筋选择"按单偏压计算"，则还要在此进行双偏压验算，点击"配筋校核"→"双偏压"完成（图 6.4.10）。如果双偏压验算不通过，则需要调整钢筋，尤其是增大角筋，或者调整柱截面尺寸，直到满足要求。

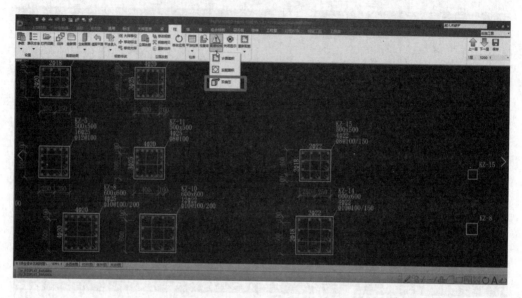

图 6.4.10 双偏压

6.4.3 自动标注及导出 CAD 文件

软件可以实现轴线自动标注。点击"标注"→"自动标注"（图 6.4.11），然后点击确定，即可在施工图中插入轴线。不过，受软件功能限制，这里标注的轴线往往不完整、图面也不漂亮，建议不执行此操作，而留到 CAD 软件里完成。

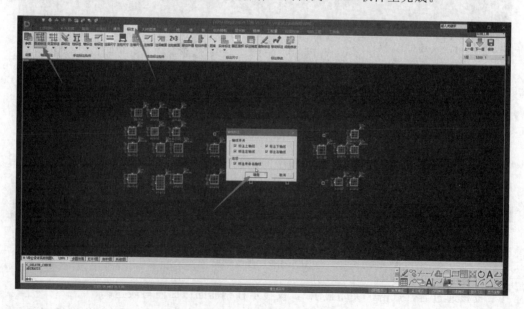

图 6.4.11 轴线自动标注

　　为了更方便地对施工图进行修改和标注，点击"通用"→"当前 T 转 DWG"，将图纸导出为 .dwg 格式（图 6.4.12）。

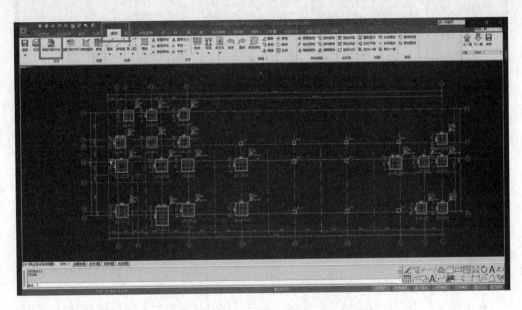

图 6.4.12　导出 DWG 文件

6.4.4　修改柱施工图

　　运行探索者 Tssd2017 软件，单击"打开文件"图标，在目录中找到导出的文件 ZPF1.dwg，打开即可（图 6.4.13）。

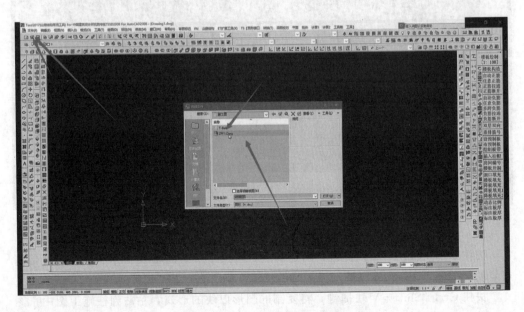

图 6.4.13　打开 DWG 文件

同时打开平面结构布置图（图 6.4.14），将视图移到第 1 层结构平面布置图。

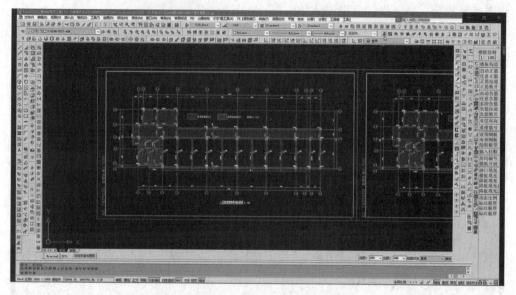

图 6.4.14　打开结构平面布置图

点击"层"图标，框选轴线和标注，确定后将只显示刚才选中的轴线和标注图层（图 6.4.15）。

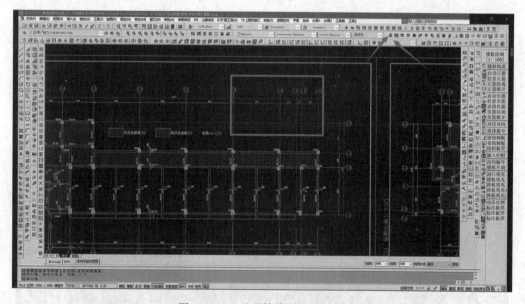

图 6.4.15　显示轴线和标注图层

按住 Ctrl＋Shift＋C 快捷键，指定基点，再选中所有的轴线和标注，将实现带基点复制（图 6.4.16），确保轴网插入时的位置准确。

按住 Ctrl＋Shift＋V 快捷键，将复制的图形以块的形式，粘贴到柱施工图中（图 6.4.17）。如果位置有偏差，通过捕捉点设置，将图块移动到精确的位置。

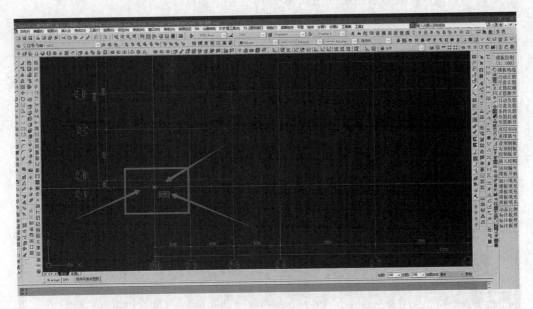

图 6.4.16　带基点复制

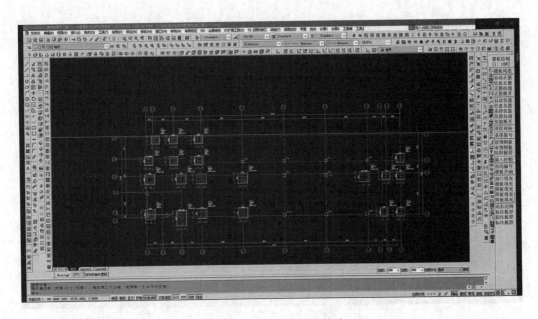

图 6.4.17　以块的形式粘贴

点击窗口左边工具条"分解"图标（图 6.4.18），选择轴网，将刚才粘贴进来的块炸开。

可以发现图中轴线的线型看起来是实线，而不是点画线，这是因为线型比例因子的关系。在底部命令对话框，输入"lts"快捷命令（ltscales），输入新的线型比例因子为1000，则点画线显示正确（图6.4.19）。

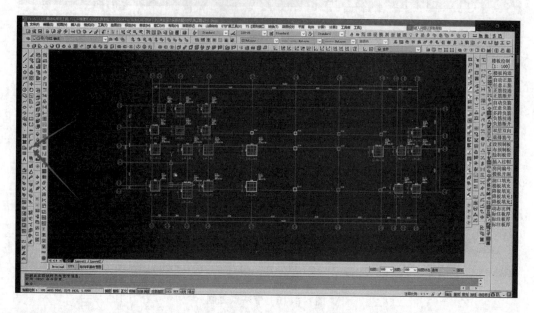

图 6.4.18　将块分解

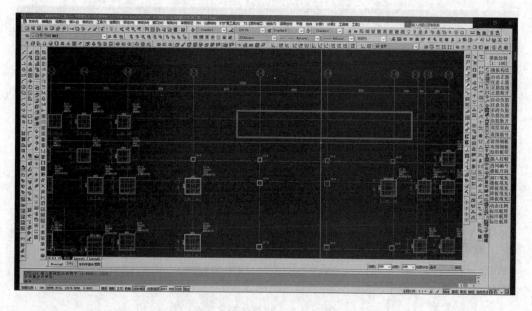

图 6.4.19　修改线型比例因子

　　接下来对仅标注编号的柱进行涂黑。修改之前，先将 PM 柱转换到探索者图层上。

　　在窗口右边的工具条里找到"图形接口"图标，点击，旁边面板切换为"图形接口"，将"图形转换"点开（图 6.4.20）。

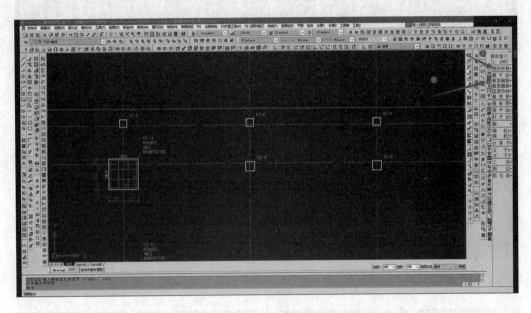

图 6.4.20　图形转换

　　点击"分步转柱"（图 6.4.21），在弹出的对话框中，选择"柱子"（图 6.4.22），
然后点击确定。

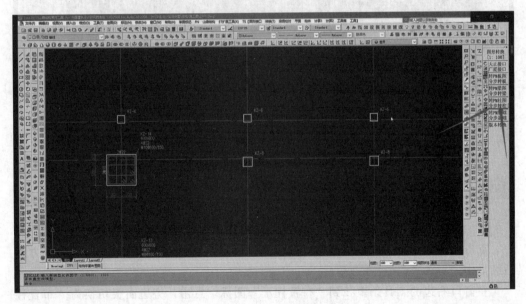

图 6.4.21　分步转柱

　　在图中点选任一柱子，则所有的柱都转化到探索者图层里去了，颜色变为了白色
（图 6.4.23）。

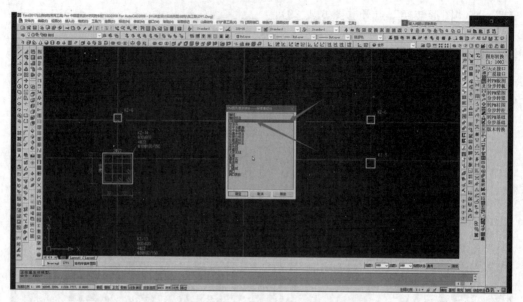

图 6.4.22　选择转换柱子

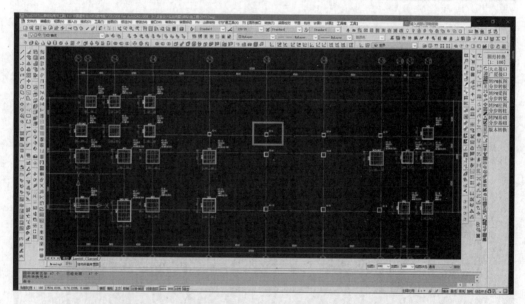

图 6.4.23　柱子图层变化

点击"层"图标，双击柱图形，以让窗口仅显示柱所在图层（图 6.4.24），方便后续操作。

在窗口右边的工具条里找到"布置柱子"图标，点击，旁边面板切换为"布置柱子"，点击"柱填实"（图 6.4.25），选择所有仅标注编号未进行截面注写的柱子，进行填实。

再次点击"层"图标，反向框选双击两下，以让窗口显示全部内容。

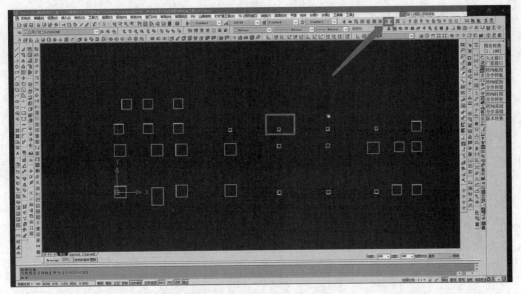

图 6.4.24 仅显示柱所在图层

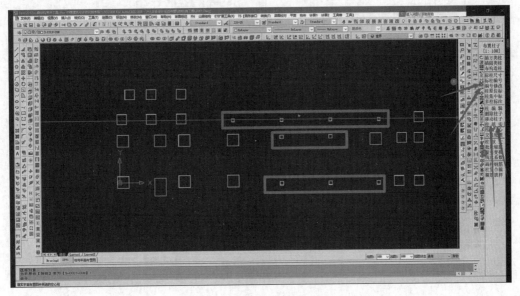

图 6.4.25 柱填实

　　如果在前面 6.4.1 选筋归并参数设置中，选择"归并时不考虑偏心"，则图中仅标注了编号的偏心柱子，还需标注其定位尺寸。在窗口右边的工具条里找到"布置柱子"图标，点击，旁边面板切换为"布置柱子"，点击"标柱尺寸"，选择需要标注的柱子，进行尺寸标注（图 6.4.26）。

　　为保持打印样式统一，PM 标注尺寸也可以转化为探索者的尺寸。在窗口右边的工具条里找到"图形接口"图标，点击，旁边面板切换为"图形接口"，将"图形转换"点开（图 6.4.27）。

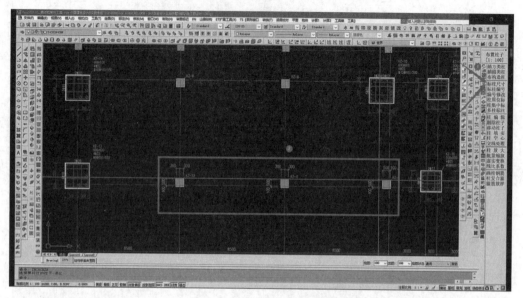

图 6.4.26　标柱尺寸

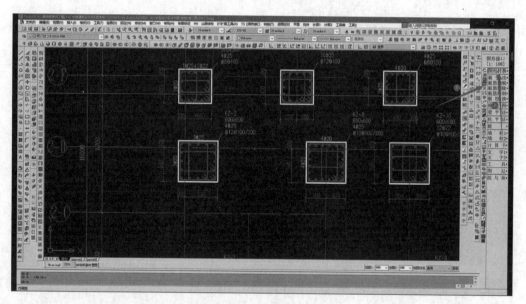

图 6.4.27　图形转换

　　点击"分步转柱"，在弹出的对话框中，选择"轴线标注"（图 6.4.28），然后点击确定。

　　在图中点选任一柱子的尺寸标注，则所有柱的尺寸标注都转化到探索者图层里去了，字体颜色变为了白色，跟复制进来的轴线标注样式一致。转换前后标注样式对比如图 6.4.29 所示。

　　再对局部文字有重叠的地方，进行文字移动。在窗口右边的工具条里找到"文字编辑"图标，点击，旁边面板切换为"文字工具"，点击"移梁集标"，选择对象，移

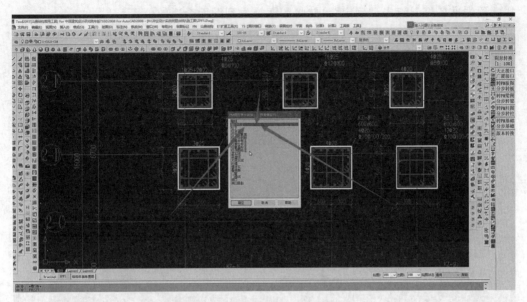

图 6.4.28　选择转换轴线标注

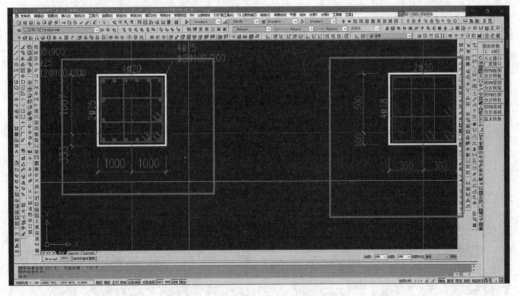

图 6.4.29　转换前后标注样式对比

动、拖曳到合适的位置，以让图面美观、紧凑，方便阅读（图 6.4.30）。

图中柱筋表达的各个符号的意义，详见图集 16G101－1。

6.4.5　插入图框

在窗口右上角工具条中找到"插入图框"图标，单击。在弹出的对话框中（图 6.4.31），指定绘制比例，平面图一般为 1：100；确定图幅设置，本工程需要 A2＋1/4；点选横式/立式图框，与 6.4.1 绘图参数定义一致；指定标签栏索引位置，标签栏已预先准备好。点击"确定"，然将图框拖放到图面合适的位置。

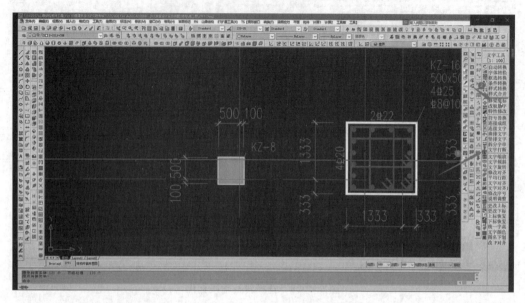

图 6.4.30　移动文字

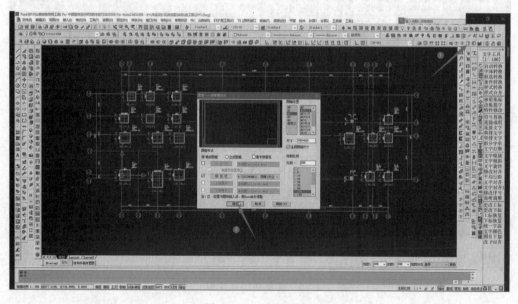

图 6.4.31　插入图框

6.4.6　添加图名

在窗口右边的工具条里找到"书写文字"图标，点击，旁边面板切换为"书写文字"，点击"写图名"（图 6.4.32）。在弹出的对话框中，编辑图形名称，点击"插入"，安放在合适位置即可。

图名字体不合适。点击"书写文字"→"图名编辑"（图 6.4.33），将文字样式调整为"黑体",点击确定。

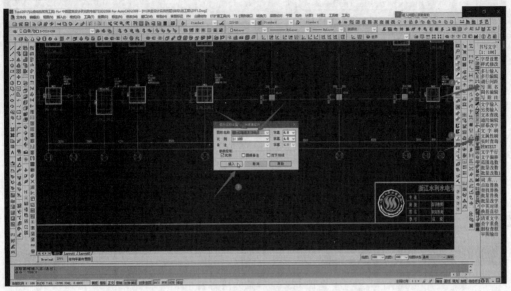

图 6.4.32 写图名对话框

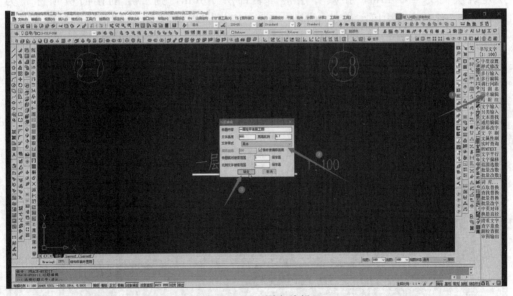

图 6.4.33 图名编辑

6.4.7 插入层高表

层高表一般提前做好,在底部命令对话框输入"I"快捷命令(Insert),选择合适的位置,插入即可(图 6.4.34)。

需要说明的是,结构施工图中的层高表中,"标高"示意的是各层楼面板/屋面板的板顶标高,是土建施工的控制标高,"层高"在这里特指结构层高。1 层的结构层高,是从嵌固端基础顶面算起,直到 2 层的楼面板顶标高。基础顶标高-0.700m;1

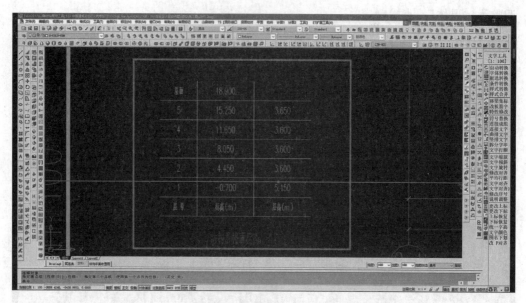

图 6.4.34 插入层高表

层建筑层高为 4500mm，扣减 2 层楼面装饰层 50mm，则 2 层的楼面板顶标高为 4.450m，则 1 层结构层高为 5150mm。3～5 层楼面板顶标高，同样应考虑建筑标高扣减相应楼面装饰层。对屋面层，建筑的檐口标高 18.900m，即为屋面板顶标高，则 5 层结构层高为 3650mm。

层高表中要求对本图适用的层高范围进行示意。如图 6.4.35 所示的两根竖线加粗，表示本图适用于两根竖线所指标高范围内的竖向构件，即从标高 -0.700～4.450 的柱。

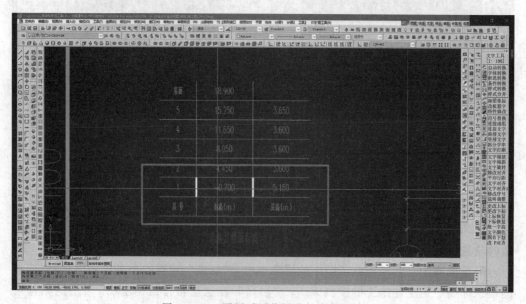

图 6.4.35 图纸适用范围进行线宽加粗

6.5 绘 制 梁 施 工 图

梁施工图▶

点击"砼施工图"→"梁",或者在柱施工图绘制窗口下点击主菜单上的"梁",进入梁施工图绘制模块（图 6.5.1）。其主要功能为：读取 SATWE 的计算结果，完成钢筋混凝土梁的配筋设计与施工图绘制。

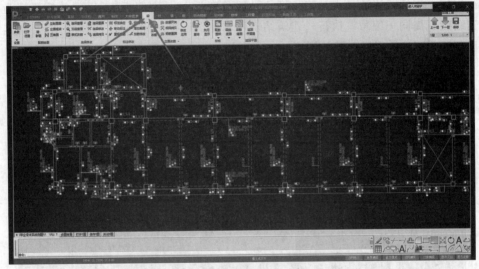

图 6.5.1 进入梁施工图

6.5.1 参数设置

首先进行配筋设计与施工图绘制所必需的参数设置。

点击"参数"→"设计参数"（图 6.5.2），完成"绘图参数""归并、放大系数""梁

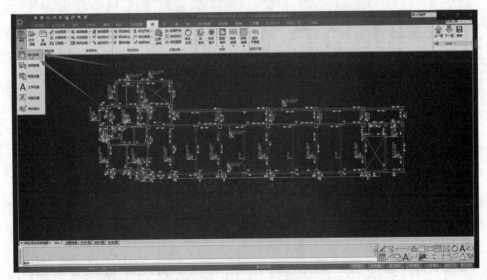

图 6.5.2 设计参数

名称前缀""纵筋选筋参数""箍筋选筋参数""裂缝、挠度计算参数""其他参数"的设置。

（1）绘图参数。点击"绘图参数"（图 6.5.3）左边的"＋"号，展开，明确拟选用的平面图比例、剖面图比例、立面图比例（根据需要并符合结构制图标准）。钢筋等级符号使用国标符号。详细标注中是否标明钢筋每台根数，选择"是"。是否考虑文字避让，选择"考虑"。计算配筋结果和计算内力结果，均来自"SATWE"。梁梁相交支座生成依据，选择"按弯矩判断"，当梁上出现负弯矩时，判断其在此被其他梁支撑。连续梁连通最大允许角度，设置角度为 10，则偏折 10°以内的折梁视为一根连续梁，属同一编号。执行《建筑结构可靠性设计统一标准》，选择"是"。指定需自动判断 WKL 的楼层，默认即可。

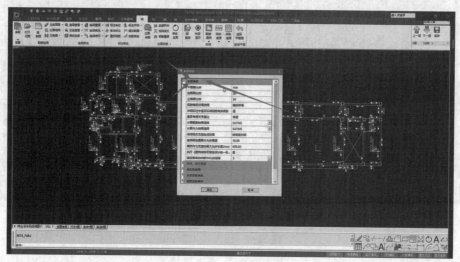

图 6.5.3　绘图参数

（2）归并、放大系数。点击"归并、放大系数"（图 6.5.4）左边的"＋"号，

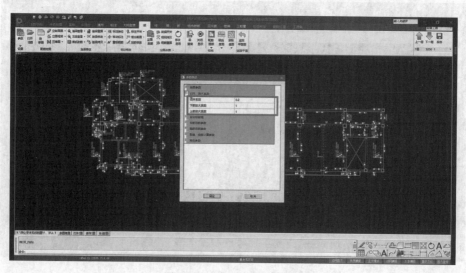

图 6.5.4　归并、放大系数

展开，归并系数，PKPM默认取0.2，即将截面相同、配筋相差20％以内的梁归为一类。归并系数小，分类多，施工不便，图面混乱，但经济性好；归并系数大，分类少，施工简便，图面简洁，但不经济。下筋放大系数、上筋放大系数，默认1.0。

（3）梁名称前缀。点击"梁名称前缀"（图6.5.5）左边的"＋"号，展开。程序默认的梁名称前缀，一般与平法图集规则一致。如，楼层框架梁KL，指的是普通楼层两端与柱相接的梁；屋面框架梁WKL，指的是屋面层两端与柱相接的梁；非框架梁L，指是的两端与主梁相接的梁，即次梁。如果有不一致的地方，应该按照平法图集去修改。

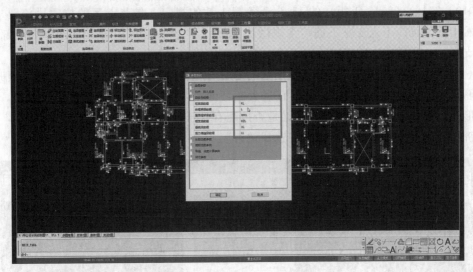

图6.5.5　梁名称前缀

（4）纵筋选筋参数。点击"纵筋选筋参数"（图6.5.6）左边的"＋"号，展开。主筋选筋库，一般是直径为14～25的钢筋。优远直径影响系数，如果为0，则选择实

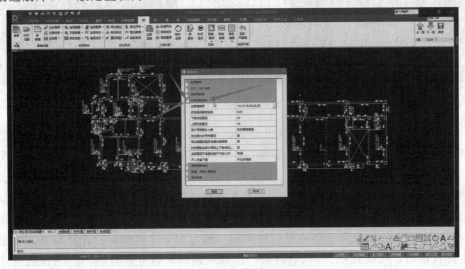

图6.5.6　纵筋选筋参数

配钢筋面积最小的那组；如果大于 0，则在设定范围内考虑选筋库的优选顺序，一般默认取 0.05。上筋优选直径，一般默认 14。下筋优选直径，根据实际情况选取，如果荷载大、跨度大，优选 25；一般情况，可以选 22 或 20，本工程选择 22。至少两根通长上筋，选择"仅抗震框架梁"，既符合规范要求，同时也比较经济。选主筋允许两种直径，选择"是"；如果选"否"，可能造成不经济。架立筋直径是否与通长筋相同，选择"否"，架立筋与通长筋不一定相同，满足规范要求即可；如果强制与通长筋一样，也会造成不经济。抗扭腰筋全部计算到上下筋，选择"否"，仅考虑其受扭。主筋直径不宜超过柱尺寸的 1/20，选择"考虑"，这是《混凝土结构设计规范》（GB 50010—2010）（2015 年版）的 11.6.7 条第 1 款的规定，是节点区的抗震措施要求，当然指框架梁。不入支座下筋，常规做法选择"不允许截断"，即梁下部钢筋全部伸入支座。

规范 6.5

规范 6.6

（5）箍筋选筋参数。点击"箍筋选筋参数"（图 6.5.7）左边的"＋"号，展开。箍筋选筋库一般为 8、10、12，不宜过大。12mm 以上箍筋等级，选择 HRB400。箍筋形式，选择常用的"大小套"。梁是否按配有受压钢筋控制复合箍，选择"否"，更经济。箍筋肢数是否可以为单数，选择"否"。

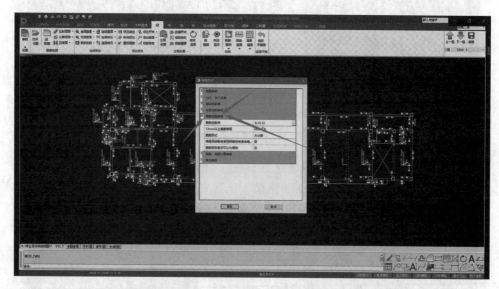

图 6.5.7　箍筋选筋参数

（6）裂缝、挠度计算参数。点击"裂缝、挠度计算参数"（图 6.5.8）左边的"＋"号，展开。根据裂缝选筋，选择"是"，将自动结合裂缝宽度验算情况选配钢筋；如果选择"否"，选配的钢筋用量也许会小一点，但后续裂缝宽度验算可能会出现超限的情况，则要重新修改钢筋。梁上下部允许裂缝宽度，一类环境普通钢筋混凝土结构均为 0.3mm。支座宽度对裂缝的影响，选择"考虑"，则梁弯矩取柱边缘处值，可以省点钢筋，有利于强柱弱梁的实现。轴力大于此值按偏拉计算裂缝，水平梁基本没有轴力，所以为 0；如果是斜梁，比如坡屋顶，则可能有轴力。活荷载准永久值系数，默认 0.4。

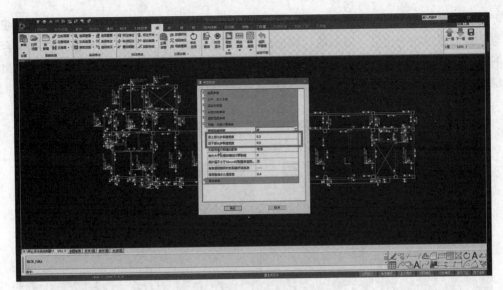

图 6.5.8 裂缝、挠度计算参数

（7）其他参数。点击"其他参数"（图 6.5.9）左边的"＋"号，展开。架立筋直径，选择规范要求的最小值 12；最小腰筋直径，选择规范要求的最小值 10；拉筋直径，选择规范要求的最小值 6。

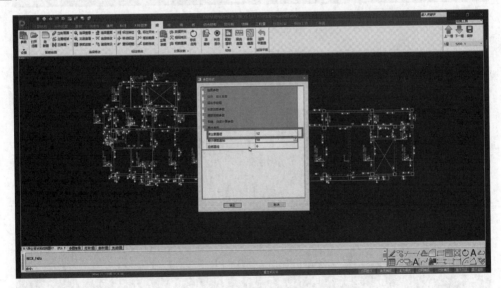

图 6.5.9 其他参数

填完所有参数之后，点击"确定"，弹出对话框中选择"是"，程序将按照上面确定的参数，自动完成梁钢筋配筋和归并，形成施工图。

6.5.2 配筋面积

生成梁施工图后，点击"配筋面积"（图 6.5.10）下面的"计算面积""实配面积""实配筋率""配筋比例""箍筋计算""箍筋实配""S\R 验算"等各项子菜单，

可以分别显示各梁纵向钢筋的计算面积、实际配筋面积、实际配筋率、实配钢筋面积
与计算钢筋面积的比值，箍筋的计算面积、实际配筋面积，以及 S\R 值（基本组合
下为 $1/\gamma$，地震组合下为 $1/\gamma_{RE}$），从而检查钢筋配置得是否合适。如图 6.5.11 中出
现提示，则表示该处超筋。

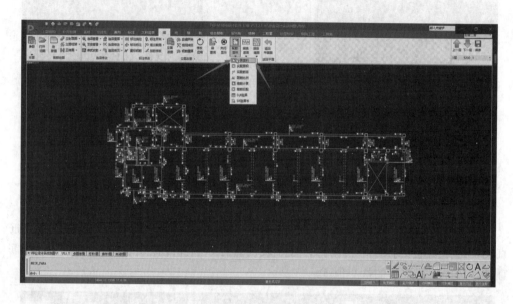

图 6.5.10 配筋面积

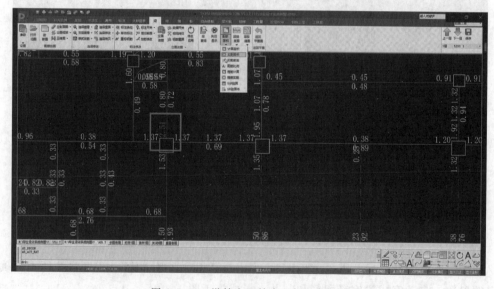

图 6.5.11 纵筋实配筋率（提示超筋）

6.5.3 挠度计算

点击"梁挠度图"→"挠度计算"，在弹出的对话框中，勾选"将现浇板作为受

压翼缘"，点击"确定"，完成梁的挠度验算（图6.5.12）。

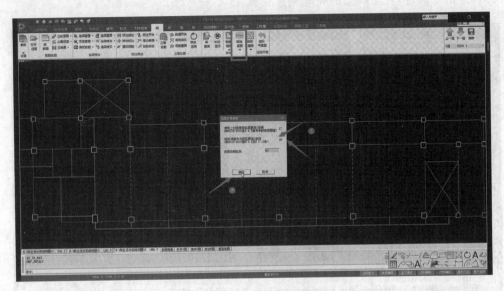

图6.5.12 梁挠度验算

在生成的挠度图（图6.5.13）中，如果出现挠度超过限值的问题，将会以红色字体突出显示。

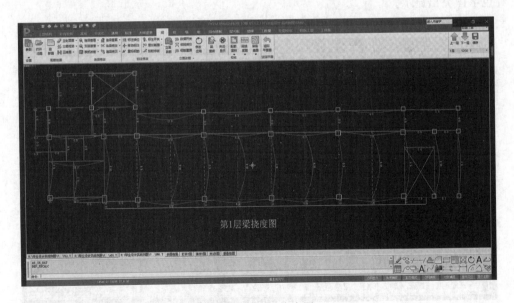

图6.5.13 梁挠度图

6.5.4 裂缝计算

点击"梁裂缝图"→"裂缝计算"（图6.5.14），在弹出的对话框中，再次确认相关参数（裂缝限值、考虑支座宽度的影响、不考虑拉力，在 6.5.1 参数设置中已定义），点击"确定"，完成梁的裂缝宽度验算。

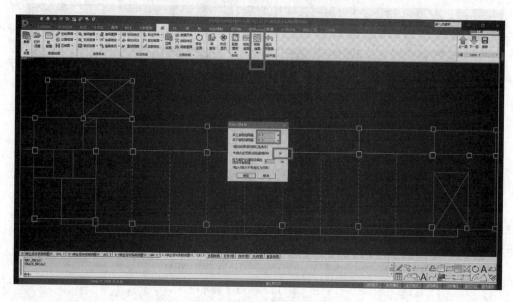

图 6.5.14　梁裂缝计算

在生成的裂缝图（图 6.5.15）中，如果出现裂缝宽度超过限值的问题，将会以红色字体突出显示。

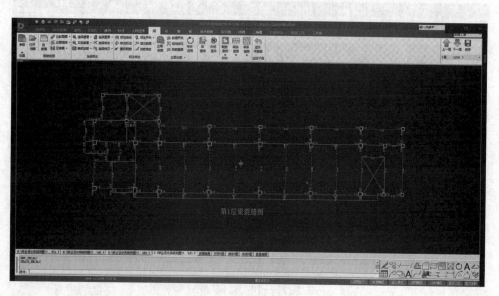

图 6.5.15　梁裂缝图

6.5.5　梁钢筋修改

点击"返回平面图"（图 6.5.16），回到梁平法施工图。

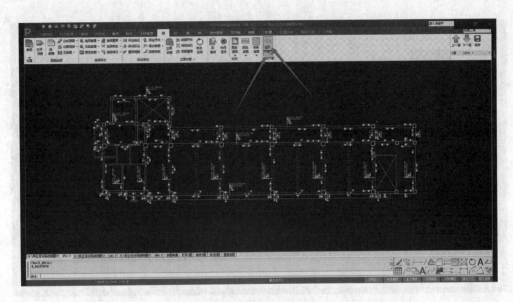

图 6.5.16　返回平面图

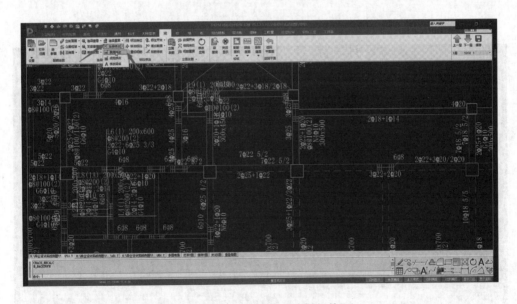

图 6.5.17　单跨修改连梁钢筋

　　点击"连梁修改"→"单跨修改"（图 6.5.17），单击需要修改的梁（图 6.5.18），即前面配筋图中提示超筋的梁。

　　在弹出的对话框中，重新配置钢筋。根据配筋图提示，左支座上部钢筋超筋，故将左顶筋由原 6 $\underline{\Phi}$ 25，改成 4 $\underline{\Phi}$ 25，其余不变（图 6.5.19）。注意输入新的数值之前先解锁。

　　再点开配筋面积，对计算面积、实配面积、实配筋率、配筋比例、S\R 验算等，

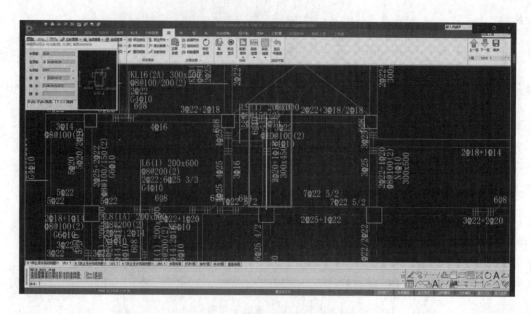

图 6.5.18　选择需要修改的梁

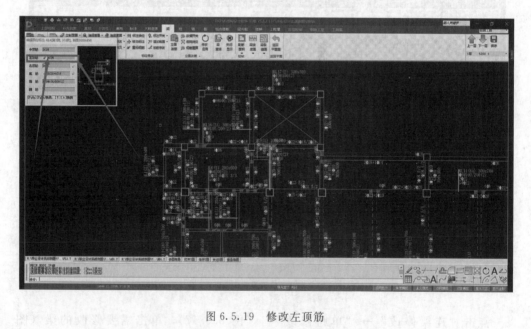

图 6.5.19　修改左顶筋

进行一一校核，直到全部符合要求，没有超限提示。

6.5.6　导出 CAD 文件

为了更方便地对施工图进行修改和标注，点击"通用"→"当前 T 转 DWG"，将图纸导出为 .dwg 格式（图 6.5.20）。

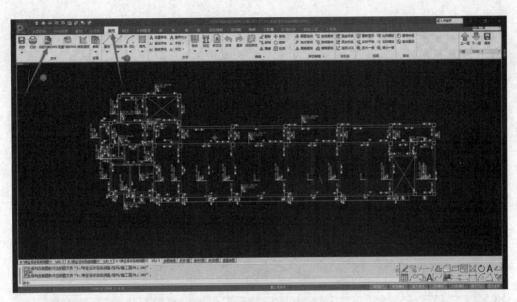

图 6.5.20　导出 DWG 文件

6.5.7　修改梁施工图

运行探索者 Tssd2017 软件，打开 PKPM 导出的文件 PL1.dwg。

首先插入轴网，操作方法同 6.4.4 柱施工图修改。

图中梁筋表达的各个符号的意义，详见图集 16G101-1。

点击 CAD 的图层管理器，打开"柱涂实"图层（图 6.5.21），实现柱全部涂黑。

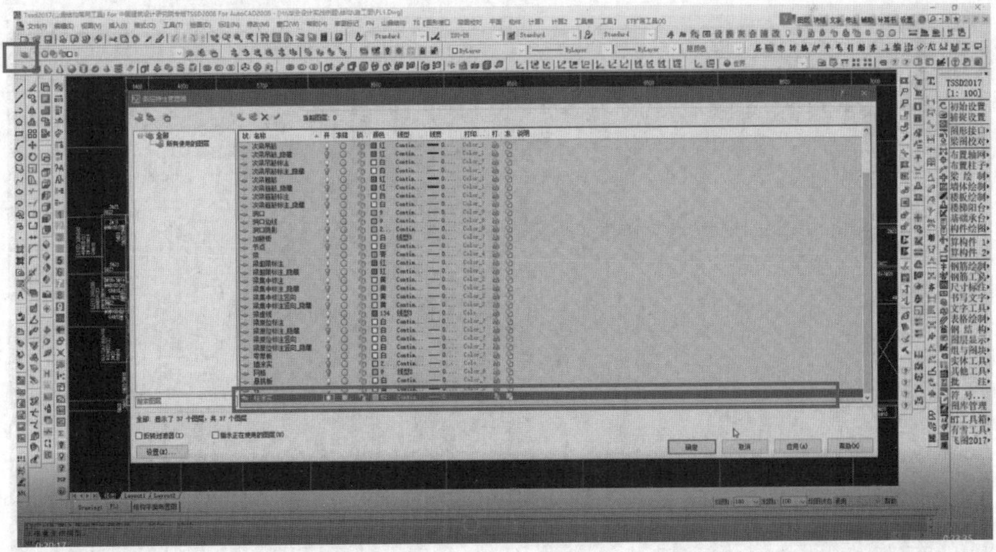

图 6.5.21　打开"柱涂实"图层

在底部命令对话框，输入"lts"快捷命令（ltscales），输入新的线型比例因子为 2，则梁的线型显示为虚线（图 6.5.22）。

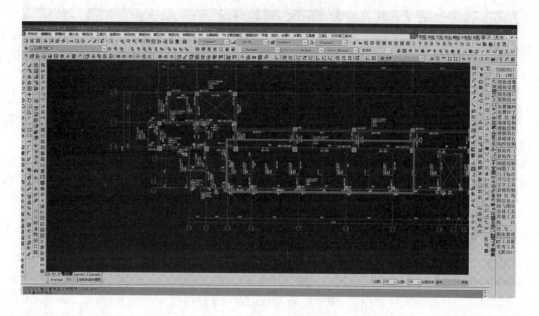

图 6.5.22　调整线型比例因子

此时轴线的点画线显现不出来，需再次进行调整。在窗口右侧工具条找到"布置轴网"，点开，在"布置轴网"（图 6.5.23）面板中找到"动态点划"（图 6.5.24），单击点选一根轴线，进行两点拖动直到合适的比例，轴线显示为点画线，确定（图 6.5.25）。

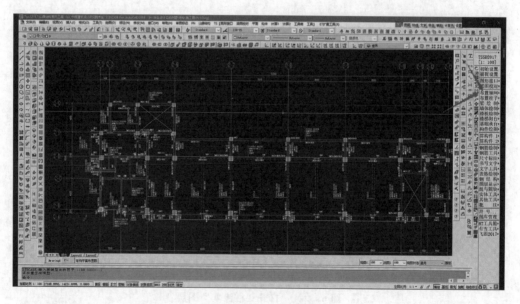

图 6.5.23　布置轴网

其他轴线可以用 CAD 的格式刷实现批量修改。

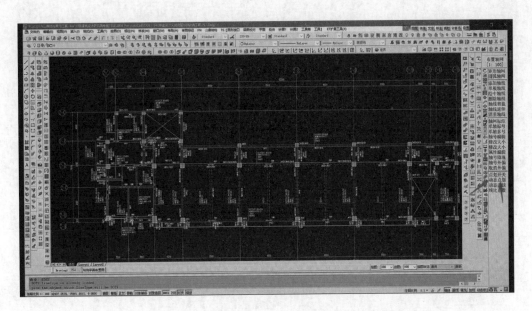

图 6.5.24　动态点划

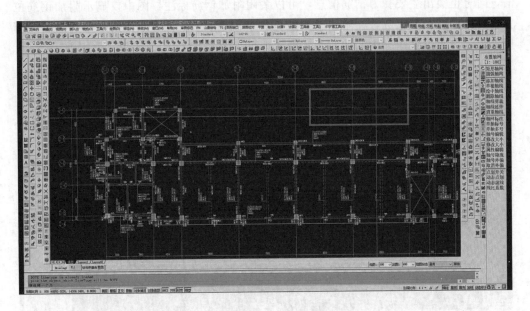

图 6.5.25　修改一根轴线

　　再对局部文字有重叠的地方，进行文字移动。在窗口右边的工具条里找到"文字编辑"图标，点击，旁边面板切换为"文字工具"，点击"移梁集标"，选择对象，移动、拖曳到合适的位置（图 6.5.26），以让图面美观、紧凑，方便阅读。

　　对于主梁跨中有集中力的地方，程序会自动计算附加箍筋并标注。为保持图面整

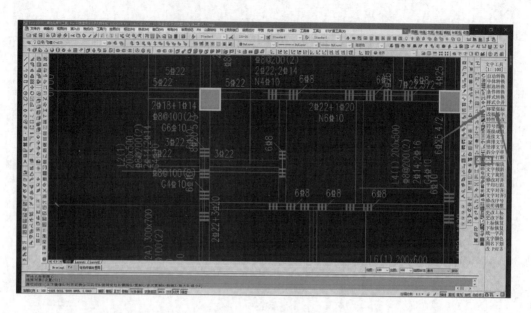

图 6.5.26 移动文字

洁，同时也突出主要受力钢筋信息，可以关闭附加钢筋标注，图中仅显示附加钢筋位置，具体的直径及根数，在附注里面进行文字说明。在 CAD 工具条中找到"关闭图层"图标，再点选附加钢筋的标注，确认即可（图 6.5.27）。

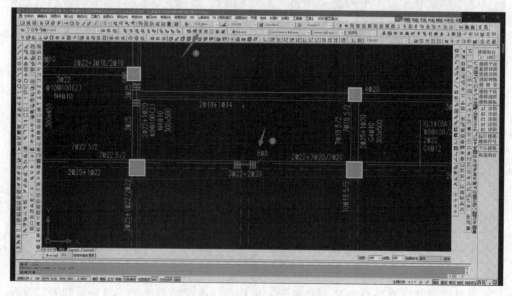

图 6.5.27 关闭附加钢筋标注图层

6.5.8 楼梯索引标注

楼梯需要进行索引标注。先删除楼梯间洞口的一条斜线，在窗口右边的工具条里找到"楼梯"图标，点击，旁边面板切换为"楼梯阳台"，点击"标注楼梯"（图6.5.28）。

在窗口底部的交互式对话框（图6.5.29）中，首先输入"a"，选择标注楼梯符号，回车；输入楼梯序号1，回车。

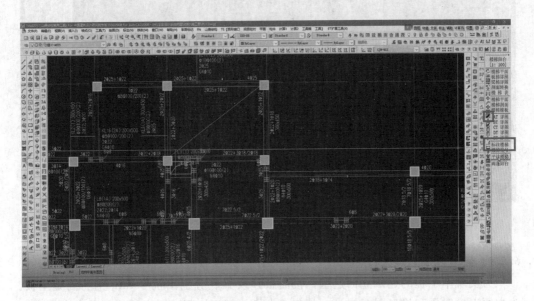

图 6.5.28　标注楼梯

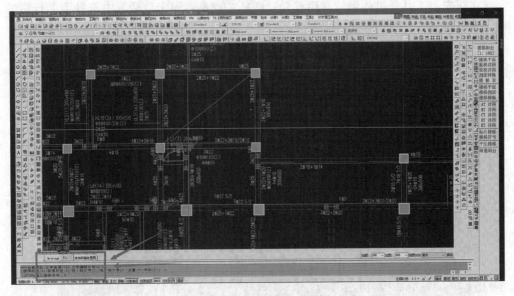

图 6.5.29　底部命令对话框

在图中点取楼梯的两个角点，确认后，程序自动为选择的楼梯标注"1号楼梯详结施—"（图6.5.30）。同样的步骤，完成2号楼梯标注。

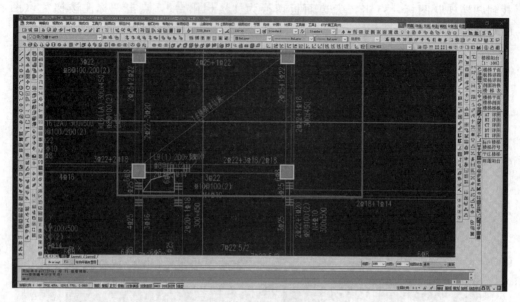

图 6.5.30　1 号楼梯索引标注

6.5.9　绘制挑檐节点大样

为实现本工程的建筑立面造型，楼面板顶及梁底分别出挑 80mm 钢筋混凝土板。为方便支模时梁和檐口同时铺设，其节点大样的剖视详图，应专门绘制节点大样图进行说明。

在探索者工具条里找到"常用符号"图标，点击，弹出对话框中选择第二行第二列"索引符号"（图 6.5.31）。

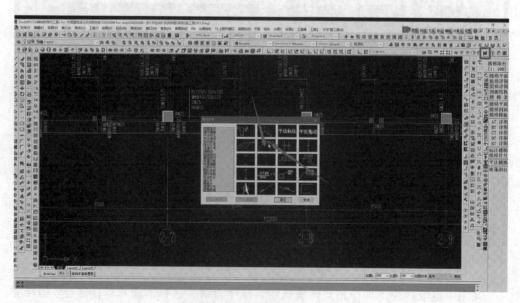

图 6.5.31　选择索引符号

在弹出对话框中，选择最后一个"带剖切线的索引符号"（图 6.5.32），点击"确定"。

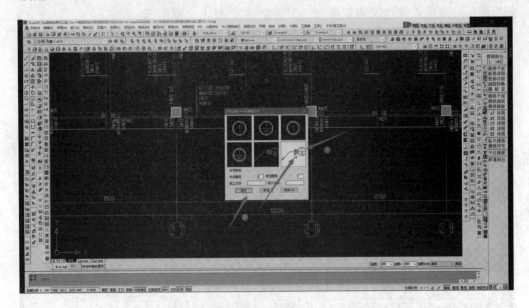

图 6.5.32 选择剖视详图索引符号

点选确定合适的位置，进行索引符号标注（图 6.5.33）。

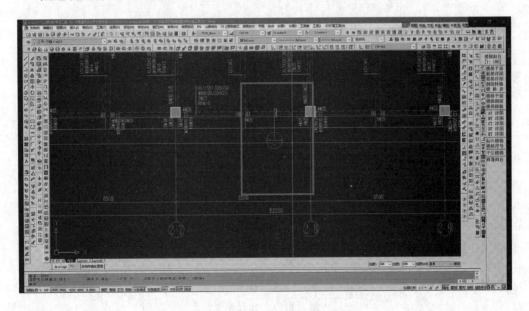

图 6.5.33 进行剖视详图索引标注

接下来绘制檐口剖面如图 6.5.34 所示，可以直接用 CAD 的绘图及编辑工具实现，也可以借助一些插件进行快速绘图。需要注意的是，节点大样的绘图比例，一般采用 1∶20。

接下来绘制檐口板处的钢筋（图 6.5.35）。在窗口右侧探索者工具条里找到"钢筋"图标，点击，旁边面板切换为"钢筋绘制"，点击"箍筋"。

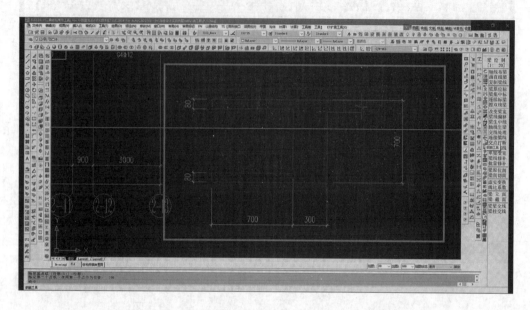

图 6.5.34　檐口节点尺寸

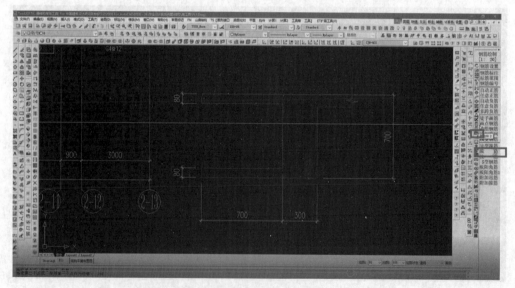

图 6.5.35　添加钢筋

面板切换为"钢筋工具"，点击"偏移钢筋"（图 6.5.36），则按构件轮廓偏移出周边箍筋形状。

运用修剪、拉伸、删除、画线等命令，对钢筋的形状进行编辑修改，最终在上下

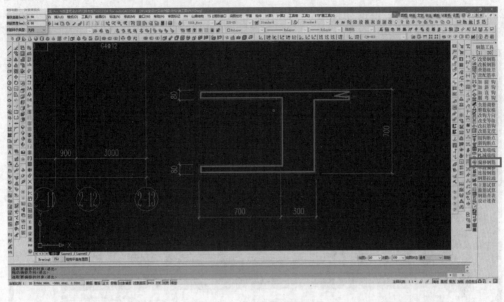

图 6.5.36　偏移钢筋

两层檐板的板顶上层布上受力筋，如图 6.5.37 所示。受力筋伸入至纵梁内侧，并向下弯折锚固。

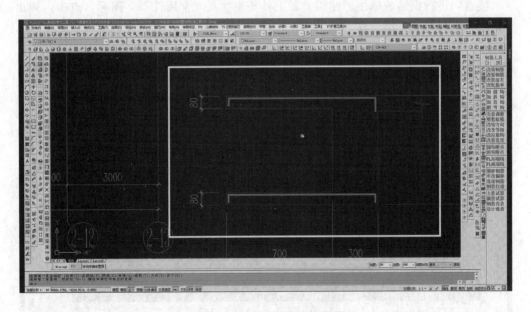

图 6.5.37　檐口板顶受力钢筋

　　下层与受力筋垂直方向应布置分布筋。在窗口右侧探索者工具条里找到"钢筋"图标，点击，旁边面板切换为"钢筋绘制"，点击"画点钢筋"，点选确定布置位置即可（图 6.5.38）。分布钢筋布置在檐板挑出的 700mm 范围内，间距不宜超过 250mm，均匀布置 3 根钢筋即可，间距 233mm 左右。

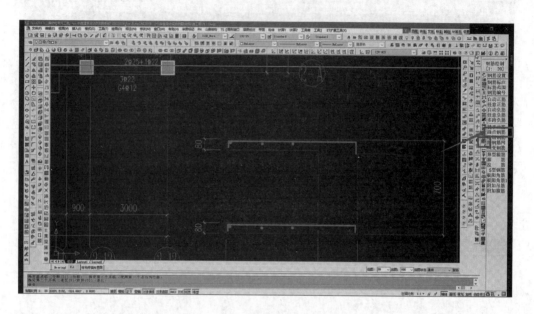

图 6.5.38 檐口板顶分布钢筋

接着，进行钢筋的标注。在探索者工具条里找到"常用符号"图标，点击，弹出对话框中选择第二行第一列"引出标注"（图 6.5.39）。

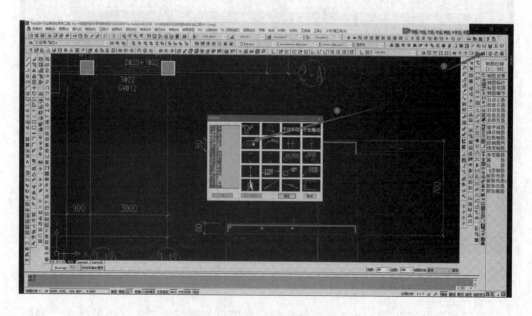

图 6.5.39 引出标注

先点选需要标注的钢筋，标注文本默认（图 6.5.40），确定。

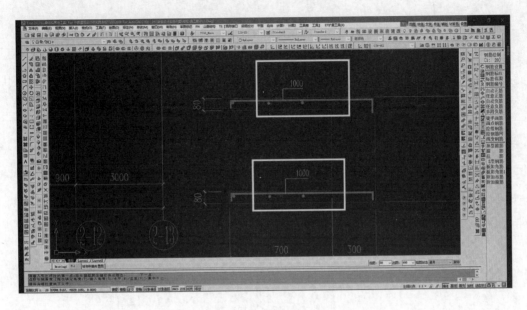

图 6.5.40 钢筋默认标注

对标注文字进行编辑。受力钢筋根据经验选择 Φ8@150，在文本编辑对话框中输入 "％％1328@150"，点击确定（图 6.5.41）。

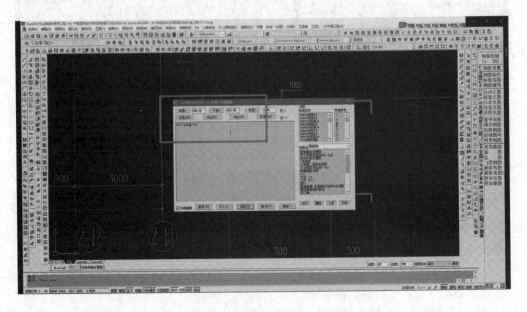

图 6.5.41 钢筋标注文本编辑

轴线的添加和标注（图 6.5.42）可以通过绘图、编辑等命令灵活实现。如轴线号 2 - A，轴线位置为梁外轮廓向内偏移 100mm。

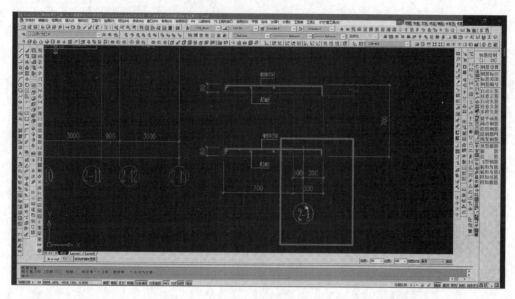

图 6.5.42 添加轴线

添加板顶标高。在探索者工具条里找到"常用符号"图标，点击，弹出对话框中选择第 3 行第 3 列"标高绘制"（图 6.5.43），确定。

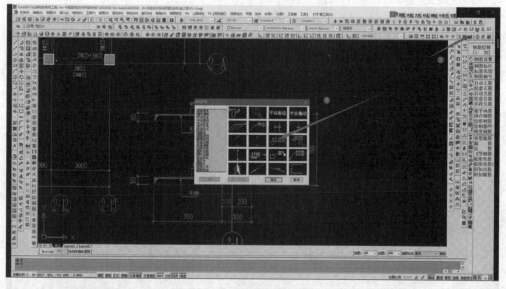

图 6.5.43 板顶标高绘制

根据窗口底部命令提示对话框，点选确定插入标高位置，输入标高值 4.450，完成（图 6.5.44）。

最后添加详图名（详图符号）。在探索者工具条里找到"常用符号"图标，点击，弹出对话框中选择第 2 行第 2 列"索引符号"（图 6.5.45）。

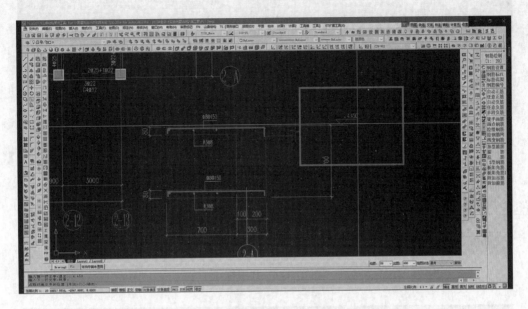

图 6.5.44 添加板顶标高

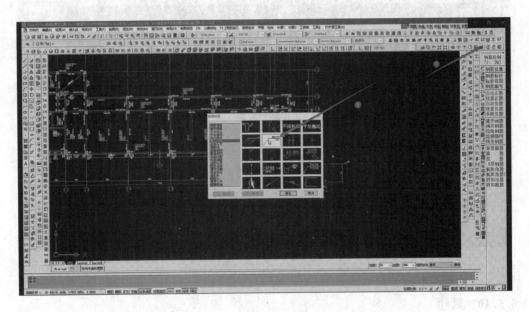

图 6.5.45 索引符号

在弹出对话框中，选择第 2 行第 1 列"详图符号"（图 6.5.46），点击确定。

在大样图下方合适的位置，插入即可，详图编号 1，图纸编号表示本页。需要特别注意的是，索引符号和详图符号内的详图编号与图纸编号两者必须对应一致。同时，在详图符号旁边，加注详图比例 1：20（图 6.5.47）。

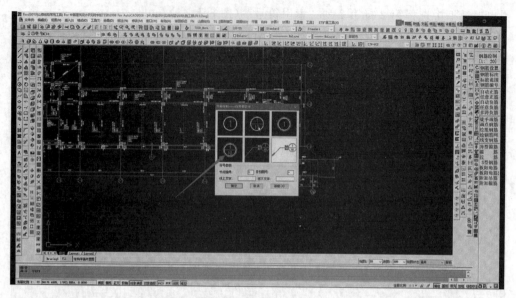

图 6.5.46　详图符号

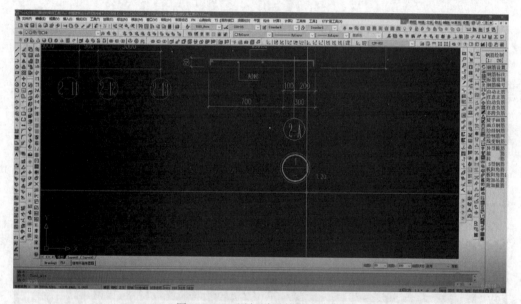

图 6.5.47　添加详图符号及比例

6.5.10　其他

插入图框、添加图名、添加层高表等具体操作与 6.4.5、6.4.6、6.4.7 相同，这里不再赘述。当图形略微超出图框时，进行适当的移动和修正即可。

其中，层高表中应将相应横线加粗，如图 6.5.48 所示，表示本图适用于横线所指标高处的横向构件，即板顶标高 4.450 处的梁。

其他未在图中表述清楚的地方，在图中空白处采用附注进行补充说明。

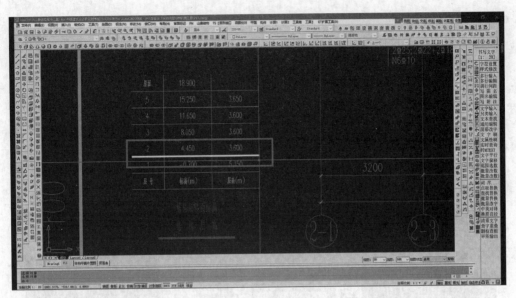

图 6.5.48 添加层高表

6.6 绘制板施工图

点击"砼施工图"→"板",或者在柱/梁施工图绘制窗口下点击主菜单上的
"板",进入板施工图绘制模块（图 6.6.1），其主要功能为钢筋混凝土板的配筋设计 板施工图▶
与施工图绘制。

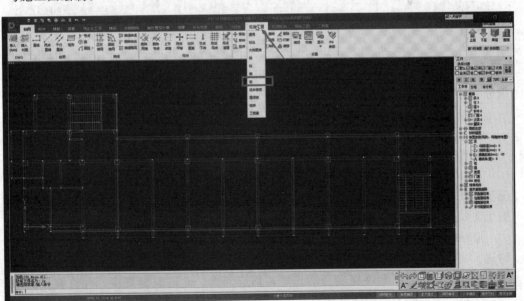

图 6.6.1 进入板施工图

6.6.1 参数设置

首先进行配筋设计与施工图绘制所必需的参数设置。包括"计算参数""绘图参数""构件显示""图层设置""自定义参数"等设置。

本工程主要涉及"计算参数""绘图参数"。

（1）计算参数。点击"参数"→"计算参数"，完成"计算选筋参数""板带参数""工况信息"的设置。计算选筋参数又细分为计算参数、配筋参数、钢筋级配表、连板参数。

1）计算参数（图6.6.2）。计算方法一般采用"弹性算法"。按弹性算法计算，假定楼板变形是弹性的，对控制裂缝比较有利，偏安全，但经济性比塑性算法差。

扩展 6.15

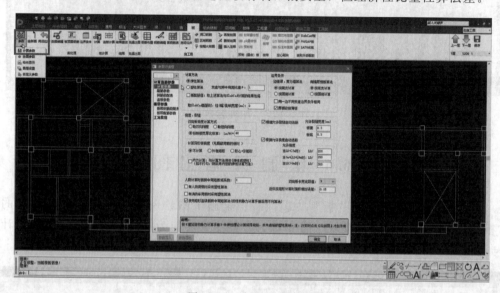

图 6.6.2 板的计算参数

板配筋值，是否取上述计算方法与 SlabCad 计算的结果包络。SlabCad 是复杂楼板分析与设计软件。如果没有经过 SlabCad 计算，则不要勾选。

裂缝与挠度计算时，双向板挠度计算方式，选择"短向刚度"，计算偏保守。

内力计算与计算方法同步，默认不勾选，采用内定的弹性方法。

边界条件，对边缘梁、有错层楼板，均按简支计算，以消除支座的扭矩。

如果出现板同一边的边界条件不同，将会导致这块板的挠度值无法输出。这种情况下可以在计算参数里勾选"同一边不同支座边界条件相同"。如果不存在这种情况，则无需勾选。

厚板铰接薄板，当板厚相差很大时应勾选。本工程基本都是 120 厚的板，无需勾选。

根据允许裂缝、允许挠度自动选筋，均应勾选。允许裂缝宽度、允许挠度的取值，应符合《混凝土结构设计规范》（GB 50010—2010）相关要求。本工程一类环境，根据规范要求允许裂缝宽度 0.3。允许挠度的程序默认值，是《混凝土结构设计规范》（GB 50010—2010）表 3.4.3 的挠度限值。如果甲方要求比规范中更加严格，则可扩大分母，使挠度限值缩小。

双向板长宽比限值，按《混凝土结构设计规范》（GB 50010—2010）（2015 年版）9.1.1 条的原则，选择"3"。

近似按矩形计算时面积相对误差 0.15％，当规则房间存在局部切角、圆弧边时，如果面积在此偏差范围内，近似按规则板直接计算。

使用矩形连续板跨中弯矩算法（即结构静力计算手册活荷不利算法）：当前面板的计算方法选择按弹性算法时，这里应配套勾选，即按《实用建筑结构静力计算手册》第四章第二节介绍的考虑活荷载不利布置的算法，考虑活荷载最不利布置的影响。

概念 6.3

2）配筋参数（图 6.6.3）。钢筋级别 HRB400，钢筋强度按程序默认，不进行用户指定。

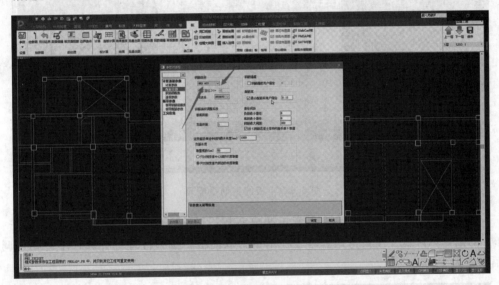

图 6.6.3 板的配筋参数

板的最小配筋率，需要勾选"最小配筋率用户指定"，并按规范规定的要求经过手算填入数值。根据《混凝土结构设计规范》（GB 50010—2010）（2015 年版）第 8.5.1 条，板类构件采用 HRB400 级钢筋、C30 混凝土，则纵向受拉钢筋最小配筋率

$$\rho_{min} = \max\left[0.15\%, \left(\frac{45 f_t / f_y}{100}\right) \times 100\%\right] = \max\left[0.15\%, \left(\frac{45 \times 1.43/360}{100}\right) \times 100\%\right]$$
$$\approx 0.18\%.$$

钢筋面积调整系数，默认取 1.0。计算方法采用弹性理论，相对比较保守，所以板底钢筋、支座钢筋都不放大。

钢筋直径的间距，取默认直径为 8mm、最大间距 300mm，并勾选"按《钢筋混凝土构造手册》取值"。

边支座筋伸过中线的最大长度取 1000mm。对于普通边支座，一般做法是板负筋伸至支座外侧减去保护层厚度，根据需要再做弯锚。当支座过宽时，按此做法则会导

221

致钢筋浪费。因此程序规定，负筋至少伸过中心线，并在满足锚固长度的前提下，伸出中心线长度不超过规定数值。

负筋长度取整模数，一般取 50mm，只对到支座内侧边的长度取整。

3）钢筋级配表（图 6.6.4）。钢筋级配方案有简洁型、经济型。简洁型可选方案比较简单，设计表达及施工都方便，但不太经济。经济型提供的级配方案更丰富，配筋可以更优化。程序同时提供按照用户的自定义规则，自动生成级配表。

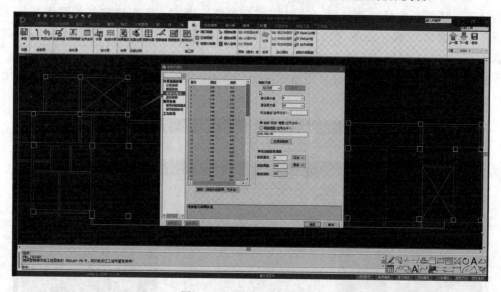

图 6.6.4　板的钢筋级配表

4）连板参数（图 6.6.5）。负弯矩调幅系数：对连续的单向板，可以考虑 0.8～0.9 调幅，以降低支座负弯矩。本工程基本为双向板，按弹性理论计算，不调幅，调幅系数为 1。

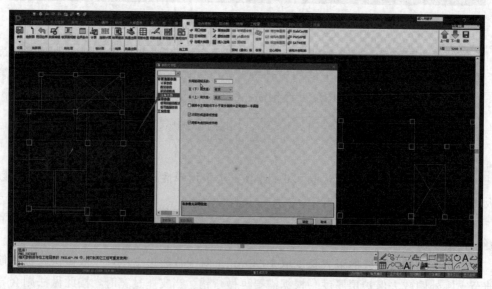

图 6.6.5　连板参数

连续板边支座：考虑到梁外侧没有楼板共同作用，梁对板的约束一般按简支考虑。

板跨中正弯矩按不小于简支板跨中正弯矩的一半调整：如果对负弯矩进行了调幅，则勾选此项。

次梁形成连续板支座：一般应考虑。

荷载考虑双向板作用：建议考虑，对连续的双向板，程序自动分配板上两个方向的荷载。否则，板上的荷载将全部作用在连续的板串方向。

5）板带参数。板带参数是针对无梁楼盖的，在此略过。如需进一步了解，可参看《PKPM 用户手册》。

6）工况信息（图 6.6.6）。勾选"执行《建筑结构可靠性设计统一标准》GB 50068—2018"，荷载分项系数均按新规范选取。如有需要，也可进行修改。

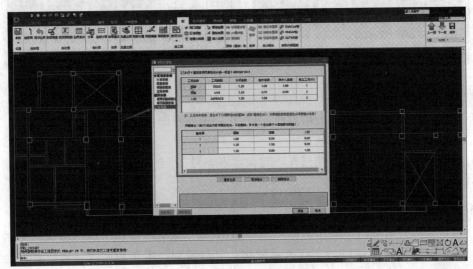

图 6.6.6 板的工况信息

（2）绘图参数。点击"参数"→"绘图参数"，进行绘图参数的设置（图 6.6.7）。

绘图比例，按照《建筑结构制图标准》（GB/T 50105—2010），一般 1：100。

绘图模式现在广泛采用"平法方式"。

负筋标注的界限位置，即负筋标注时的起点位置，常用"到梁（墙）边"。尺寸位置，指尺寸标注所在的位置，一般"放在钢筋的下边"。标注方式，选择"文字标注"，省去尺寸线及尺寸界线，图面更清晰。钢筋画弯钩，光圆钢筋需要画，二、三级钢筋不需要。勾选"左右相同只标一边"，以保持图面清爽。

多跨负筋的长度，指支座上部钢筋从支座边缘伸入板内的长度。根据《混凝土结构构造手册》的规定，对单跨板、连续双向板均取 1/4 跨长。对连续单向板，可选取程序内定，延伸长度与恒载和活载的比值有关，当 $q \leqslant 3g$ 时，钢筋长度取 1/4 跨长；当 $q > 3g$ 时，钢筋长度取 1/3 跨长。两边长度取大值，选择"是"；对于中间支座负筋，由于两边不等跨造成两边延伸长度不一样，为施工简便一般统一取大值。负筋自动拉通距离，当相邻负筋间距小于此值时自动拉通；此距离默认 200mm，过大会造成钢筋浪费，过小施工麻烦。

规范 6.7

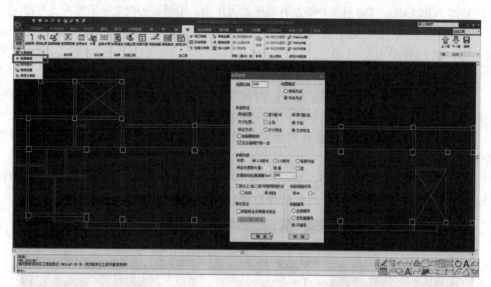

图 6.6.7　板的绘图参数

二级以上的弯钩形式，一般选择"斜勾"。钢筋间距符号，常用"@"。

简化标注，一般广东地区常用。

钢筋编号，根据个人习惯选择，建议"不编号"，全部在图纸上原位标注钢筋型号，以方便看图。

6.6.2　查看边界条件

点击"边界条件"（图 6.6.8），可以查看图中显示的边界条件与假设的是否一样。图中锯齿线表示固接，实线表示铰接。可以看到，本工程临边、降板处设为铰支，其他为固接。

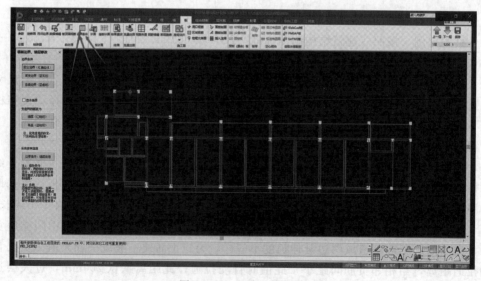

图 6.6.8　查看边界条件

6.6.3 楼板配筋计算

点击"计算"(图 6.6.9),程序将把每一个板块作为独立板块,进行内力分析,并在图中给出计算配筋面积。

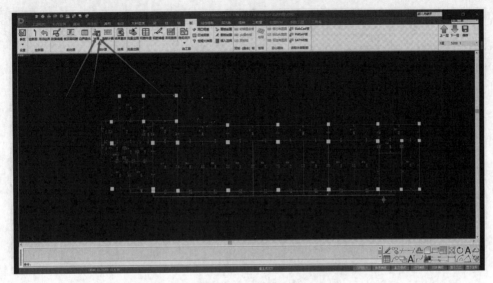

图 6.6.9 楼板计算

点击"连板计算"(图 6.6.10),考虑相邻板块的影响,再进行一次内力分析,并在图中给出计算配筋面积。

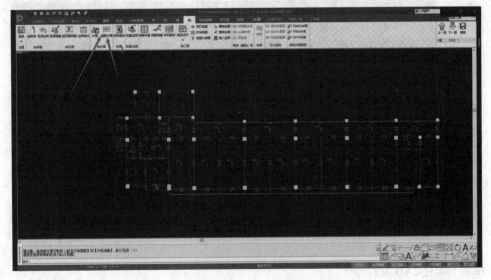

图 6.6.10 连板计算

点击"结果查改"(图 6.6.11),依次点选左边面板框中的选项,可分别查看房间编号、弯矩、计算面积、实配钢筋、裂缝、挠度、剪力、配筋率等。如果出现红色字体,则是有超限信息提示,后续要进行修改。

6.6.4　绘制板施工图

点击"钢筋布置"，窗口左边面板框自动布筋，点击"全部钢筋"（图 6.6.12）。如因超限需要进行钢筋修改的，点击"钢筋编辑"。

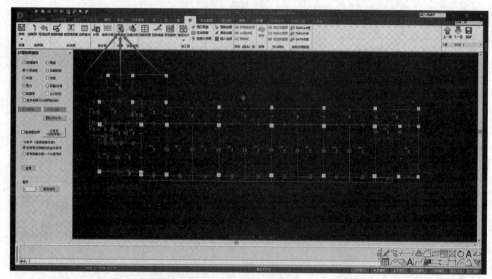

图 6.6.11　结果查改

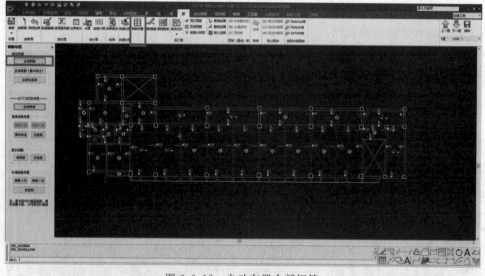

图 6.6.12　自动布置全部钢筋

6.6.5　导出 CAD 文件

为了更方便地对施工图进行修改和标注，点击"通用"→"当前 T 转 DWG"，将图纸导出为 .dwg 格式（图 6.6.13）。

6.6.6　修改板施工图

运行探索者 Tssd2017 软件，打开 PKPM 导出的文件 PM1.dwg。

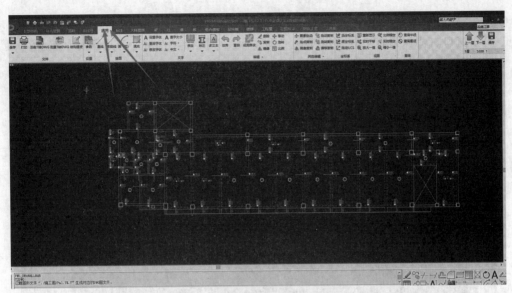

图 6.6.13　导出 DWG 文件

首先插入轴网，操作方法同 6.4.4 柱施工图修改。

删除楼梯间多余的斜线。点击 CAD 的图层管理器，打开"柱涂实"图层，实现柱全部涂黑。

利用"动态点划"，把轴线表示成点画线，操作方法同 6.5.7 修改梁施工图。

最后显示全部图层全部内容（图 6.6.14）。

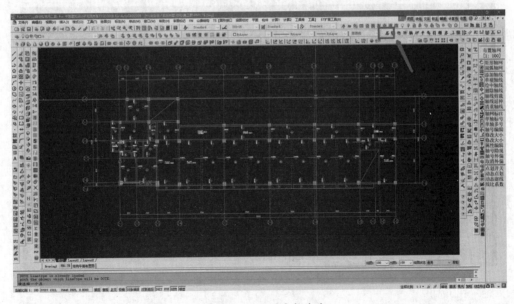

图 6.6.14　显示全部内容

有尺寸叠加的现象可以进行适当的拉伸偏移，让整个图看起来清晰整洁。图中板筋表达的各个符号的意义，详见图集 16G101—1。

6.6.7　标注次梁定位

在窗口右侧探索者工具条里找到"尺寸标注"图标，点击，旁边面板切换为"尺寸标注"，点击"标注断开"（图 6.6.15）。

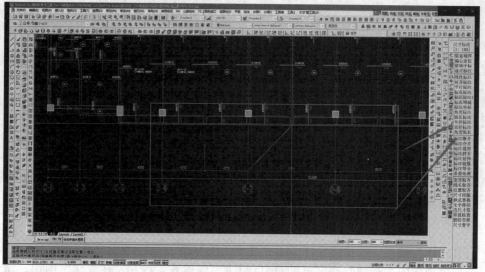

图 6.6.15　标注断开

根据底部命令对话框的提示，点选需要断开的尺寸，再点选确定断开点，完成所有次梁的定位标注（图 6.6.16）。

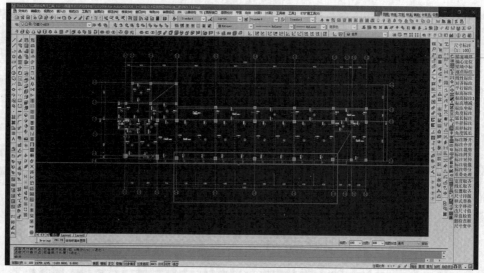

图 6.6.16　完成次梁标注

6.6.8　其他

插入图框、添加图名、添加层高表，具体操作与 6.4.5、6.4.6、6.4.7 相同，这里不再赘述。楼梯索引标注，具体操作同 6.5.8。

与梁施工图一样，层高表应将相应横线加粗，表示本图适用于横线所指标高处的横向构件。如图 6.6.17 所示为本顶标高 4.450 处的楼板。

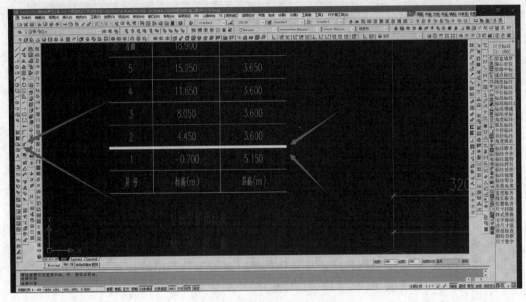

图 6.6.17　层高表横线加粗

其他未在图中表述清楚的地方，在图中空白处采用附注进行补充说明。比如，走廊板顶标高比楼面低 30mm，卫生间低 50mm；支座负筋延伸长度自梁边缘起算，延伸长度未注明一边与另一边相同，等等。

6.7　基础设计与施工图绘制

进入 PKPM，点击"基础"主菜单，进入基础模块。模块的主要功能包括地质模型建立、基础模型建立、基础内力分析与设计、结果查看、配筋设计与施工图绘制等。

6.7.1　建立地质模型

点击"地质模型"，完成基本地质资料的输入，这是基础沉降验算的基础数据。

（1）岩土参数。点击"地质模型"→"岩土参数"（图 6.7.1），在弹出的对话框中修改各土层的压缩模量、重度、内摩擦角、黏聚力、状态参数等指标。

各土层的参数需要根据地勘报告的数值进行修改，对地勘报告中未明确的数值，可采用程序默认数值。根据本工程地勘报告，从上到下的土层分别为杂填土、粉质黏土、全风化花岗片麻岩、强风化花岗片麻岩等。第一层杂填土，没有给出压缩模量，且持力层在该土层以下，可以取其压缩模量为 1；第二层粉质黏土，属黏性土，压缩模量为 5.54；第三层全风化花岗片麻岩，压缩模量为 30，在此面板对话框的"风化岩"栏中输入；第四层强风化花岗片麻岩，压缩模量为 50，面板对话框中按"中风化岩"输入。其余数据均采用默认值，点击"确定"。

基础设计▶

基础施工图▶

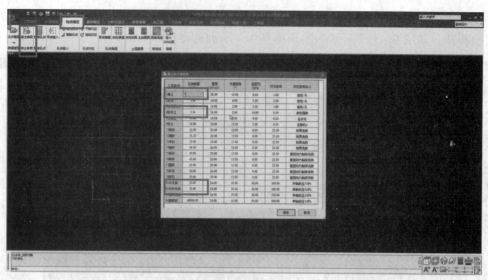

图 6.7.1 岩土参数

概念 6.4

（2）标准孔点。本工程地质条件总体简单，地勘报告提供的孔点剖面少，在此假定场地平整，并且土层比较均匀，孔口标高统一取为室外地坪。

点击"地质模型"→"标准孔点"，按各标准地层层序（图 6.7.2），"添加"相应土层类型，并录入土层厚度。此标准孔点应该有最大的代表性，能包住所有的土层孔点，其他孔点的土层信息均可在此标准孔点基础上进行修改。

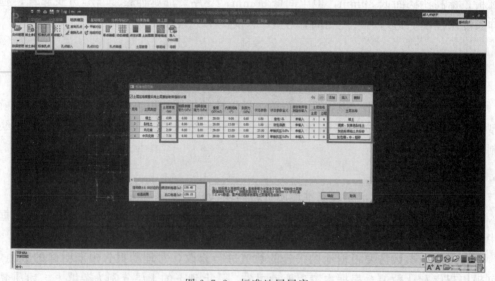

图 6.7.2 标准地层层序

根据地勘报告，第一层杂填土，土层厚度为 0.99m；第二层粉质黏土，厚度为 1.47m；第三层全风化岩，厚度为 2.09m；第四层中风化岩，厚度为 7.54m。压缩模量、重度、内摩擦角、黏聚力、状态参数等指标，是前面岩土参数中设定的数值，可在此校核，如果有误直接修改即可。

在"土层名称"列，将各层号的土层名称与地勘报告上的土层名称对应上。

结构物±0.00 对应的地质资料标高，为 138.45。孔口标高，按室外地坪标高 138.15。

勾选"土层压缩模量采用土层原始指标计算"，点击"确定"。

（3）导入孔位。首先准备好与所计算结构对应的勘探点平面位置（CAD 图，随《地勘报告》文字部分一起提供），如图 6.7.3 所示。

概念 6.5

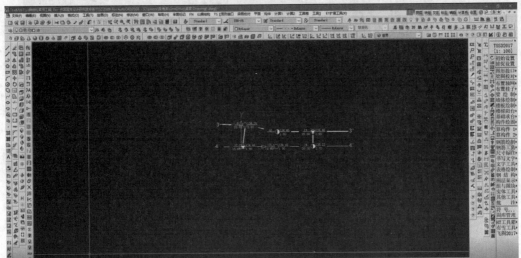

图 6.7.3　勘探点平面位置图

点击"地质模型"→"导入 DWG 图"，直接在"导入 DWG"面板对话框中输入勘探点平面位置图的文件路径；或者单击路径对话框旁边的"…"，在文件目录中选定、打开，即可实现文件导入（图 6.7.4）。

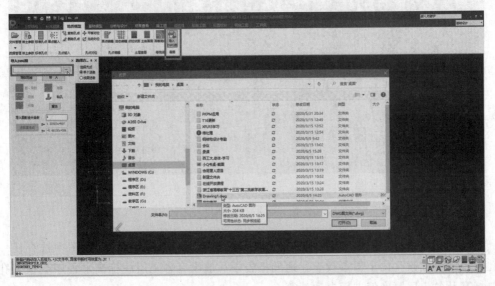

图 6.7.4　导入勘探点平面位置 DWG 图

在"导入 DWG"面板中点击"钻孔"，在导入的平面位置图中逐个选取钻孔，选好后点击"导入"，则将导入各勘探点的坐标及高程等数据（图 6.7.5）。

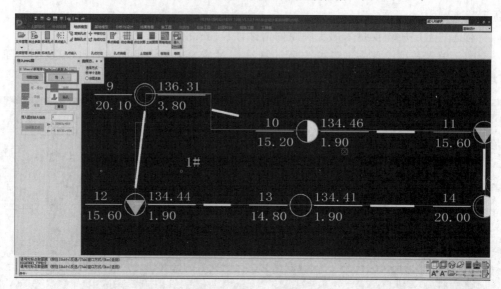

图 6.7.5　导入钻孔数据

（4）孔点对位。导入的孔位图一般会与建筑平面图发生错位。

点击"地质模型"→"拖动对位"，拖动建筑物平面图与孔位图对齐（图 6.7.6）。

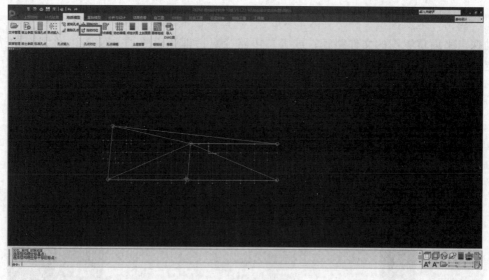

图 6.7.6　拖动对位

（5）孔点编辑（图 6.7.7）。点击"地质模型"→"单点编辑"，在图中选择任一孔点，则生成该孔位土层参数表。地勘报告中一般没有各土层底标高，程序会根据孔口标高及各土层厚度值进行自动计算。

图中"用于所有点"选项，对减小参数修改工作量很有帮助。当勾选此项后，设计者在设计后期修改标准孔点中的土层参数时，所有已布置孔点的土层参数会联动变化，减小了修改参数的工作量。若不打勾，设计者在设计后期修改标准孔点中的土层参数时，所有已布置孔点的土层参数并不会联动变化，需要设计者一个个去修改。

针对地勘报告，逐个孔点编辑应与实际地层资料相符。当输入大面积地质资料时，为了减小输入工作量，建议适当简化地勘报告。

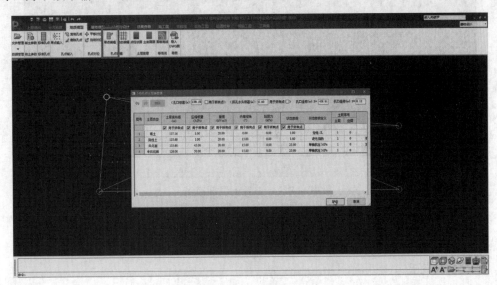

图 6.7.7 孔点编辑

（6）土层查看。点击"地质模型"→"点柱状图"，在图中选择任一孔点，则生成该孔位的土层柱状图（图 6.7.8）。

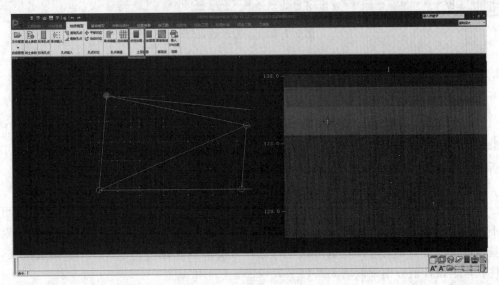

图 6.7.8 查看孔点柱状图

点击"地质模型"→"土剖面图"，在图中选择相邻两孔点，可生成两孔之间的土层剖面图（图6.7.9）。

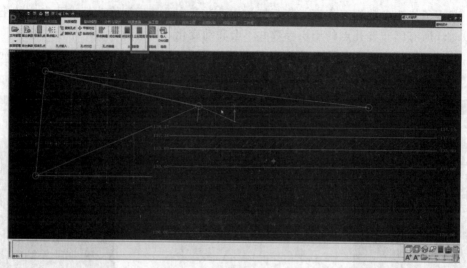

图6.7.9 查看土层剖面图

本工程按平整场地、均匀土层简化输入，可以在柱状图及剖面图中看出。

6.7.2 建立基础模型

1. 参数设置

点击"基础模型"→"参数"，在此进行基础分析和设计参数的补充定义（图6.7.10）。

图6.7.10 基础参数设置

（1）总信息设置如图6.7.11所示。

结构重要性系数：默认与上部结构一致。

混凝土容重：取为25，不需要考虑抹灰。

勾选"自动按楼层折减活荷载"，则程序按规范规定自动判断执行。若在计算上部结构的时候已经对活荷载进行了折减，则此处不应再二次折减，应将活荷载按楼层折减系数取为"1"。

覆土平均容重：根据地勘报告，取18.1。

《建筑抗震设计规范》（GB 50011—2010）6.2.3柱底弯矩放大系数，一般情况可不放大。6.2.3规定主要是用于控制框架柱的设计，让柱根不要过早屈服。当需要对基础进行严格控制的时候，也可以进行选择，按规范规定对一、二、三、四级框架，柱底弯矩设计值分别乘以增大系数1.7、1.5、1.3和1.2。

独基、承台计算考虑防水板面荷载（恒、活、水）：若有地下室，且水位比较浅，则应勾选考虑；若无，则不考虑。

室外地坪标高：－0.3；室内地面标高：0。此处标高为相对±0.000而言。

结构所在地区：按全国，执行国家标准。

图 6.7.11 总信息设置

（2）荷载工况（图6.7.12）。荷载来源选取"SATWE荷载"。根据工程实际情况，勾选对应的荷载工况，包括SATWE恒、SATWE活、SATWE风等。SATWE

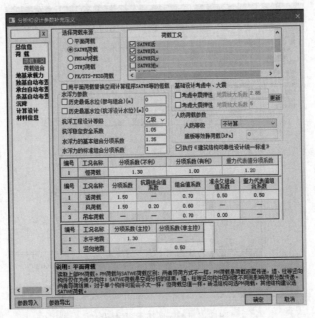

图 6.7.12 荷载工况

地震荷载工况，由于本工程为 8 层以下一般民用框架结构，符合《建筑抗震设计规范》（GB 50011—2010）（2016 年版）第 4.2.1 条规定，可不进行基础的抗震验算，故不读取。否则，应选取相应地震工况。

荷载组合（图 6.7.13），程序默认按规范规定进行基本组合、准永久组合。

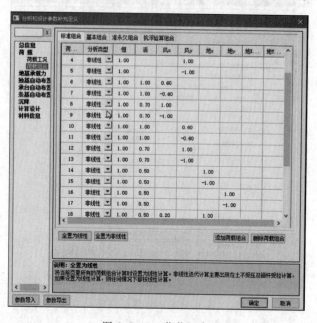

图 6.7.13　荷载组合

（3）地基承载力设置如图 6.7.14 所示。

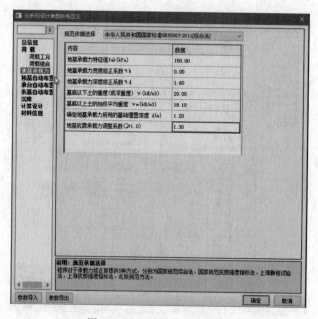

图 6.7.14　地基承载力设置

地基承载力特征值：根据地勘报告，以第二层粉质黏土为基础的持力层，地基承载力特征值为 150kPa。

地基承载力宽度修正系数：取 0，不修正，作为安全储备。也可根据《建筑地基基础设计规范》（GB 50007—2011）第 5.2.4 条确定。

地基承载力深度修正系数：根据《建筑地基基础设计规范》（GB 50007—2011）第 5.2.4 条规定，持力层为黏性土取 1.6。

规范 6.9

基底以上土的加权平均重度：18.1。基底以下土的加权平均重度，程序默认 20。

基础埋置深度，自室外地坪算起，暂估 1.2m。

（4）独基自动布置如图 6.7.15 所示。

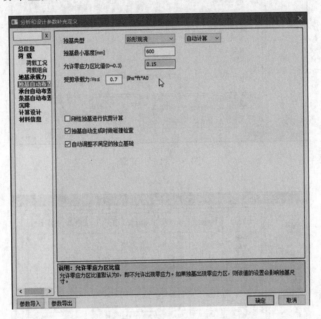

图 6.7.15　独基自动布置

独基类型：常用为"阶型现浇"。

独基最小高度：基础高度不够，会导致基础的冲切承载力不足。高度太大，则基础的工程量及造价增加。程序默认取 600mm，基础高度不够时程序会自动加高。

允许零应力区比值：控制零应力区，主要是防止基础荷载偏心过大，也直接关系基础的经济性。本工程为一般多层结构，根据规范可取 0.15。如果不允许出现零应力区，应取 0。

规范 6.10

独基自动生成时做碰撞检查：建议勾选，则程序会将发生碰撞的独基自动合并成双柱基础或多柱基础。

自动调整不满足的独立基础：建议勾选。

（5）沉降，勾选"根据迭代确定沉降"，其余取程序默认值（图 6.7.16）。

（6）材料信息（图 6.7.17）。在此检查修改材料信息，本结构基础所用材料混凝土均为 C30，钢筋均为 HRB400，箍筋均为 HRB400。保护层厚度及最小配筋率，程序默认值即符合规范要求。

图 6.7.16　沉降

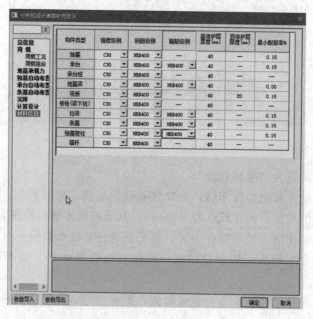

图 6.7.17　材料信息

2. 荷载设置

点击"基础模型"→"荷载"，可在此查看上部结构传到基础顶面的荷载，也可进行编辑修改，以及附加柱墙荷载的编辑等（图 6.7.18）。

点击"上部荷载显示校核"（图 6.7.19），在左边面板对话框中选择工况，即可查看相应工况下，上部结构传至基础顶面的轴力、剪力、弯矩等内力标准值。

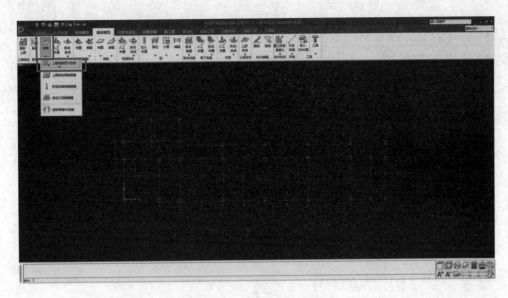

图 6.7.18 基础荷载设置

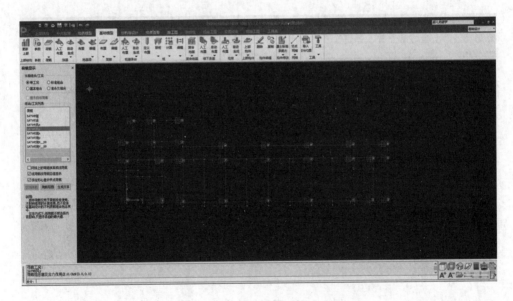

图 6.7.19 上部荷载显示校核

3. 自动布置

点击"基础模型"→"自动生成"，可在此进行基础尺寸的自动计算与布置、基础的布置调整、基础的归并等（图 6.7.20）。

点击"自动生成"→"自动优化布置"，在"自动分组布置"面板框中，程序已自动计算出基底标高−1.5（基础埋深 1.2，室外地面标高−0.3）。框选所有图形，则程序自动完成全部基础的布置（图 6.7.21）。

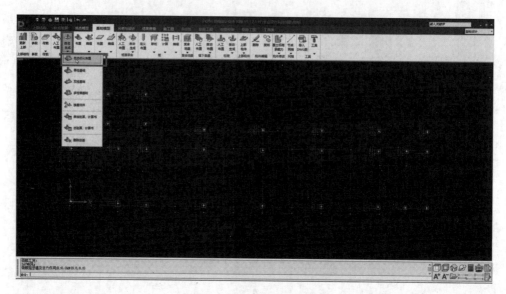

图 6.7.20 进入自动优化布置

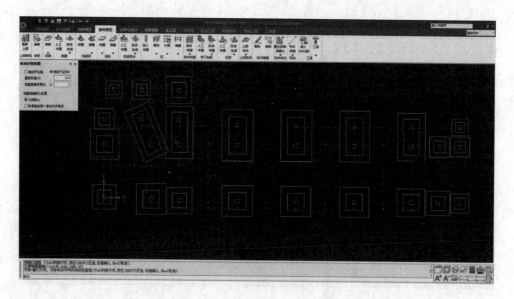

图 6.7.21 程序自动的基础布置

对于图中部分重叠的基础，手工进行调整。

点击"自动生成"→"双柱基础"，在图中框选重叠在一起的基础，确定后则程序将重叠的两个独立基础调整为一个双柱基础（图 6.7.22）。

对于已调整为双柱基础，仍然与相邻基础碰撞的情况（如图 6.7.22 中倾斜的双柱基础），可以考虑将其恢复为独立基础，并通过修改基础形状，避免碰撞。

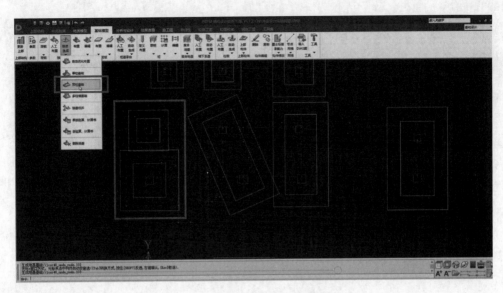

图 6.7.22　调整为双柱基础

　　首先删除双柱基础。点击"自动生成"→"删除独基"，在图中选择需要删除的基础，确定即可（图 6.7.23）。

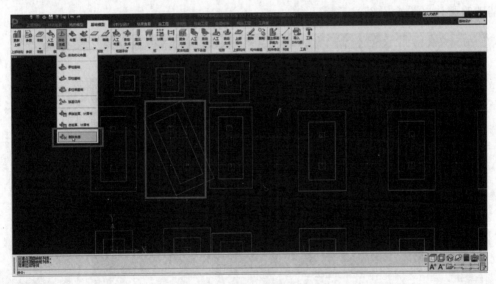

图 6.7.23　删除基础

　　再点击"自动生成"→"单柱基础"，在图中依次点选相应的柱，即可完成该柱的柱下独立基础布置。在此情况下，程序自动布置的单柱基础，必然会发生碰撞。对此，可调整两基础的长宽比，直到布置到合适的位置。

　　双击新布置的基础，窗口右边弹出"构件信息"面板框（图 6.7.24），显示了当前基础的布置信息及几何尺寸。点击"修改定义"，修改各阶的长度与宽度。修改的时候，注意保持修改前后面积相等，台阶的高度及宽度不变。

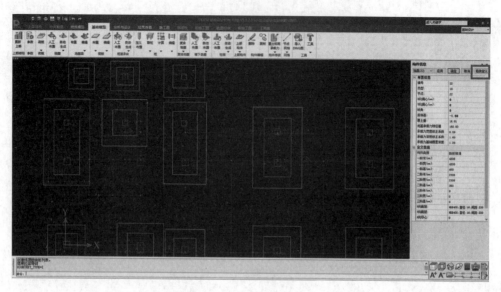

图 6.7.24　基础构件信息

在弹出的"柱下独立基础信息"面板框中，将上柱基础一阶调整为 6000mm×3000mm 的矩形基础，下柱基础保持为 4100mm×4100mm 的方形基础，则可实现各基础的避让（图 6.7.25）。

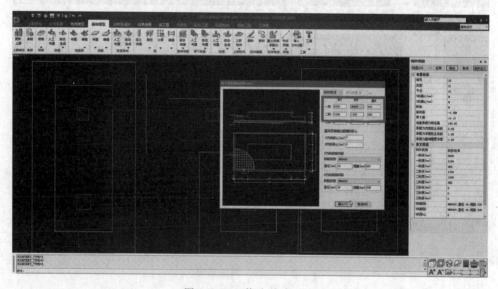

图 6.7.25　修改基础尺寸

同样的方法进行其余基础的调整和布置。

修改完后，进行独基归并，以减少基础类型，方便施工。点击"自动生成"→"独基归并"，在弹出的"独基类型归并"面板对话框中，填入归并参数，再框选全部图形，则程序自动将设置偏差范围内的基础归并为同一类型（图 6.7.26）。

需要说明的是，原本有些基础不会发生碰撞的，经过基础归并放大尺寸后，会发

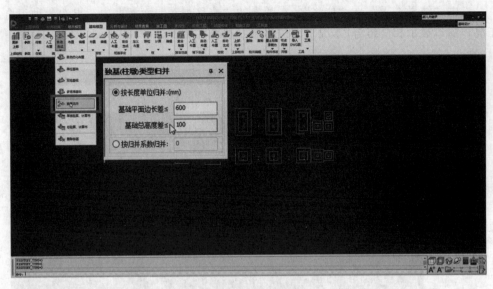

图 6.7.26 独基类型归并

生新的碰撞。这时，还要对碰撞的基础尺寸进行再次手动调整，方法同前。

6.7.3 基础计算与分析

点击"分析与设计"→"生成数据＋计算设计"。程序自动完成基础的有限元分析、沉降计算与基础设计（图 6.7.27）。计算分析之前，可以再次确认参数、模型信息等内容。

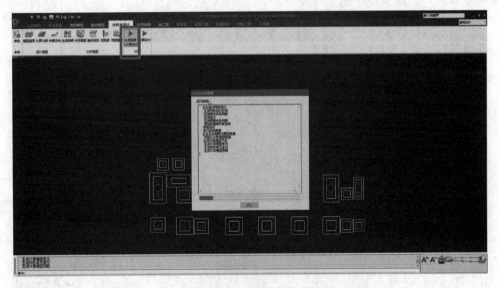

图 6.7.27 基础分析与设计

6.7.4 结果查看

分析完后，可查看位移、反力等分析结果，以及承载力校核、配筋、沉降等。

　　点击"结果查看"→"位移"，在弹出的"位移查看"面板框中，点选各种组合/工况，窗口显示相应组合/工况下的位移图（图 6.7.28）。

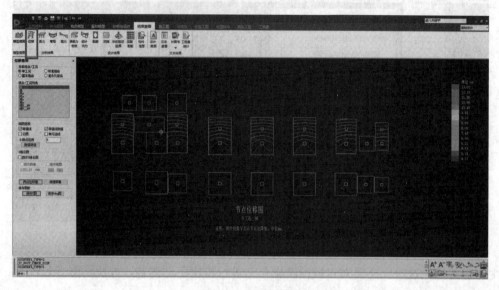

图 6.7.28　基础位移图

　　点击"结果查看"→"反力"，在弹出的"反力查看"面板框中，点选各种组合/工况，窗口显示相应组合/工况下的反力图（图 6.7.29）。最大反力必须小于或等于地基承载力，超限会以红色字体显示。

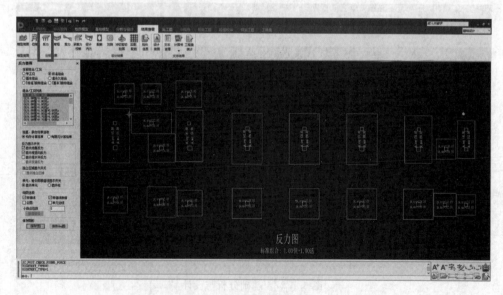

图 6.7.29　基础反力图

　　点击"结果查看"→"弯矩"，在弹出的"弯矩查看"面板框中，点选各种组合/工况，窗口显示相应组合/工况下的弯矩图（图 6.7.30）。

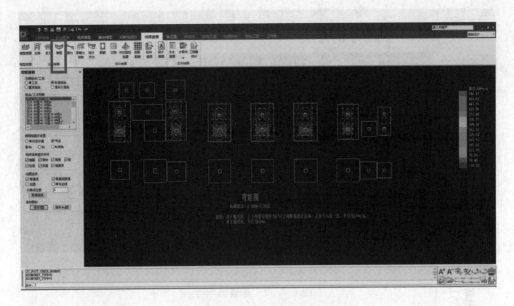

图 6.7.30 基础弯矩图

点击"结果查看"→"剪力",在弹出的"剪力查看"面板框中,点选各种组合/工况,窗口显示相应组合/工况下的剪力图(图 6.7.31)。

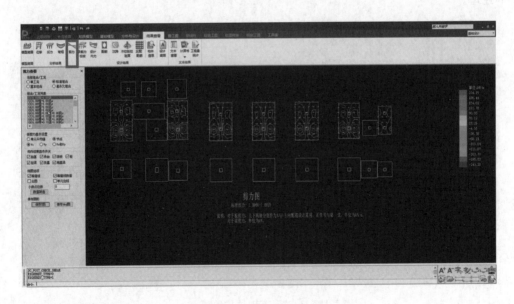

图 6.7.31 基础剪力图

点击"结果查看"→"承载力校核",在弹出的"承载力校核"面板框中,点选"地基土与桩承载力验算"→"无震最大反力",窗口显示无震时地基土承载力图(图 6.7.32)。如有红色文字提示,即为超限信息。

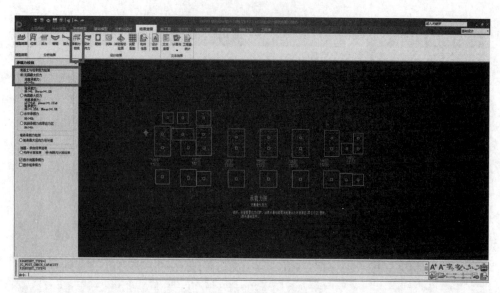

图 6.7.32　承载力图

在"承载力校核"面板框中，点选"独基承台结果选取"→"构件计算结果"，显示基础抗拔承载力图（图 6.7.33）。出现有红色文字提示，某基础的零应力区超限，$A_0/A = 0.16 > 0.15$。对于本结构而言，略超限值 0.15，但不超过 0.3，可不予处理。

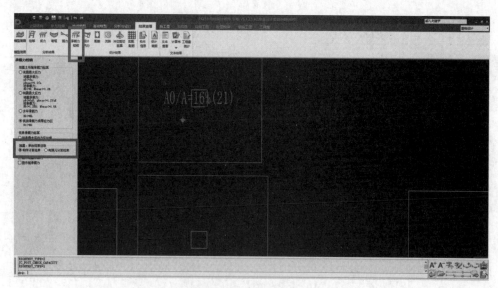

图 6.7.33　基础抗拔承载力

点击"结果查看"→"设计内力"，在弹出的"内力查看"面板框中，勾选相应选项，窗口显示基础的设计弯矩图（图 6.7.34）。

点击"结果查看"→"配筋"，在弹出的"钢筋查看"面板框中，勾选相应选项，窗口显示相应方向的计算配筋面积图（图 6.7.35）。

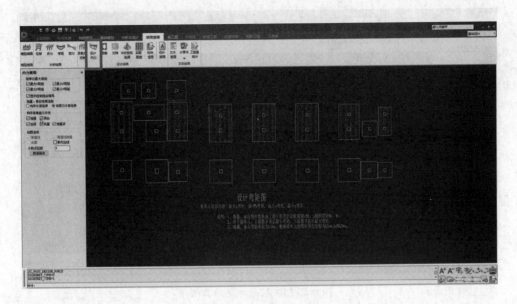

图 6.7.34　基础设计弯矩图

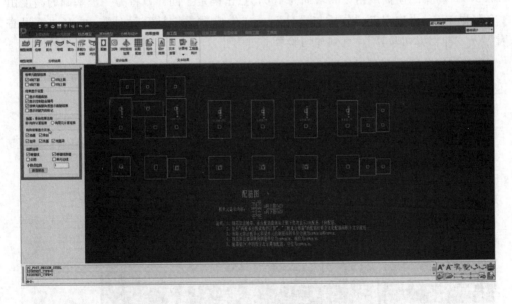

图 6.7.35　基础配筋图

　　点击"结果查看"→"冲切剪切验算"，在弹出的"冲切计算"面板框中，点选"独基、承台、条基"→"冲切"，窗口显示基础的冲切验算结果（图 6.7.36）。如有红色文字提示，即为超限信息，表示冲切验算未通过。提高基础冲切承载力最有效的方法是增加基础的高度。

　　如图 6.7.36 出现冲切不满足的情况，则需修改模型。返回"基础模型"，双击不

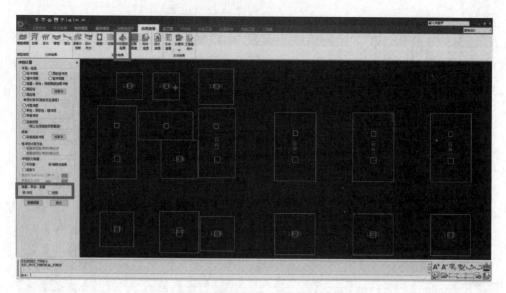

图 6.7.36　基础冲切验算图

满足的基础，弹出的构件信息框中点击"修改定义"，修改基础台阶的"高度"（图 6.7.37），将第二阶高度由 350 增加为 400，点击确定。同样，将另一个基础的高度由 400 改为 450。再次点击"分析与设计"→"生成数据＋计算设计"，再次"结果查看"→"冲切剪切验算"，直到冲切验算通过为止。

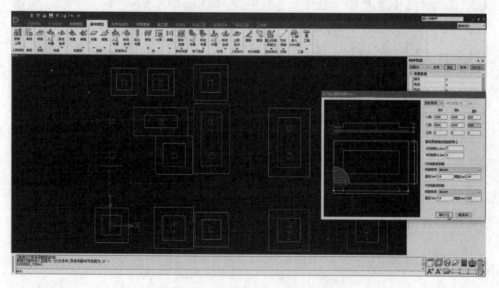

图 6.7.37　修改基础高度

点击"结果查看"→"实配钢筋"，在弹出的"冲切计算"面板框中，点选"独基、承台配筋"，窗口显示基础的实配钢筋情况（图 6.7.38）。

点击"结果查看"→"计算书"→"生成计算书"（图 6.7.39），在弹出的提示框中，点选"否，绘新图"。

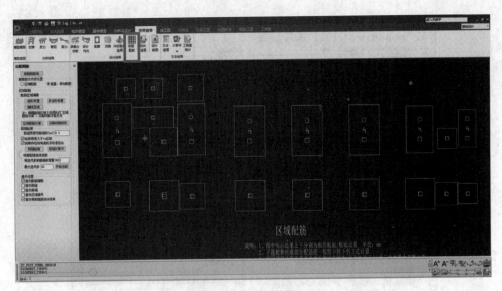

图 6.7.38 实配钢筋图

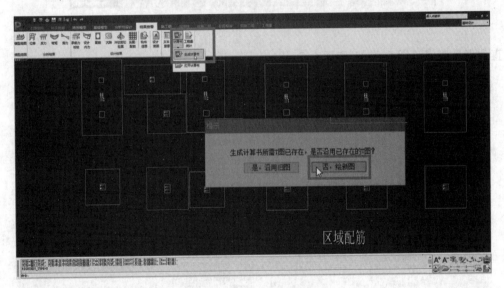

图 6.7.39 生成计算书

　　在弹出的"计算书设置"面板框，根据工程的实际情况及对计算书格式的统一要求，对计算书的格式及内容等，进行自定义设置（图 6.7.40）。点击"内容"页面，本工程没有地下室也没有筏板，无需抗浮稳定性验算，不勾选。但地基承载力验算、基础配筋、冲剪局压验算、结果简图等选项，均应勾选，在计算书结果中呈现。设置完毕，点击"生成计算书"。

　　通读"地基基础计算书"，对部分不适用的内容，进行删除，如设计依据中不适用的规范、本工程不存在的条形基础参数、桩基承台参数等。同时，检查是否有红色字体提示超限信息。如果有，一定要返回前面的模型中进行修改，并进行重新计算，

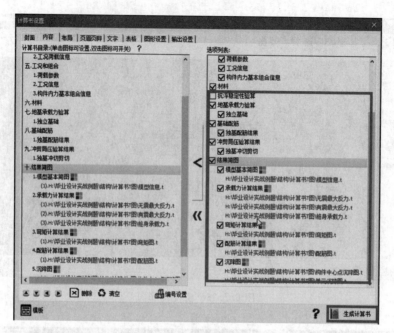

图 6.7.40 计算书设置

直到满足要求（图 6.7.41 和图 6.7.42）。

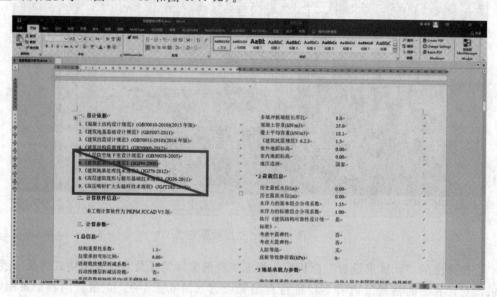

图 6.7.41 修改设计依据

概念 6.6

6.7.5 基础联系梁布置与计算

基础联系梁是指连接各独立基础的联系梁，又称基础拉梁、基础连梁。其作用一是协调独基之间的受力，减少基础间的不均匀沉降；二是可用作一层砌体墙的承重基础。基础联系梁是基础的相关部分，在程序中按"上部构件"布置。

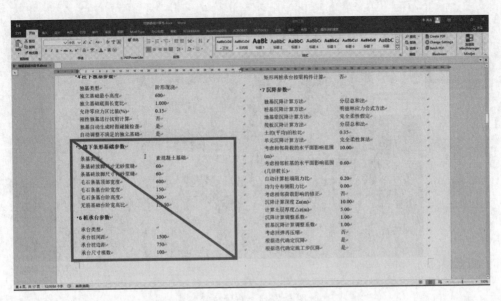

图 6.7.42 删除条基和承台参数

点击"基础模型"→"上部构件"→"拉梁"（图 6.7.43）。

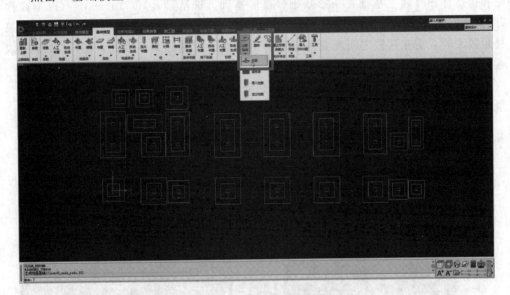

图 6.7.43 拉梁布置菜单

在"基础构件定义管理"列表框中，选择需要的拉梁尺寸。如果列表框中没有合适的拉梁，应该先"添加"。设置好"梁顶标高""偏轴移心""附加恒载"等布置参数，根据需要选择"点选/轴选/窗口选"等合适的布置方式，即可进行布置（图6.7.44）。其中，附加恒载主要是拉梁上的砌体墙重量，需要根据建筑图上相应位置处一层墙体的构造进行计算后填入。

重复操作，直到完成全部拉梁的布置。

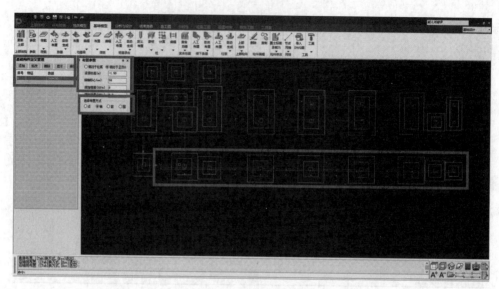

图 6.7.44　布置拉梁

规范 6.11

对多余布置的拉梁进行删除。根据《混凝土结构施工图平面整体表示方法制图规则和构造详图（独立基础、条形基础、筏形基础、桩基础）16G101—3》（以下简称"图集 16G101—3"），当为双柱基础且柱距较小时，通长仅配置基础底部钢筋；如果柱距较大时，需在两柱之间配置基础顶部钢筋或设置基础梁。因此，图 6.7.45 中双柱基础之间的拉梁应予删除。

点击"基础模型"→"删除"，在"删除构件"面板框中，仅勾选"删除拉梁"，选中不需要的拉梁，右键删除。

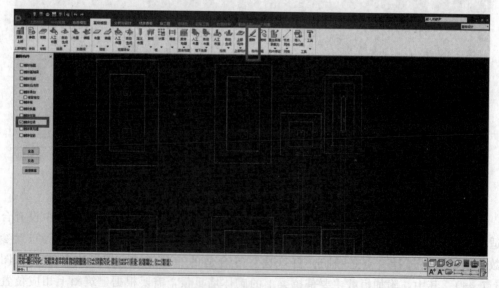

图 6.7.45　删除多余拉梁

点击"分析与设计"→"生成数据＋计算设计"，重新进行分析（图 6.7.46），程序可完成独立基础以及拉梁的计算与设计。分析之前，要确认在参数定义中勾选了"计算时考虑独基、承台底面范围内的线荷载"。

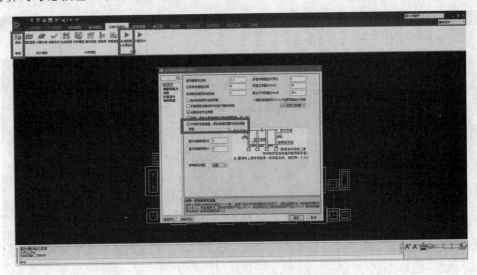

图 6.7.46 重新进行分析

同样，计算完成后进入"结果查看"，进行各项数据的校验。若有出现红色超限提示，返回"基础模型"进行修改，并重新分析计算，直到各项数据符号要求为止。

6.7.6 绘制基础施工图

点击"施工图"，进入基础施工图绘制模块。点击"施工图"→"参数设置"，对图纸表达内容及形式进行定义，一般可选择默认（图 6.7.47）。

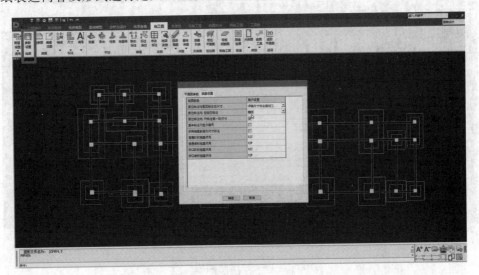

图 6.7.47 基础施工图绘图参数

点击"施工图"→"独基"，即可生成基础的平法施工图（图 6.7.48）。需要注意的是，对于拉梁，程序只能完成计算和分析，但不能绘制配筋图，需要自行补充绘制。同样，对施工图中尺寸或文字标注有重叠的部分，应该进行适当移动，保持图面清晰整洁，以提高图纸的可读性。

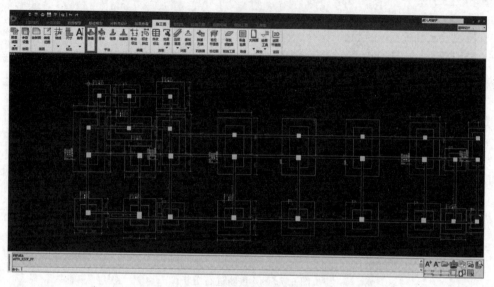

图 6.7.48　基础施工图

6.7.7　导出 CAD 文件

点击窗口右下角的"导出 DWG"图标，在弹出的对话框中指定文件存储路径和文件名，即可将程序绘制的基础施工图导出为 .dwg 文件（图 6.7.49）。

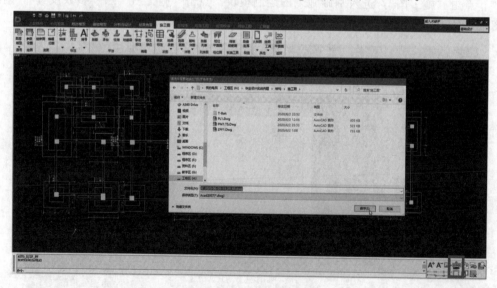

图 6.7.49　导出基础施工图

6.7.8　修改基础施工图

运行探索者 Tssd2017 软件，打开 PKPM 导出的文件 JC＊.dwg。

首先插入轴网（图 6.7.50），操作方法同 6.4.4 柱施工图修改。

有尺寸叠加的现象可以进行适当的拉伸偏移，让整个图看起来清晰整洁。图中基础表达的各个符号的意义，详见图集 16G101 - 3。如 DJJ13 -，代表阶型独基第 13 号；400/450 表示第一、二个台阶的高度分别为 400、450；X ⊈ 14@100 表示 X 方向配筋为⊈ 14 间距 100mm；Y ⊈ 14@150 表示 Y 方向配筋是⊈ 14 间距 150mm。

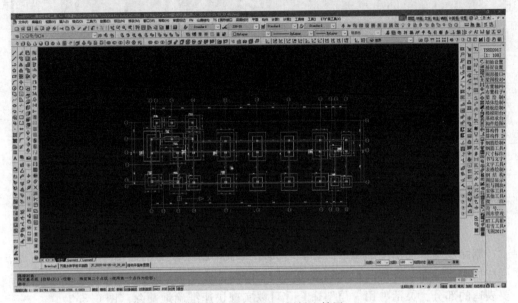

图 6.7.50　基础施工图插入轴网

插入图框、添加图名具体操作与 6.4.5、6.4.6 相同，这里不再赘述。

6.8　楼梯设计与施工图绘制

如 6.1.5 所述，在 PMCAD 模型里虽然布置了楼梯，参与了结构整体计算，但是程序只取楼梯的斜板参与分析，将其视为斜撑梁，以考虑楼梯对结构整体的刚度影响。这个整体计算的结果，只能对模拟的梁提供一些数据，而不能够提供梯板、平台板的内力及配筋。

PKPM 里也有一个楼梯的施工图模块（点击"施工图"—"楼梯"），但受软件限制，对于楼梯本身的分析设计，建议单独再用探索者结构设计软件会更加准确、方便。

本工程共有两部楼梯，以下以楼梯一为例，说明楼梯结构的分析计算与绘图过程。

6.8.1　绘制楼梯结构剖面图

运行探索者 Tssd2017 软件，打开本工程的建筑施工图。将楼梯一的平面图、剖面图拷贝出来，放在一张新图里（图 6.8.1）。

将楼梯建筑平面图中，楼梯间以外多余的部分，以及建筑墙体、混凝土剖面的填

楼梯结构剖面图 ▶

充线等删除，然后将楼梯建筑剖面图整体移动到图框里面。

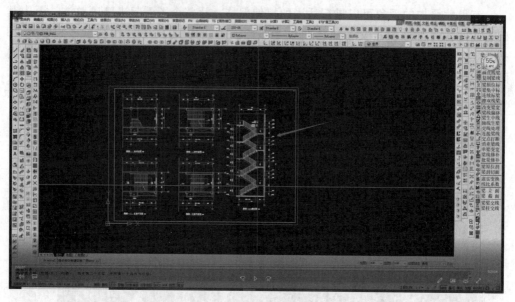

图 6.8.1　楼梯定位图

删除楼梯平面图中的墙线、门窗等多余线条，删除楼梯剖面图中的墙体、门窗、栏杆扶手、地面装饰层及地面线等多余线条，以及多余标注等，仅保留楼梯结构图需要表达的部分。灵活使用"层"命令，可以实现快速准确地删除（图 6.8.2）。

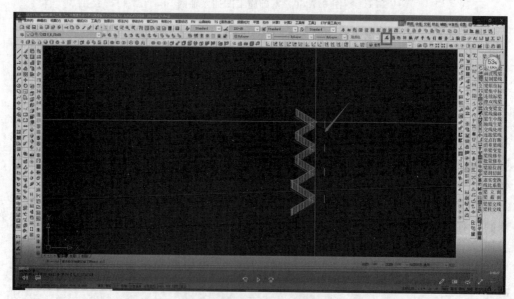

图 6.8.2　使用层命令删除栏杆扶手

对建筑图带过来的梁、柱、平台板、梯梁等线条的尺寸及位置进行检查、修改（图 6.8.3），补充上跑梯板斜向连线后，用探索者的工具补画上跑踏步段。

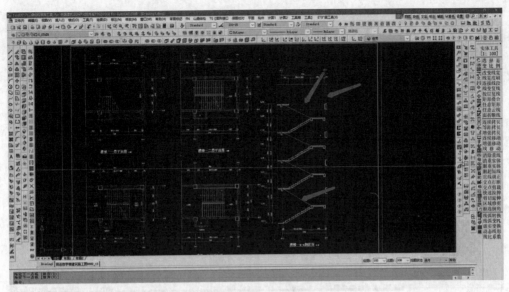

图 6.8.3　确定梁、板、柱等结构构件位置

　　首先输入第 1 层的上跑梯段，从剖面图可以看出其梯板全部由踏步段组成，踏步段两端直接支承在梯梁，为直梯式（AT 型）。单击窗口右侧工具条"楼梯"图标，在"楼梯阳台"面板中找到"楼梯梯板"，单击，在弹出的参数对话框中，点选"AT"，输入"楼梯梯板厚度"150mm，"全段踏步数量"14（图 6.8.4）。注意，这里的踏步数量，指的是水平方向踏步数。

扩展 6.16

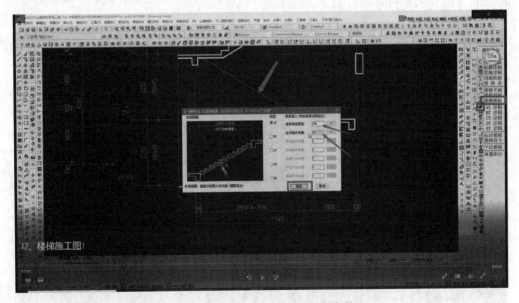

图 6.8.4　第 1 层上跑楼梯梯板参数

　　点击"确定"后，在图中选中相应位置的梯板斜向连线，即可完成第一层上跑梯段的布置（图 6.8.5）。

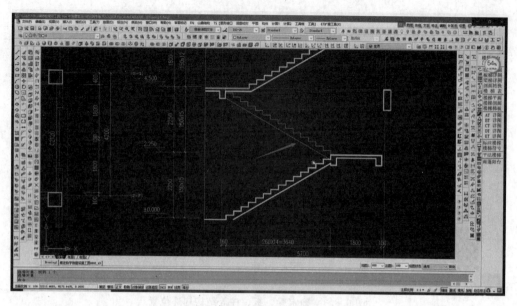

图 6.8.5　第 1 层楼梯上跑踏步图

　　第 2 层至第 4 层的上跑梯段，从剖面图可以看出梯板由踏步段及高端平板组成，两部分的一端分别以梯梁为支座，即上折板式（CT 型）。单击窗口右侧工具条"楼梯"图标，在"楼梯阳台"面板中找到"楼梯梯板"，单击，在弹出的参数对话框中，点选"CT"，输入"楼梯梯板厚度"150mm，"全段踏步数量"11，高端平台长度 940mm（图 6.8.6 和图 6.8.7）。

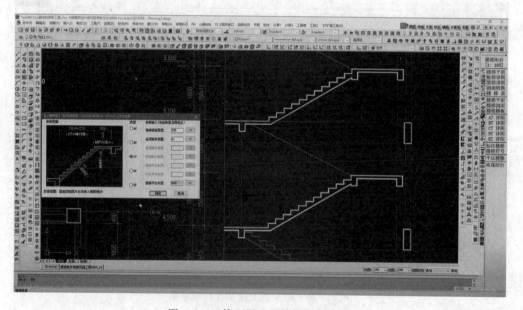

图 6.8.6　第 2 层上跑楼梯梯板参数

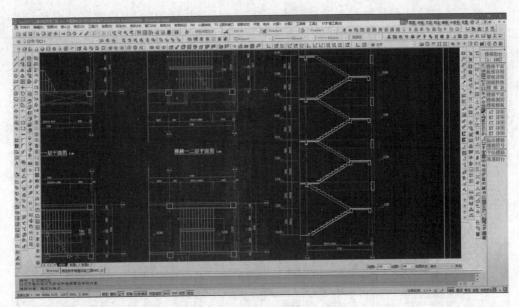

图 6.8.7　各层楼梯上跑踏步图

点击"确定"后，在图中选中相应位置的梯板斜向连线，即可完成第二层至第四层上跑梯段的布置。这里由于梯板厚度（踏步段及高端平板）150mm，而楼板厚度120mm，为了画图美观，可以将"楼梯梯板厚度"设为120mm，但后期在标注中标为150mm。

悬空的平台梁下须布置梯柱，考虑墙厚 200mm，梯柱尺寸暂定 200mm×400mm，以保证梯柱不突出墙面。梯柱居中布置。

将平台梁顶标高、楼（地）面标高修改为结构标高（图 6.8.8），即相应位置处建筑标高扣减楼（地）面构造层厚度50mm。

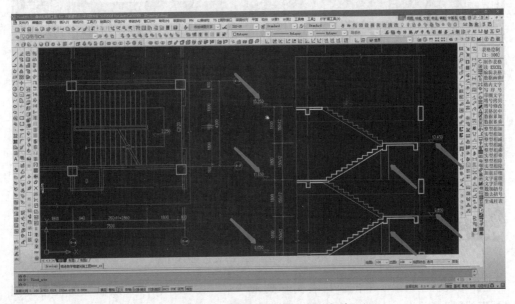

图 6.8.8　添加梯柱、修改结构标高

接下来进行尺寸合并。选择"尺寸编辑"→"合并尺寸"，点击需要合并的标注（图 6.8.9）。当合并后的标注格式与其他尺寸不一致时，可以用格式刷进行调整。

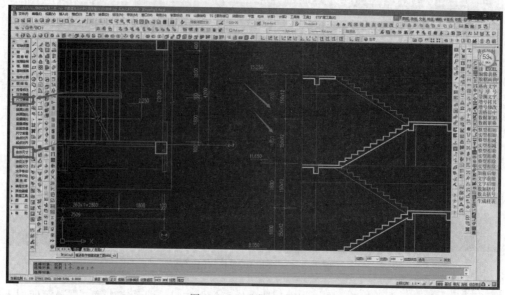

图 6.8.9　进行尺寸合并

6.8.2　绘制楼梯结构平面图

利用"层"命令，将楼梯建筑平面图中所有与楼梯结构表达无关的线条、文字等内容全部删除（图 6.8.10）。

楼梯结构平面图▶

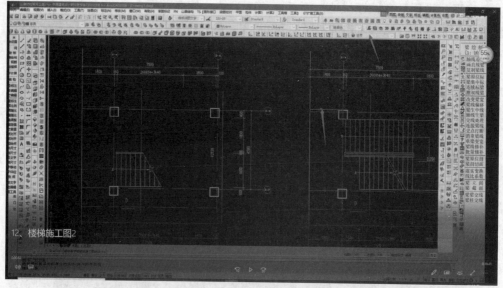

图 6.8.10　删除与楼梯结构表达无关内容

首先绘制框架梁。单击窗口右侧工具条"梁"图标，在"梁绘制"面板中找到"画直线梁"，单击，在弹出的参数对话框中，输入"梁宽""偏心"数值，程序默认虚线。框架梁的布置依据，应按照结构平面布置图（图 6.8.11）。

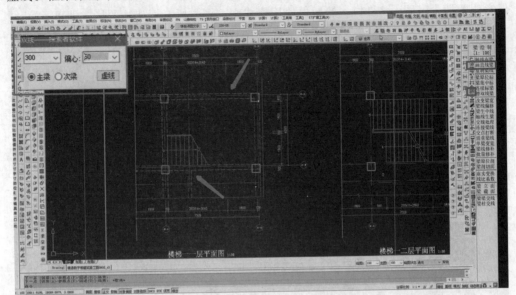

图 6.8.11　布置 1 层平面图框架梁

将 1 层平面图中布置好的框架梁，整体拷贝到第 2 层至第 4 层平面图（图 6.8.12）。

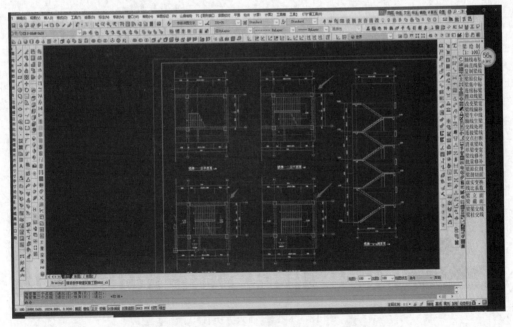

图 6.8.12　布置第 2 层至第 4 层平面图框架梁

利用"修剪"命令，将伸入框架柱的梁线全部剪掉（图 6.8.13）。需要说明的是，修剪之前需要先调整柱的格式。单击窗口右侧工具条"柱"图标，在"布置柱子"面板中找到"插方类柱"，单击，在弹出的参数对话框中输入任意参数，在图中任意位置插入（图 6.8.14）。然后再使用格式刷，调整所有框架柱的格式即可。

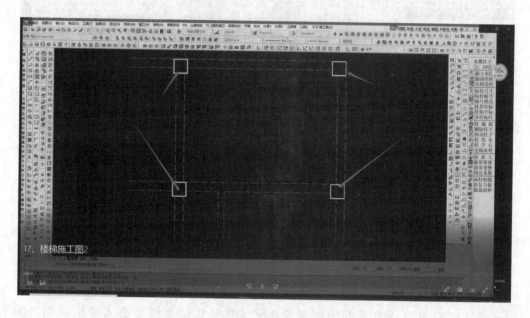

图 6.8.13　修剪柱内梁线

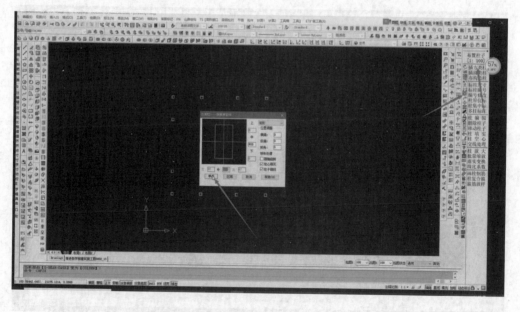

图 6.8.14　插入方类柱

各层平面图中的扶手也需要删除（图 6.8.15），仅保留梯井。

接着布置靠踏步一侧的梯梁，方法同框架梁。单击窗口右侧工具条"梁"图标，

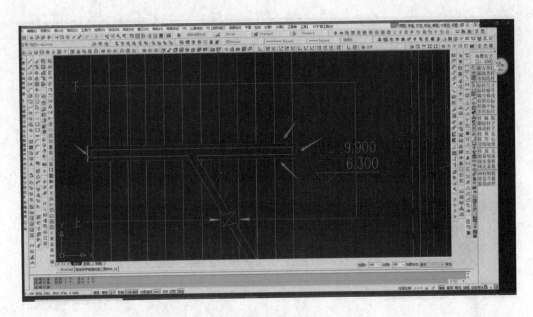

图 6.8.15　删除扶手

在"梁绘制"面板中找到"画直线梁",单击,在弹出的参数对话框中,输入"梁宽""偏心"数值(图 6.8.16)。梯梁布置为梁宽 250mm,偏心 125mm。

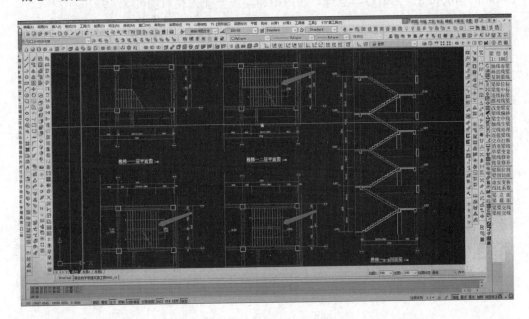

图 6.8.16　绘制梯段一侧梯梁

将建筑外轮廓上的框架梁边线改为实线。在"梁绘制"面板中找到"虚实变换",单击,在图中选择全部的建筑外轮廓上的框架梁边线,右键确定(图 6.8.17)。

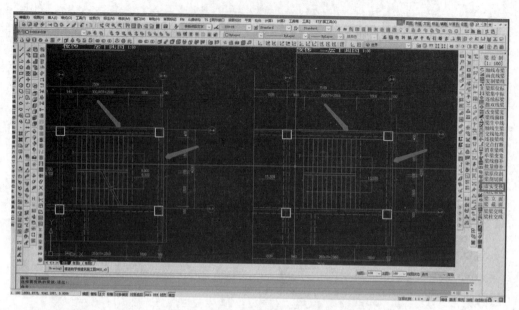

图 6.8.17　虚实变换

插入梯柱。单击窗口右侧工具条"柱"图标，在"布置柱子"面板中找到"插方类柱"，单击，在弹出的参数对话框中输入柱截面参数（图 6.8.18）。梯柱截面暂定 200mm×400mm，无偏心，点选，在图中相应位置插入柱（图 6.8.19）。

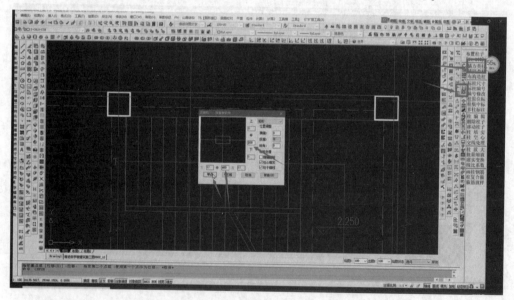

图 6.8.18　梯柱截面参数

梯柱支承于下层框架梁，在剖切平面之下，应为空心柱。在"布置柱子"面板中找到"柱空心"，单击，在图中点选该实心柱即可（图 6.8.20）。

利用"镜像"命令，在梯梁另一端绘制梯柱。再将两个梯柱拷贝到其他层（图

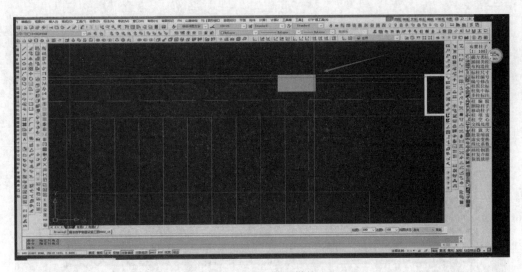

图 6.8.19　插入梯柱

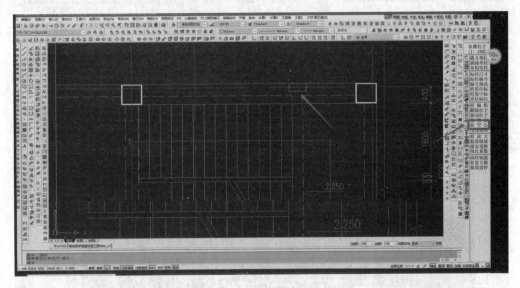

图 6.8.20　改梯柱为空心柱

6.8.21）。注意，梯梁两端支承于梯柱，故应延长梯梁线到梯柱边。

　　考虑到 2 层及以上楼层，剖切平面处平台板及以下梯梁、梯柱均不可见。此时，可使用折断线，将框架梁折断，折断线以外部分用于显示休息平台处的结构构件。

　　单击窗口右上角工具条"常用符号"图标，在弹出的面板对话框中选择"折断线"，在图中合适位置插入。利用"修剪"命令，将折断线以外框架梁线条剪断（图 6.8.22）。

　　所有的框架柱及 1 层梯柱，均被剖切平面剖切，应全部涂黑。单击窗口右侧工具条"柱"图标，在"布置柱子"面板中找到"柱填实"，单击，在图中选择需要填实

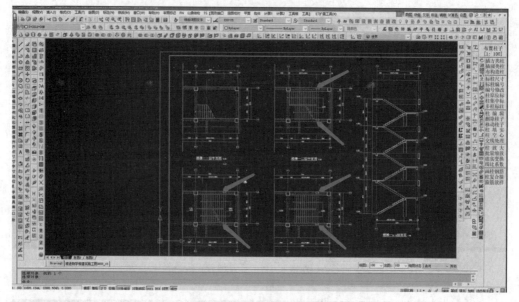

图 6.8.21 绘制其他梯柱

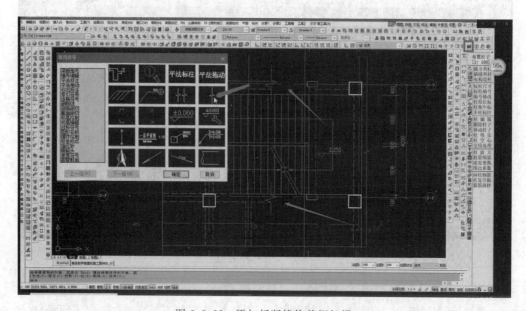

图 6.8.22 添加折断线修剪框架梁

的柱子即可（图 6.8.23）。

　　需要说明的是，框架柱由于线型的问题，可能导致柱无法填实。此时，单击窗口右侧工具条"实体工具"图标，在"实体工具"面板中找到"线变复线"，单击，框选出全部框架柱，右键确定（图 6.8.24）。再次单击窗口右侧工具条"柱"图标，在"布置柱子"面板中找到"柱填实"，单击，在图中选择需要全部的框架柱即可。

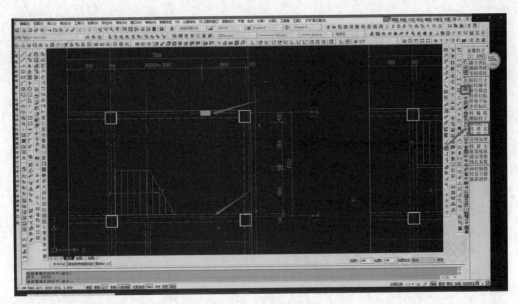

图 6.8.23　梯柱涂黑

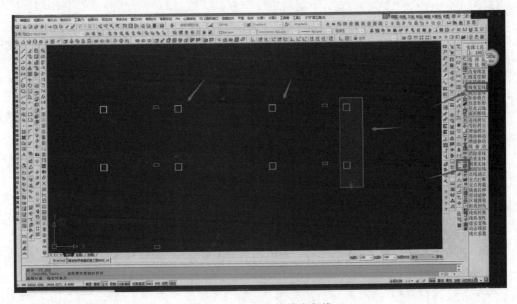

图 6.8.24　框架柱线变复线

　　楼梯结构表达不需要的尺寸线要删除。最后，将左侧线条改为折断线，即完成基于楼梯建筑平面图的楼梯结构平面图的改绘（图 6.8.25）。

6.8.3　楼梯结构计算

　　点击菜单"计算 1"→"板式楼梯计算"；或者点击工具条中"构件计算"图标（图 6.8.26），在弹出的页面中，点开"钢筋混凝土结构"左边的"＋"号，选择"板式楼梯计算"，均可进入板式楼梯配筋计算与绘图模块。

楼梯计算与
标准▶

267

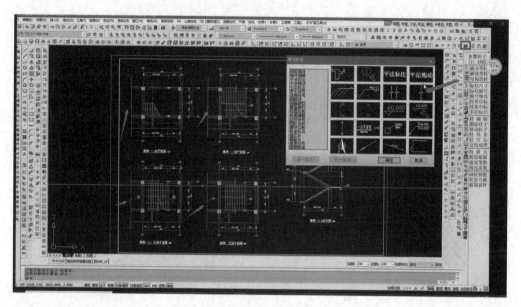

图 6.8.25　添加折断线

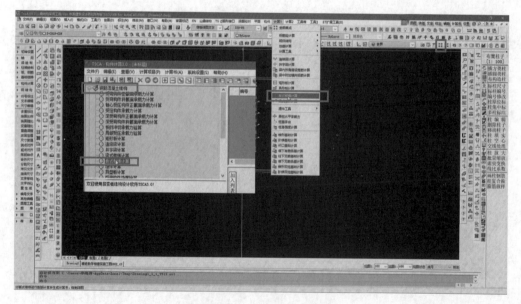

图 6.8.26　进入构件计算模块

　　板式楼梯的计算，首先进行计算参数的设置（包括楼梯类型、几何尺寸、设计参数、荷载信息、限值设置等），然后进行计算、查看计算结果，进行绘图预览。每个不同的梯段，均须完成这样的步骤，按梯段进行设计。

　　首先进行第 1 层上跑楼梯的设计（图 6.8.27）。该楼梯为直梯式，AT 型。点击"基本参数"页面，"类型选择"对应选择"A 型楼梯"。"构件编号"改为"AT"。从楼梯结构剖面图得出，踏步级数 $n = 15$（竖向台阶数），高度 $H = 2250$mm，踏步段

水平投影长度 $L_1 = 3640\text{mm}$，梯板厚暂定 $t = 140\text{mm}$，梯梁暂定截面 $250\text{mm} \times 400\text{mm}$，$b_1 = b_2 = 250\text{mm}$。楼梯设计参数、荷载信息、限值设置等参数，一般取默认值，核对下无误即可。其中面层荷载指的是 50mm 厚踏步装饰构造层的重量。勾选"考虑支座嵌固作用对弯矩的影响"。

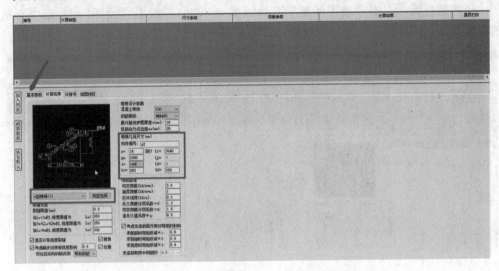

图 6.8.27　第 1 层上跑楼梯计算参数

　　点击"计算结果"页面，程序将很快完成该梯段的计算分析，并给出计算结果。在这里主要查看"挠度验算""裂缝验算"是否满足规范要求。如图 6.8.28 中出现"不满足规范要求"的提示，则说明挠度验算超限。此时一般应返回"基本参数"，增加梯板厚度，进行再次计算，直到满足要求。

扩展 6.17

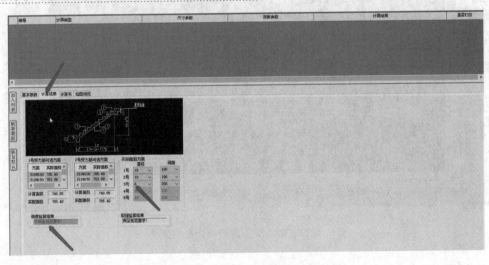

图 6.8.28　第 1 层上跑楼梯计算结果

　　计算结果中还可以查看配筋方案，其中 1、2 号钢筋分别是板底、板顶受力筋，3 号为分布筋。分布钢筋直径程序默认取 6mm，一般建议取 8mm。

　　需要说明的是，楼梯的设计也是一个试算的过程。首次计算时，楼梯板厚一般取水平投影尺寸的 1/28～1/25，且对于抗震区，不小于 140mm。一般从经济的角度，可按这个经验公式，从较小的板厚逐步增加，一般 10mm 倍数，直到挠度验算通过。本梯段板厚增加到 150mm 即可满足要求。

　　计算通过后，点击"绘图阅览"页面（图 6.8.29），点击"绘图"，在图中合适的位置点击，即可插入一层上跑楼梯 AT 的配筋剖面图（图 6.8.30）。

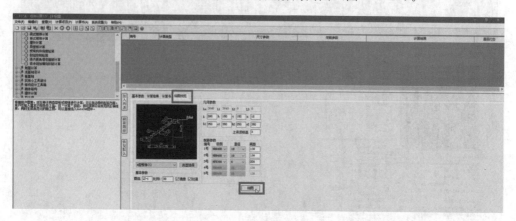

图 6.8.29　绘图预览

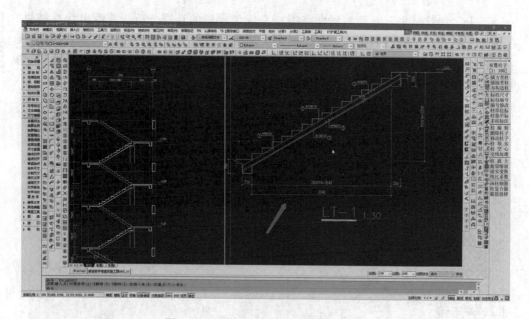

图 6.8.30　第 1 层上跑楼梯钢筋剖面图

　　返回之前的页面，点击"加入列表"，则上部列表框显示 AT 型梯段的尺寸、荷载及配筋等相关信息，并相应生成计算书，进行保存（图 6.8.31）。

　　第 1 层下跑楼梯，形式和尺寸与第 1 层上跑楼梯完全一样，仅仅方向相反，故而

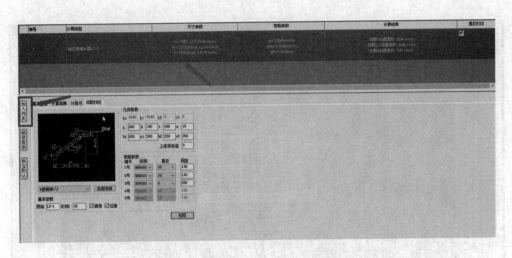

图 6.8.31 加入计算书列表

配筋方案一样，不必重复计算。

第 2 层楼梯的操作步骤完全相同。需要注意的是，楼梯类型、几何尺寸等基本参数要做对应修改。第 2 层上跑楼梯，为下折板式，BT 型。"类型选择"对应选择"C型楼梯"（对应下折板式）。"构件编号"改为"BT"。从楼梯结构剖面图得出，踏步级数 $n=12$（竖向台阶数），高度 $H=1800$mm，踏步段水平投影长度 $L_1=2860$mm，下折板宽度 $L_2=940$mm，梯板厚暂定 $t=150$mm。其他参数不变，点击"计算结果"。如果挠度验算、裂缝验算不满足，则修改梯板厚 $t=160$mm，直到满足要求。随后，将楼梯计算书加入列表、绘制配筋图，操作与前面相同。

第 2 层下跑楼梯，为上折板式，CT 型。"基本参数"中"类型选择"对应选择"D 型楼梯"（对应上折板式）。"构件编号"改为"CT"。从楼梯结构剖面图得出，踏步级数 $n=12$（竖向台阶数），高度 $H=1800$mm，踏步段水平投影长度 $L_1=2860$mm，上折板宽度 $L_3=940$mm，梯板厚暂定 $t=160$mm。其他参数不变，点击"计算结果"。挠度验算、裂缝验算均满足要求。随后，将楼梯计算书加入列表、绘制配筋图，操作与前面相同。

至此，楼梯 1 中所有的梯段类型都完成了计算，剩下没有计算的第 3 层、第 4 层楼梯，与第 2 层相应梯段完全一样。

6.8.4　楼梯平法标注

按照图集 16G101－2 进行现浇板式楼梯的平法标注，由平面图、剖面图和梯梁梯柱详图组成，配筋构造采用图集中标准构造。

规范 6.12

（1）平面图注写。首层楼梯平面图，主要注写楼梯类型、编号及第一跑与基础的连接构造。其中，连接构造用索引标注，参照标准图集进行施工。

在探索者工具条里找到"常用符号"图标，点击，弹出对话框中选择第 2 行第 2列"索引符号"（图 6.8.32）。

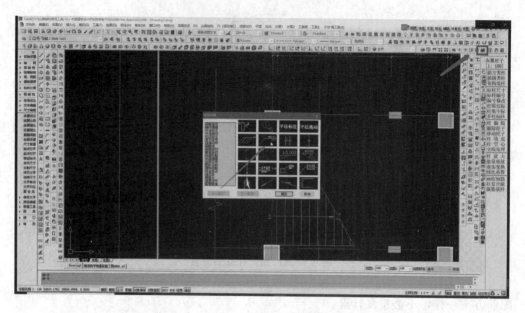

图 6.8.32 选择索引符号

在弹出对话框中，选择第二行第二列"详图索引符号"。线上文字为"16G101 – 2"，索引图号"51"，编号"1"，点击"确定"（图 6.8.33）。

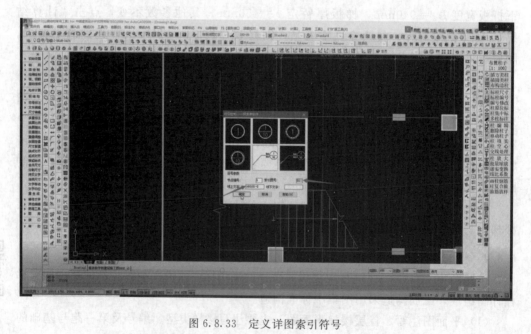

图 6.8.33 定义详图索引符号

在图中合适位置点击确认，插入定义好的索引符号，如图 6.8.34 所示。

在窗口右边的工具条里找到"书写文字"图标，点击，旁边面板切换为"书写文

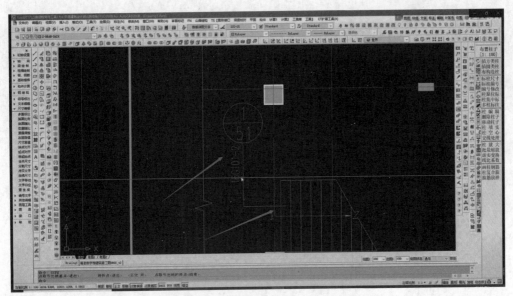

图 6.8.34　插入详图索引符号

字"，点击"文字输入"。在弹出的对话框中，输入字高为"3.5"，内容为"AT1"，
点击"书写"（图 6.8.35）。

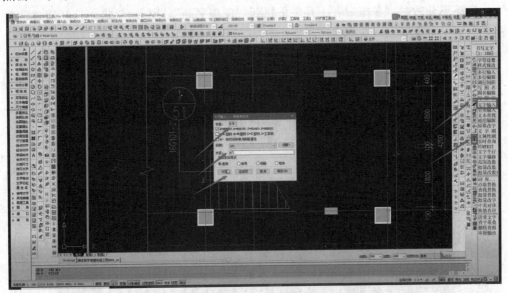

图 6.8.35　文字输入

在楼梯上选择合适位置，标注出来，如图 6.8.36 所示。

再次点击"文字输入"，操作步骤同上。分 4 次完成第 2 层楼梯平面图的平法注
写，内容分别为"AT1，梯板厚度 $h=150$"；"2250/15"；"%%13210@130（全部拉
通）；%%13210@130"；"%%1328@250"。表示梯段类型为 AT1 型，踏步段总高度
2250mm，踢步级数（竖向）15 级，上部纵筋为 ⊉10@130（全部拉通），下部纵筋 ⊉
10@130，梯板分布筋 ⊉8@250。

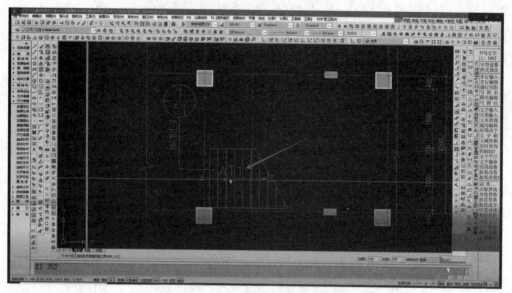

图 6.8.36　首层楼梯结构平面图

字宽不合适时，可以窗口底部对话框输入"CWW"命令，选中需调整的文字，输入新的文字高度比为 0.75。

字高不合适时，在探索者工具条里找到"调整字高"图标，单击，选择需要调整高度的文字，重新输入新的文字高度 1.75（图 6.8.37）。

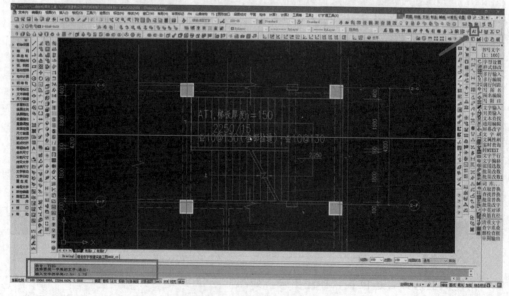

图 6.8.37　修改文字高度

楼梯结构平面图中的标高为结构顶标高，应为建筑标高扣减楼地面装饰层厚度，一般为 50mm。休息平台建筑标高 2.250，则其结构板顶标高为 2.200。双击文字"2.250"，在弹出的文本编辑器中输入新的文字"2.200"（图 6.8.38）。

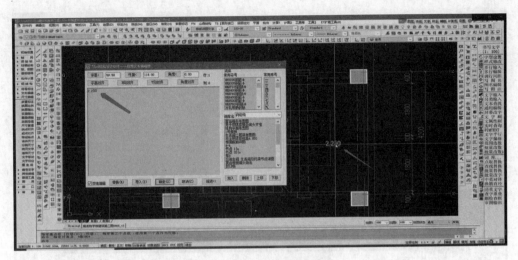

图 6.8.38 修改结构标高

注写 2 层起跑梯段类型，为下折板式，注写文字为"BT1"。

增加注写左边高端梯板结构标高为 4.450。把右边平台板顶标高 2.200 复制到左边合适位置，并修改文字为 4.450（图 6.8.39）。

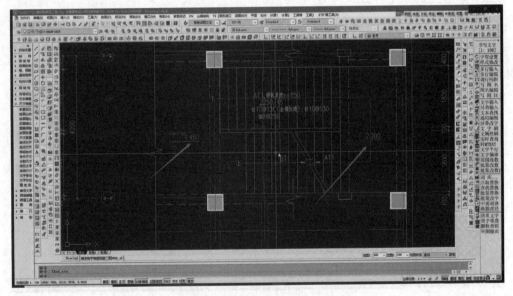

图 6.8.39 注写高端梯板结构标高

在窗口右边的工具条里找到"布置柱"图标，点击，旁边面板切换为"布置柱子"，点击"柱集中标"。选择一种标注形式，确定，在图中选中需要标注的柱，拖放到合适的位置，即可完成标注（图 6.8.40）。梯柱的集中标注内容，可以详细标注梯柱编号、截面尺寸、纵筋及箍筋。但这样往往影响平面图的美观，建议平面图中只标注梯注编号，再在图中合适位置补充梯柱截面配筋大样图。

在窗口右边的工具条里找到"梁绘制"图标，点击，旁边面板切换为"梁绘制"，

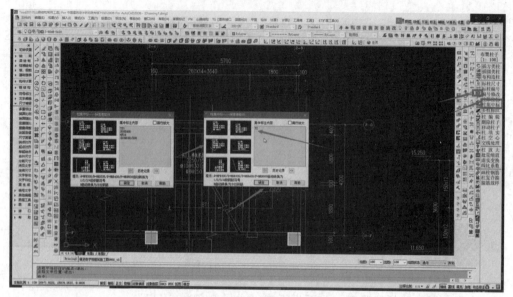

图 6.8.40 梯柱标注

点击"梁集中标"。输入"TL"，确定，在图中选中需要标注的梯梁，拖放到合适的位置，即可完成标注（图 6.8.41）。

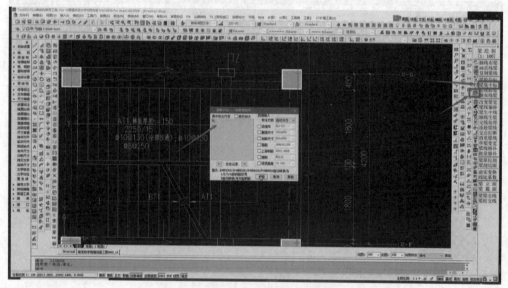

图 6.8.41 梯梁标注

在窗口右边的工具条里找到"文字书写"图标，点击，旁边面板切换为"书写文字"，点击"文字输入"。输入"PTB1"，点击"书写"，选择图中合适的位置，即可完成标注（图 6.8.42）。

至此，第 2 层楼梯结构平面图完成。其余楼层平面图的注写，可以在拷贝第 2 层注写的基础上，进行相应的文字编辑和修改，即可快速完成。比如梯段类型、梯板厚度等，均相应修改为对应梯段的数据。

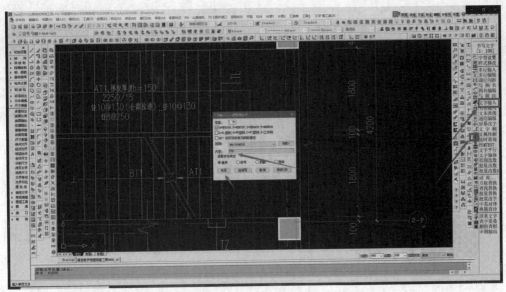

图 6.8.42　平台板标注

将平台板外侧框架梁删除（不可见），绘制梯梁，与柱内边齐，并进行标注。其他层也一样，如图 6.8.43 所示。

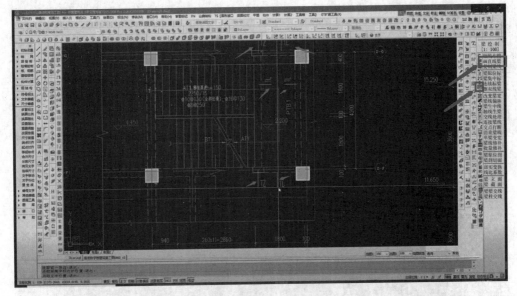

图 6.8.43　平台梯梁

（2）剖面图注写。同样的，梯梁、梯柱在剖面图中仅注写编号，截面尺寸及配筋等信息在梯梁、梯柱大样图中进行表达。梯梁、梯注编号，可直接从平面图中复制过来，拖放到合适位置即可。

平台板的截面尺寸及配筋，剖面图上可以详细表达。如图 6.8.44 所示，平台板厚 100mm，板顶板底配置双层双向钢筋ϕ 8@200，平台板编号 PTB1。

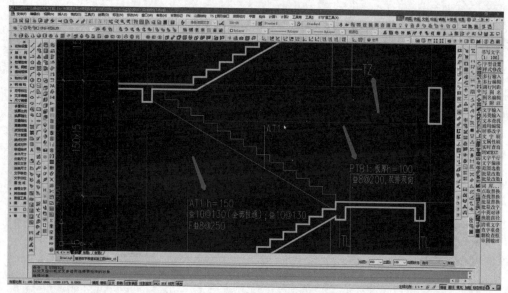

图 6.8.44 第 1 层楼梯剖面图注写

剖面图中梯段处，应分三行详细注写：梯段类型、梯板厚度；板顶配筋、板底配筋；分布钢筋。第 1 层的两跑梯段均为直梯式，梯板厚 150mm，板顶配置通长受力钢筋 $\Phi 10@130$，板底配置通长受力钢筋 $\Phi 10@130$，板顶板底配置分布钢筋 $\Phi 8@250$，梯段编号 AT1。

第 2 层的两跑梯段分别为下折板式、上折板式，梯板厚 160mm，板顶配置通长受力钢筋 $\Phi 10@130$，板底配置通长受力钢筋 $\Phi 10@130$，板顶板底配置分布钢筋 $\Phi 8@250$，梯段编号分别为 BT1、CT1。其他层梯段与第 2 层一样，标注相应编号即可（图 6.8.45）。

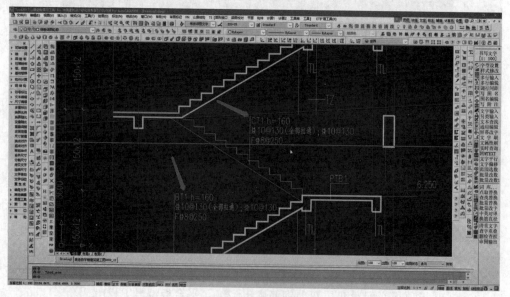

图 6.8.45 第 2 层楼梯剖面图注写

其他层楼梯，仅需要标注相应编号即可。楼梯的平面图、剖面图如图6.8.46所示。

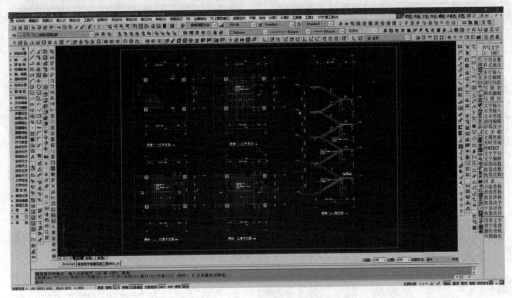

图 6.8.46 楼梯平面图、剖面图

（3）梯梁、梯柱详图。为了保持图面清晰美观，梯梁、梯柱的截面尺寸及配筋等信息，在楼梯的平面、剖面图中均未进行表达。因此，需要在图纸中，补充绘制梯梁、梯柱的大样图，如图6.8.47所示，具体尺寸及配筋可以根据计算进行相应修改。

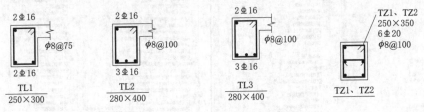

图 6.8.47 梯梁、梯柱大样图

6.9 整理结构计算书

整理计算书 ▶

打开PKPM软件，点击"结果"→"计算书"→"生成计算书"，进入到计算书模块，完成计算书的设置、生成与修改（图6.9.1）。

6.9.1 计算书设置

（1）封面。封面的内容根据毕业设计的要求来填，标题默认"结构计算书"，项目名称填写本工程项目的名称（图6.9.2）。

（2）内容。对计算书中需要打印的内容，在选项列表中打√进行选取。

对一般多层框架结构，需要在计算书中交代的内容主要包括设计依据、计算软件

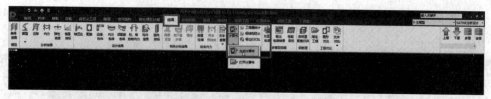

图 6.9.1　进入计算书模块

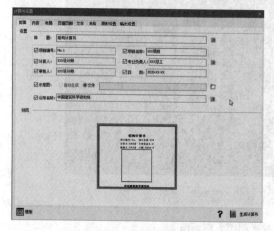

图 6.9.2　计算书封面设置

信息、主模型设计索引、结构模型概况、工况和组合、质量信息、荷载信息、立面规则性、抗震分析及调整、结构体系指标及二道防线调整、变形验算、抗倾覆和稳定验算、超筋超限信息、指标汇总、结构分析及设计结果简图等（图 6.9.3）。其中，设计结果简图中无边缘构件简图，梁内力包络图及配筋包络图均可不打印。

（3）布局。按默认设置，纸张选择 A3，分 2 栏，横向打印（图 6.9.4）。

（4）页眉页脚。页眉的文本宜根据毕业设计的规定，按成果格式要求进行填写（图 6.9.5）。

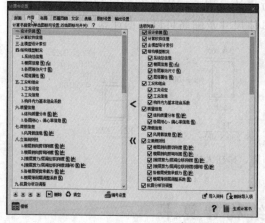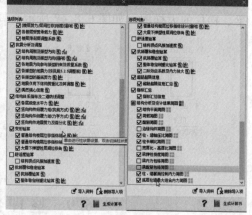

图 6.9.3　计算书内容设置

（5）文字。各级标题及正文、图表、页眉页脚等文字字体格式，一般采用默认设置。如果毕业设计的成果格式中有明确规定，也可按要求进行设置（图 6.9.6）。

（6）表格。表格样式可选择默认单元式，也可根据要求进行选择（图 6.9.7）。

（7）图形设置。图形颜色方案选择"黑白"，其他设置默认，建议保存原始文件（图 6.9.8）。

（8）输出设置。输出格式一般生成 word 文档，以便于后面对计算书进行适当修改（图 6.9.9）。

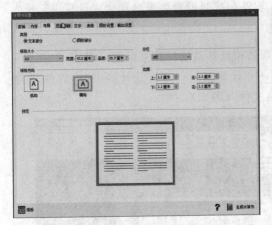

图 6.9.4 布局设置

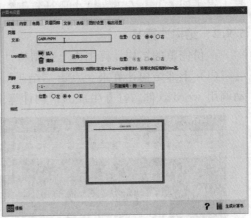

图 6.9.5 页眉页脚设置

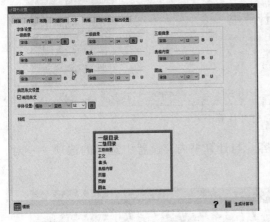

图 6.9.6 文字设置

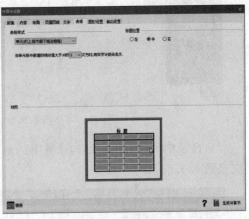

图 6.9.7 表格设置

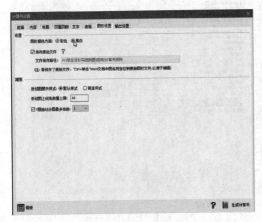

图 6.9.8 图形设置

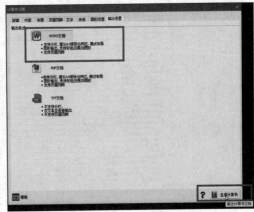

图 6.9.9 输出设置

点击图 6.9.9 右下角"生成计算书",软件会按照设置要求自动生成计算书。

6.9.2 结构计算书

一份完整的结构计算书由上部结构计算书和地基基础计算书两部分组成。

（1）上部结构计算书。点击"结果"→"计算书"→"打开计算书",软件将自动调用 word 软件,打开生成的结构计算书文件（图 6.9.10）。

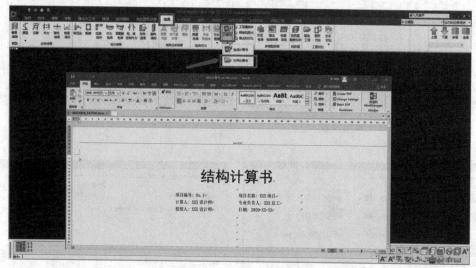

图 6.9.10 打开计算书

从目录中可以看出,结构计算书的内容,与计算书内容设置中选择的选项一一对应（图 6.9.11）。

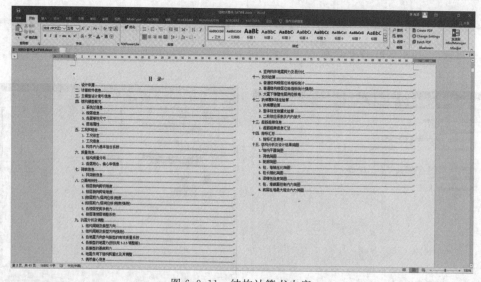

图 6.9.11 结构计算书内容

对结构计算书的正文内容,还需进行再次检查,确认没有超限信息。另外,对部分通用的内容,还应根据工程实际情况进行修改（图 6.9.12）。比如设计依据,程序默认地添加了许多本工程不适用的规范，如《钢结构设计标准》（GB 50017—2017）等，均应进行删除，仅保留本工程设计用到的《混凝土结构设计规范》（GB 50010—2010）、《建筑抗震设计规范》（GB 50011—2010）、《建筑结构荷载规范》（GB 50009—2012）、《高层建筑混凝土结构技术规程》（JGJ 3—2010）、《建筑结构可靠性设计统一标准》（GB 50068—2018）。

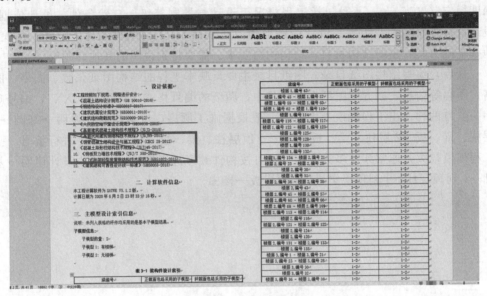

图 6.9.12　修改设计依据

（2）地基基础计算书。除上部结构计算书以外，还须提供地基基础计算书。"地基基础设计报告书"（图 6.9.13）的生成与修改，在"基础"模块进行，具体操作详见 6.7.4 节。

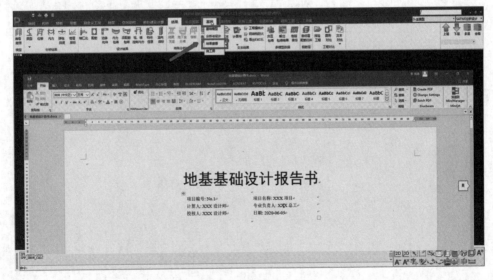

图 6.9.13　地基基础设计报告书

6.10 其　　他

扩展 6.18

对结构设计中不能用图表示的或者图表示不如文字的，则用结构设计总说明来表达，是设计文件的组成部分。结构设计总说明的内容，根据《建筑工程设计文件编制深度规定（2016）》，一般包括工程概况、设计与控制等级、自然条件、设计依据、设计计算程序名称及版本、设计荷载取值（可列表）、上部结构及地下室结构方案、地基基础方案、主要结构材料、结构构造要求、需要特别说明的其他问题等。

图纸目录◉

最后，编写结构图纸目录。图纸目录主要反映本工程的结构图纸张数、图号、图名、图幅等信息，以方便图纸查阅。其中，图纸的编号格式为"结施－XX"，编号顺序一般有两种。当工程规模不大时，一般根据施工顺序，按结构设计说明→基础→1层柱、梁、板→2层柱、梁、板→……→顶层柱、梁、板→楼梯的顺序进行编号。当工程规模较大，通常涉及多人合作，也可按构件顺序进行编排，如结构设计说明→基础→1到顶层柱→1到顶层梁→1到顶层板→楼梯。

参 考 文 献

［1］ 中华人民共和国住房和城乡建设部. 建筑结构可靠性设计统一标准：GB 50068—2018 ［S］. 北京：中国建筑工业出版社，2018.

［2］ 中华人民共和国住房和城乡建设部. 建筑结构荷载规范：GB 50009—2012 ［S］. 北京：中国建筑工业出版社，2012.

［3］ 中华人民共和国住房和城乡建设部. 建筑工程抗震设防分类标准：GB 50223—2008 ［S］. 北京：中国建筑工业出版社，2008.

［4］ 中华人民共和国住房和城乡建设部. 建筑抗震设计规范：GB 50011—2010（2016 年版）［S］. 北京：中国建筑工业出版社，2016.

［5］ 中华人民共和国住房和城乡建设部. 混凝土结构设计规范：GB 50010—2010（2015 年版）［S］. 北京：中国建筑工业出版社，2015.

［6］ 中华人民共和国住房和城乡建设部. 高层建筑混凝土结构技术规程：JGJ 3—2010 ［S］. 北京：中国建筑工业出版社，2010.

［7］ 中华人民共和国住房和城乡建设部. 建筑地基基础设计规范：GB 50007—2011 ［S］. 北京：中国建筑工业出版社，2011.

［8］ 中国建筑标准设计研究院. 混凝土结构施工图平面整体表示方法制图规则和构造详图：16G101—1～3 ［S］. 北京：中国计划出版社，2016.

［9］ 中国有色工程有限公司. 混凝土结构构造手册 ［M］. 北京：中国建筑工业出版社，2016.

［10］ 国振喜，张树义. 实用建筑结构静力计算手册 ［M］. 北京：机械工业出版社，2009.

［11］ 施岚青. 注册结构工程师专业考试应试指南 ［M］. 北京：中国建筑工业出版社，2010.

［12］ 朱炳寅. 高层建筑混凝土结构技术规程应用与分析 ［M］. 北京：中国建筑工业出版社，2013.

［13］ 王依群. 混凝土结构设计误区与释义 ［M］. 北京：中国建筑工业出版社，2013.

［14］ 龙炳煌. 钢筋混凝土框架结构设计指导手册 ［M］. 北京：中国水利水电出版社，2014.

［15］ 周俐俐. 混凝土框架结构工程实例手算与电算设计解析 ［M］. 北京：化学工业出版社，2018.